Android 系统开发系列丛书

Android 微博应用开发实践

孙弋 李贵民 王树奇 编著

西安电子科技大学出版社

内 容 简 介

本书详细地介绍了 Android 平台应用程序开发过程中所涉及的开发语言、开发流程及基础开发资源应用等内容，并以国内应用人数最多的新浪微博平台应用程序开发为例，详细描述了了基于 Android 平台，利用新浪微博实现一个房产维修系统手机终端软件开发的全过程。

书中所有代码均已经过详细验证，可供读者参考。

本书适合 Android 应用程序开发的入门者使用，也可供普通高校、部分高职院校等在校学生参考。

图书在版编目(CIP)数据

Android 微博应用开发实践/孙弋，李贵民，王树奇编著. —西安：西安电子科技大学出版社，2014.4

Android 系统开发系列丛书

ISBN 978-7-5606-3347-3

Ⅰ. ① A… Ⅱ. ① 孙… ② 李… ③ 王… Ⅲ. ① 移动终端—应用程序—程序设计

Ⅳ. ① TN929.53

中国版本图书馆 CIP 数据核字(2014)第 050650 号

策　　划　戚文艳

责任编辑　阎　彬　吴晓明

出版发行　西安电子科技大学出版社(西安市太白南路 2 号)

电　　话　(029)88242885　88201467　　邮　　编　710071

网　　址　www.xduph.com　　电子邮箱　xdupfxb001@163.com

经　　销　新华书店

印刷单位　陕西天意印务有限责任公司

版　　次　2014 年 4 月第 1 版　2014 年 4 月第 1 次印刷

开　　本　787 毫米×1092 毫米　1/16　印　张　17.5

字　　数　414 千字

印　　数　1～3000 册

定　　价　32.00 元

ISBN 978-7-5606-3347-3/TN

XDUP 3639001-1

前　言

随着无线通信网络数据业务的快速发展，用户对移动设备的硬件交互能力、内存管理能力和界面控件的丰富性要求越来越高，从而导致嵌入式操作系统平台之间的竞争越来越白热化。2012 年第三季度数据显示，在主流嵌入式操作系统 Symbian、Windows Phone、BlackBerryOS、iOS 和 Android 中，Android 占据的全球份额达到了 72%，Android 操作系统越来越受到广大开发者的关注和推崇。

本书从嵌入式操作系统入手，主要针对 Android 平台下的软件开发，分析了其操作系统架构之上的应用程序，并介绍了应用程序的开发语言、开发流程及基础开发资源，最后以移动社交网络(新浪微博)的第三方开发为例介绍了在 Android 平台下开发实际应用的流程及方法。全书以初学者的角度，用丰富的实例、通俗易懂的语言和简单的图示，系统全面地讲述了 Android 开发中所应用的技术，可以帮助每一位 Android 初学者或从事 Android 开发的技术人员解决学习以及工作中遇到的问题，读者也可以对这些案例不断进行扩展，从而开发出属于自己的 Android 应用。

本书共 7 章：第 1 章介绍了当前主流的嵌入式操作系统，并详细描述了 Android 操作系统结构中的应用程序开发平台及其四大组件、各类链接库和运行环境；第 2 章介绍了 Android 应用程序开发平台的搭建过程、常用开发工具和开发语言，并详细描述了第一个 Android 项目的实现过程；第 3 章介绍了 Android 应用程序开发流程，包括常用布局管理和事件处理；第 4 和第 5 章分别介绍了 Android 平台下的数据存储和网络通信技术；第 6 章介绍了移动社交网络——新浪微博开放平台，先简单介绍了几种主流的社交网络，然后对新浪微博做了详细介绍，最后介绍了其开放的应用接口；第 7 章以开发维修办公自动化系统为例详细介绍了在 Android 平台下开发第三方软件的流程以及设计方法。

本书由孙弋担任主编，李贵民编写了第四、五章内容，王树奇编写了第六章内容，其余章节由孙弋编写。由于编者水平有限，书中难免存在一些缺点和不足，希望广大读者批评、指正。

本书涉及的程序范例，有兴趣的读者可登录出版社网站免费下载。

编　者

2013 年 10 月

目　录

第 1 章　Android 概述

移动通信在刚出现的时候只是扮演单一的使固定电话移动化的角色，它也只支持单一的通话功能。伴随着通信技术、计算技术和无线接入技术的发展，嵌入式系统逐渐有能力支持桌面系统常规业务。今天的移动终端也已经转向语音、数据、图像的综合传输和通信，而新一代移动通信网络的建立则进一步推动了移动通信与互联网的融合，为移动用户带来了全新的应用，如手机打车、手机银行、微博等，这些新应用的出现对移动终端操作系统处理能力提出了更高的要求，使得嵌入式操作系统如 Symbian、BlackBerryOS、iOS、Android 等之间的竞争变得越来越激烈。

1.1　主流移动互联网终端操作系统概述

说到与应用紧密结合的嵌入式操作系统，就不得不提如今蓬勃发展的移动互联网终端操作系统。移动互联网终端即通过无线技术上网接入互联网的终端设备，随着移动通信网络技术的发展，越来越多的移动互联网终端产品已经走进用户的生活，如各种智能手机、平板电脑、无线点菜系统等。从互联网终端的发展可以看出，互联网用户基于固定终端的各种需求已经在慢慢向移动终端转移，这就需要移动终端不仅在移动性、实用性、硬件可靠性、软件可靠性和上网功能、多媒体功能上满足要求，还要考虑其死机重启异常、数据吞吐量、多任务并发的稳定性和高适应性，同时，移动终端的高品质以及应用程序易开发、易发现下载、易用性及一致性也应该被重视。

为满足这些需求，互联网移动终端操作系统必须拥有强大的处理功能以及良好的应用软件开发平台。

1.1.1　Symbian

提到手机操作系统，人们肯定会想到最早依靠 Symbian(塞班)操作系统发展起来的诺基亚手机，正是因为诺基亚率先成功开发了智能手机，才让越来越多的人体验到智能手机的无穷魅力，加上随之而来的大量第三方应用程序，更是丰富了用户的使用体验。

Symbian 是 Symbian 公司为手机而设计的操作系统，被 Nokia 收购之后，它被转到 Symbian 基金会，以开放源代码的形式发布。图 1.1 是塞班与诺基亚标识。Symbian 系统的前身是 Psion 的 EPOC，独占式地运行于 ARM 处理器，包含了由 Symbian 公司所提供的相关的函数库(libraries)、用户界面(user interface)架构和共用工具(common tools)的参考实现(reference implementation)。

图 1.1　塞班与诺基亚标识

Symbian 是一个实时性、多任务的纯 32 位操作系统，具有功耗小、内存占用少等特点。经过多年的不断发展，Symbian 系统曾经取得了绝对的市场优势，但是随着时间的推移以及同类手机操作系统的激烈竞争，Symbian 开始逐步衰退。由于缺乏新技术支持，塞班占有的市场份额日益萎缩。截至 2012 年 2 月，塞班系统的全球市场占有量仅为 3%，2013 年 1 月 24 日晚间，诺基亚宣布，今后不再发布塞班系统的手机，这意味着该智能手机操作系统正式退出全球竞争。新操作系统适用于触摸屏手机，而塞班作为主流移动终端操作系统时仅适用于以键盘为输入接口的移动终端，虽然塞班在键盘手机上的使用效果非常突出，但随着触摸屏技术的发展，该操作系统在以触摸屏为主流终端标准配置的移动互联网领域存在明显缺陷，不再适应主流市场。

1.1.2 iOS

iOS 是由苹果公司开发的手持设备操作系统。该系统最初是给 iPhone 设计使用的，后来陆续套用到 iPod touch、iPad 以及 Apple TV 等苹果产品上。iOS 支持多点触控，再加上苹果公司的影响力，iOS 的发展势头很好。众多专业的软件及游戏制造商加入到 iOS 第三方软件的开发阵营，使得 iOS 上可用的应用程序越来越多，但是 iOS 并不是一个开源的操作系统，目前只能应用于苹果公司的移动设备上。图 1.2 是 iOS 标识。

图 1.2 iOS 标识

如果说塞班是靠易用的手机系统加上丰富的手机产品线取得市场占有率第一的话，苹果的成功应该说是无可复制的，因为苹果只靠 iPhone 系列的手机就已经跻身全球智能手机厂商前列。iOS 以其不断丰富的功能和内置 APP(application)，使得 iPhone、iPad 和 iPod touch 比以往更强大、更具创新精神，使用起来也更具乐趣，但该系统也存在一些不足，如 siri 经常出现错误、电量消耗较大等。

1.1.3 BlackBerryOS

BlackBerry OS(黑莓操作系统)是由 RIM 公司独立开发的与黑莓手机配套的系统，由于黑莓手机在国外的发展势头强劲，所以这款操作系统也就变得声名赫赫，但最近几年黑莓手机在多个国家频频受到排挤，并且同时面临着 Android 和 iOS 的挑战，其市场份额也在逐步减少。图 1.3 是黑莓操作系统标识。

BlackBerry

图 1.3 BlackBerryOS 标识

BlackBerry 是一种移动电子邮件系统终端，可以配合手机使用。内置“黑莓”功能的手机产品中包含一个非常小的标准电脑键盘，黑色的按键看上去如同草莓表面的黑籽儿。BlackBerry 作为欧洲智能手机的王者之一，能针对高级白领和企业人士提供企业移动办公的一体化解决方案，帮助企业即时处理大量的信息，员工出差在外时，它能充当一个无线的可移动办公设备，其最大的特色在于该系统的 push 邮件服务。

1.1.4 Android

Android 一词的本义指“机器人”，Android 操作系统早期由原名为“Android”的公司开发，谷歌在 2005 年收购“Android”后，继续对 Android 系统进行了开发运营，图 1.4 是 Android 标识。

图 1.4　Android 标识

Android 是一种以 Linux 为基础的开放源代码操作系统，主要用于可移动便携设备，是首个为移动终端打造的真正开放和完整的移动软件平台，也是第一个可以完全定制、免费、开放的手机平台。Android 不仅能够在智能手机上使用，还可以用在移动互联网终端(MID)、上网笔记本、便携式媒体播放器(PMP)和汽车电子等其他手持设备上。与其他的操作系统相比，Android 最大的特色就是开放，不存在任何专有权的限制。目前 Android 的主要竞争对手是苹果公司的 iOS 以及 RIM 的 BlackBerryOS。

1.2　Android 操作系统架构

Android 操作系统和其他操作系统一样，采用了分层的架构。如图 1.5 所示，Android 分为四个层，从高到低分别是应用程序层(APPLICATIONS)、应用程序框架层(APPLICATION FRAMEWORK)、系统运行库层(包括 Android 运行时环境(ANDROID RUNTIME)和各类链接库(LIBRARIES))及 Linux 核心层(LINUX KERNEL)。

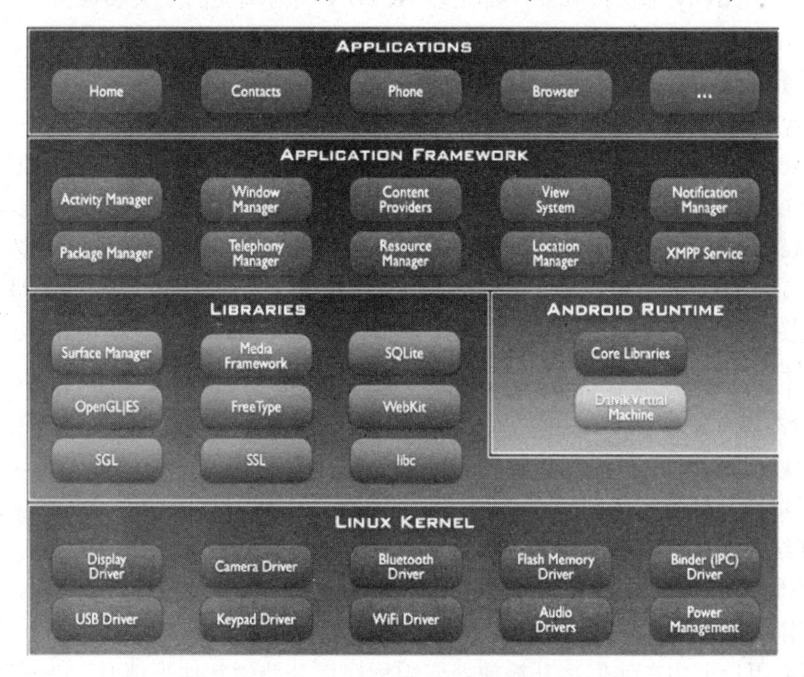

图 1.5　Android 操作系统架构

1.2.1　Android 应用程序

Android 应用程序是用 Android 开发语言开发的应用程序，地图软件、联系人管理、E-mail 连接、浏览器等都属于这类应用程序。开发者利用 Android SDK 工具把开发好的应

用程序的代码、数据和资源文件一起编译到一个独立的 Android 程序包中(这个程序包是以.apk 为后缀的归档文件)，Android 设备使用这个程序包来安装相应的应用程序。

1.2.2 Android 应用程序框架

程序开发人员可以使用Android应用程序开发平台提供的API来开发自己的应用程序，利用其建立活动程序(Activity)和服务程序(Service)。这些程序可以在 Android 操作平台上执行。每一个应用程序是由多个活动程序和服务程序组成的，每一个活动程序管理自己的显示窗体(简单的应用程序只有一个活动程序和显示窗体)。

1. 四大组件

Android 操作系统以一个主线程为基础执行 Android 相关组件，其中的四大组件有活动程序、服务程序、广播接收器和内容提供器。

1) 活动程序

活动程序(Activity)是为用户操作提供的可视化用户界面，比如，一个 Activity 可以展示一个菜单项列表供用户选择，或者显示一些包含说明的照片。在一个短消息应用程序中，可以包括一个用于显示发送对象联系人列表的 Activity，一个给选定的联系人写短信的 Activity 以及翻阅以前的短信和改变设置的 Activity，它们一起组成一个内聚的用户界面，但其中的每个 Activity 都保持独立，都是以 Activity 类为基类的子类实现。

一个应用程序可以有一个或多个 Activity。Activity 的作用及其数目取决于应用程序及其设计。一般情况下，总有一个 Activity 被标记为应用程序在启动的时候第一个出现。从一个 Activity 转向另一个 Activity 则是靠当前的 Activity 启动下一个 Activity。

每个 Activity 都有一个默认的窗口。一般情况下，这个窗口是满屏的，但也可以是一个位于其他窗口之上的小浮动窗口。当然，一个 Activity 中也可以使用一个以上的窗口，比如可在 Activity 运行过程中弹出一个供用户反应的小对话框，或是当用户选择了屏幕上特定项目后显示必要的信息。在 Android 应用程序中，视图是 Activity 与用户进行交互的界面，比如视图可以显示一个小图片，并在用户指点该窗口时产生动作。Android 有很多既定的视图供用户直接使用，包括按钮、文本域、菜单项、复选框等。

2) 服务程序

服务程序(Service)没有可视化的用户界面，它主要是在后台运行。比如，一个服务程序可以在用户做其他事情的时候在后台播放背景音乐、从网络上获取一些数据或者进行计算并将运算结果提供给需要的 Activity 使用。每个服务都来自 Service 基类。

使用媒体播放器播放音乐是一个典型的例子。播放器应用程序可能有一个或多个 Activity 供用户选择歌曲并进行播放。然而，音乐播放这个任务本身不应该为任何 Activity 所处理，因为用户期望在他们离开播放器应用程序而开始做其他事情时，仍继续播放音乐。为达到这个目的，媒体播放器 Activity 应该启用一个运行于后台的 Service，而系统将在这个 Activity 不再显示于屏幕之后，仍维持音乐播放服务的运行。

可以连接至(绑定)一个正在运行的服务(如果服务没有运行，则将其启动)，连接之后，即可通过该服务暴露出来的接口与服务进行通信。对于音乐服务来说，这个接口可以允许用户进行暂停、回退、停止以及重新开始播放等操作。

如同 Activity 和其他组件一样，服务运行于应用程序进程的主线程内，所以该组件不会对其他组件或用户界面产生任何干扰，一般服务会派生一个新线程来处理耗时任务(比如音乐回放)。

3) 广播接收器

广播接收器(BroadCast Receiver)是一个专注于接收广播通知信息，并做出对应处理的组件。很多广播源自于系统，比如时区改变、电池电量低、拍摄了一张照片或者用户改变了语言选项。应用程序也可以进行广播，比如通知其他应用程序数据下载完成并处于可用状态。应用程序中可以拥有任意数量的广播接收器，以对所有感兴趣的通知信息予以响应。所有的接收器均继承自 BroadCast Receiver 基类。

BroadCast Receiver 没有用户界面，但它可以启动一个 Activity 来响应收到的信息，或者用 Notification Manager 来通知用户。通知可以用很多种方式来吸引用户的注意力(如闪动背灯、震动、播放声音等)，一般是在状态栏上放一个持久的图标，用户可以打开并获取消息。

4) 内容提供器

内容提供器(Content Provider)将一些特定的应用程序数据提供给其他应用程序使用。数据可以存储于文件系统、SQLite 数据库中或采用其他方式存储。内容提供者继承自 Content Provider 基类，为其他应用程序取用和存储该组件管理的数据实现了一套标准方法。应用程序并不直接调用这些方法，而是使用一个 Content Resolver，调用该对象作为替代。Content Resolver 可以与任意内容提供者进行会话，与其合作来对所有相关交互通信进行管理。

每当出现一个需要被特定组件处理的请求时，Android 会确保那个组件的应用程序进程处于运行状态，或在必要的时候启动，并确保那个相应组件的实例存在，必要时会创建那个实例。

2. Android 应用程序开发框架的其他组件

Android 应用程序开发框架的其他组件还有：

(1) 活动程序管理器(Activity Manager)：管理活动程序的生命周期(Lifecycle)，从开始执行到结束，提供一般性运行中程序的存储堆栈(Stack)。

(2) 视图系统(View System)：提供丰富和具扩展性的显示接口组件，用于构造活动程序的显示窗体，这些接口组件包括列表(List)、网格(Grid)、文本框(Text Box)、按钮(Button)和嵌入式的网页浏览器(Browser)。

(3) 资源管理器(Resource Manager)：管理获取非程序代码资源。非程序代码资源通常是指本地的图像资源和涉及布局的 XML 文件。

(4) 通知管理器(Notification Manager)：管理应用程序并将通知信息显示在状态区中。

1.2.3　Android 各类链接库

Android 中包含一些 C/C++ 链接库，这些链接库可供 Android 操作系统的许多组件使用，并通过 Android 应用程序开发平台提供给开发人员丰富的功能。其中一些核心链接库说明如下：

(1) 系统 C 函数库：从 BSD 继承来的标准 C 函数库，专门为采用嵌入式 Linux 操作系统的设备所制定。

(2) 媒体链接库：以 PacketVideo 的 OpenCORE 为基础，支持多种常用音频和视频格式

的播放和录制，同时也支持静态图像显示，可支持的编码格式包括 MPEG4、H.264、MP3、AAC、AMR、JPG 和 PNG。

(3) 图像显示管理：管理图像显示子系统的获取功能和多个应用程序之间 2D 和 3D 图像的传递。

(4) Web 浏览器(LibWebCore)：提供一个最新的 Web 浏览器引擎，用来支持 Android 浏览器和一个嵌入式的 Web 浏览器引擎。

(5) SGL(Software Graphic Language)：2D 图像显示引擎的底层，是自动从因特网收集图像的软件工具。

(6) 3D 链接库：以 OpenGL ES 1.0 API 为基础，可以使用硬件 3D 加速贴图(如果提供硬件)或使用高速优化的 3D 软件贴图程序。

(7) 字体库(FreeType)：用于位图(Bitmap)和矢量(Vector)字体的显示。

(8) 数据库(SQLite)：一个功能强大的轻量级关系数据库引擎，可以提供给所有的应用程序使用。

1.2.4 Android 运行环境

Android 运行时环境(Android Runtime)提供了核心链接库(Core Libraries)和 Dalvik VM 虚拟系统(Dalvik Virtual Machine)，采用 Java 开发的应用程序编译成 apk 程序代码后，交给 Android 操作环境来执行。

Android 包括一组核心链接库，提供了 Java 编程语言核心链接库的大部分功能。每一个 Android 应用程序都会在自己的进程中执行，拥有自己的 Dalvik VM 的实现。Dalvik 可以同时有效率地执行多个虚拟系统。Dalvik VM 可执行的文件采用“.dex”作为文件名后缀，该文件格式被优化所需的内存存储最小，同时虚拟系统采用登记制，所有程序先经由 Java 编译器编译，然后通过 SDK 中的“.dx”工具转换成“.dex”格式，再由虚拟系统执行。

Android 中采用的 Dalvik VM 相对于 JavaSE 中的 Java VM，所以熟悉 Java SE 开发环境的开发人员可以很快地接手开发 Android 应用程序。将写好的 Java 程序“.java”先编译成“.class”程序(这个过程和开发 Java SE 是相同的)，然后再次编译成可以在 Dalvik VM 中执行的“.dex”程序，最后将其包装成 Android 可以执行的文件“.apk”，整个过程如图 1.6 所示。

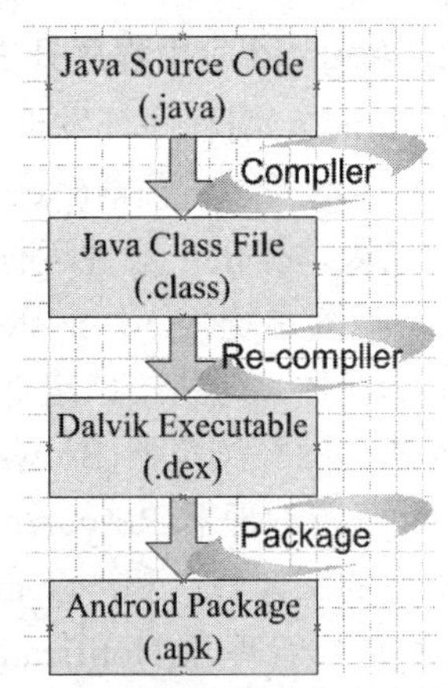

图 1.6　Android 应用程序产生的流程

1.3 Android 开发平台的安全权限机制

Android 本身是一个权限分立的操作系统，每个应用都以唯一的一个系统识别身份运行(用户 ID 与群组 ID)，系统的各部分也分别使用各自独立的识别方式，这样可将应用与应用，应用与系统隔离开。系统更多的安全功能通过权限机制提供，权限可以限制某个特定进程的特定操作，也可以限制每个 URI 权限对特定数据段的访问。

Android 安全架构的核心设计思想是，在默认设置下，所有应用都没有权限对其他应用、系统或用户进行较大影响的操作，其中包括读写用户隐私数据(联系人或电子邮件)、读写其他应用文件、访问网络或阻止设备待机等。

安装应用时，在检查程序签名提及的权限且经过用户确认后，软件包安装器会给予应用程序相应的权限。从用户角度看，一款 Android 应用通常会要求如下的权限：拨打电话、发送短信或彩信、修改/删除 SD 卡上的内容、读取联系人的信息、读取日程的信息、写入日程数据、读取电话状态或识别码、精确的(基于 GPS)地理位置、模糊的(基于网络获取)地理位置、创建蓝牙连接、对互联网的完全访问、查看网络状态、查看 WiFi 状态、避免手机待机、修改系统全局设置、读取同步设定、开机自启动、重启其他应用、终止运行中的应用、设定偏好应用、震动控制和拍摄图片等。

1.4 Android 应用程序开发的优势

Android 平台为开发人员提供了大量的实用库和工具，开发人员可以快速创建应用。例如，在其他手机平台上要进行基于位置的应用开发是相当复杂的，而 Android 将 Google Map 集成了进来，开发人员仅需通过简单的几行代码就可以实现一个地图应用。在该平台上开发应用程序的优势还有很多，具体如下：

(1) 开放性。谷歌与开放手机联盟合作开发了 Android，这个联盟由中国移动、摩托罗拉、高通、宏达和 T-Mobile 在内的 30 多家技术及无线应用的领军企业组成。Android 是一个真正意义上的开放性移动设备综合平台。

Android 通过与运营商、设备制造商、开发商和其他有关各方结成深层次的合作伙伴关系，来建立标准化、开放式的移动电话软件平台，在移动产业内形成了一个开放式的生态系统，这样应用之间的通用性和互联性将在最大程度上得到保持。

(2) 丰富的硬件选择。这一点还与 Android 平台的开放性相关，由于 Android 的开放性，众多的厂商会推出丰富多彩、功能各具特色的产品。虽然功能上存在差异，但不会影响到数据同步甚至软件的兼容，好比从诺基亚 Symbian 风格手机改用苹果 iPhone，仍可将 Symbian 中优秀的软件移植到 iPhone 上使用，联系人等资料也可以方便地转移。

(3) 应用平等。所有的 Android 应用之间是完全平等的。所有的应用都运行在一个核心的引擎上，这个核心引擎其实就是一个虚拟机，提供了一系列用于应用和硬件资源间进行通信的 API。撇开这个核心引擎，Android 的所有其他的东西都可看做“应用”。

(4) 应用无界限。Android 打破了应用之间的界限，开发人员可以把 Web 上的数据与本地的联系人、日历、位置信息结合起来，为用户创造全新的用户体验。

第 2 章 Android 应用程序开发初步

Android 平台是一组面向移动设备的开发软件包，Google 为开发者提供了各个平台(如 Windows、Mac、Linux)上可用的开发工具包，开发者利用这些开发工具包搭建好 Android 平台就可以进行应用程序开发。在开发工具包中，包含了 Android 手机模拟器，便于开发者在电脑上完成所有的手机应用程序开发工作。下面讲解如何在 Windows 下搭建 Android 平台。

2.1 Android 开发平台的搭建

本书中使用 Java 语言进行应用程序开发，Android 自身不是一个语言，它是一个运行应用程序的环境。要进行应用程序开发就先要进行搭建相应的开发环境，完成 JDK、EclipseAndroid SDK、ADT 安装。

2.1.1 预备知识

Android 开发初学者往往对 Android 开发平台搭建所需工具包了解很少，所以本书在搭建平台之前，先对所需工具包预备知识做一下说明。

JDK(Java Development Kit)是 Sun 公司(已被 Oracle 收购)针对 Java 开发员的软件开发工具包。JDK 是整个 Java 的核心，包括了 Java 运行环境、Java 工具和 Java 基础的类库。

SDK(Software Development Kit)是软件开发工具包，是为特定的软件包、软件框架、硬件平台、操作系统等建立应用软件的开发工具的集合。SDK 可以简单的为某个程序设计语言提供应用程序接口 API 的一些文件，也可能包括能与某种嵌入式系统通讯的复杂的硬件。

Eclipse 是一个开放源代码的、基于 Java 的可扩展开发平台。就其本身而言，只是一个框架和一组服务，用于通过插件组件构建开发环境。

ADT 是一个为 Eclipse IDE 设计的插件，旨在提供一个强大的、集成的环境以建立 Android 应用程序。ADT 扩展了 Eclipse 的功能，可以快速建立新的 Android 项目，创建一个应用程序界面。它还添加了基于 Android 框架 API 的组件，使用 Android SDK 工具调试应用程序，甚至能导出签名(或未签名)APK 以分发应用程序。

准备好这些工具，就可以安装这些软件来搭建 Android 的开发环境了。

2.1.2 Windows 环境下的搭建过程

在 Windows 系统下搭建 Android 开发平台时，开发者可以自己下载所需的工具，包括 JDK、SDK 和 Eclipse，按照以下步骤进行安装和环境变量配置，也可以使用光盘中的搭建软件完成平台搭建。

1．相关下载

1) Java JDK 下载

进入网页：http://java.sun.com/javase/downloads/index.jsp，如图 2.1 所示。选择 Download JDK (只下载 JDK)，无需下载 jre(本文使用的是版本 JDK6)。

JDK 6 Demos and Samples
Demos and samples of common tasks and new functionality available on JDK 6. The source code provided with samples and demos for the JDK is meant to illustrate the usage of a given feature or technique and has been deliberately simplified.

JDK Demos and Samples
DOWNLOAD

图 2.1　Java JDK 下载页面

2) Eclipse 下载

进入网页：http://www.eclipse.org/downloads/，如图 2.2 所示。选择第一个下载项(即 eclipse IDE for java EE Developers)。

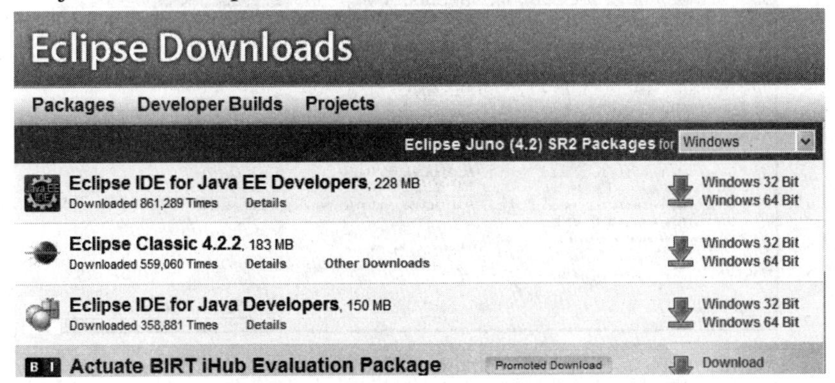

图 2.2　Eclipse 下载页面

3) 下载 Android SDK

进入网页：http://developer.android.com/sdk/index.html 进下载行，如图 2.3 所示。

Get the Android SDK

The Android SDK provides you the API libraries and developer tools necessary to build, test, and debug apps for Android.

If you're a new Android developer, we recommend you download the ADT Bundle to quickly start developing apps. It includes the essential Android SDK components and a version of the Eclipse IDE with built-in **ADT (Android Developer Tools)** to streamline your Android app development.

With a single download, the ADT Bundle includes everything you need to begin developing apps:

- Eclipse + ADT plugin

Download the SDK
ADT Bundle for Windows

图 2.3　SDK 下载页面

本书使用的是 Android 2.3.3 版本。需要注意，以上的链接部分会由于官方的更新而产

生变动，下载到的版本有时会有不同，但下载的方式不变，如果遇到问题可以参考官方帮助文档。

2．软件安装及配置

1) 安装 JDK

JDK 安装完成即可，无需配置环境变量，为了测试 JDK 安装是否成功，在 Windows 中，单击“开始”→“运行”，在对话框中输入“cmd”，点击“确定”，输入“java - version”，点击“回车”。若出现如图 2.4 信息，则说明安装成功。

```
C:\Documents and Settings\Administrator>java -version
java version "1.6.0_21"
Java(TM) SE Runtime Environment (build 1.6.0_21-b07)
Java HotSpot(TM) Client VM (build 17.0-b17, mixed mode, sharing)
```

图 2.4　验证 jdk 安装界面

2) 配置 Android SDK

在连接 Android 的情况下，运行已经下载的“SDK Setup.exe”文件，出现如图 2.5 所示界面。

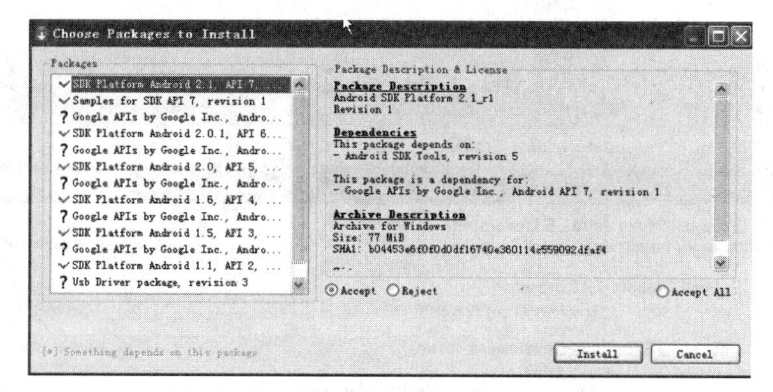

图 2.5　Android SDK 配置界面

图 2.5 左边为可以下载的 SDK 的平台列表。选中自己需要的版本后，点击“Install”按钮，开始进入下载页面，如图 2.6 所示。下载所需的时间与网络速度有关系，网速慢的用户，请耐心等待。

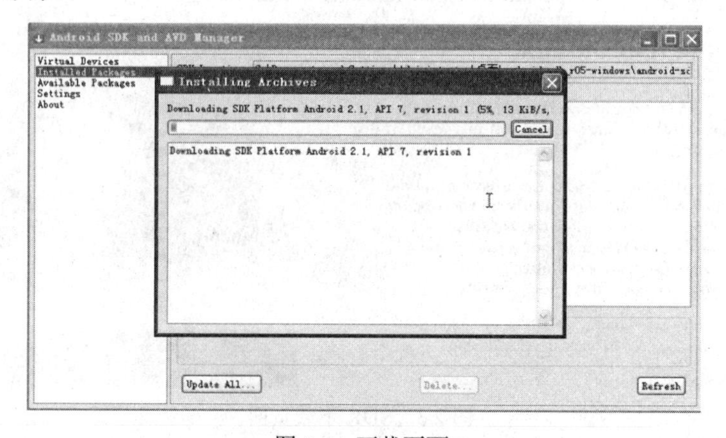

图 2.6　下载页面

下载完 Android 的开发支持版本之后，需要在 Windows 中配置 Android 的主要使用命令(所有命令保存在 tools 文件中)，右击“我的电脑”图标，选择“属性”命令，选择“高级”选项卡，单击“环境变量”按钮，对 Path 属性进行编辑，如图 2.7 所示。

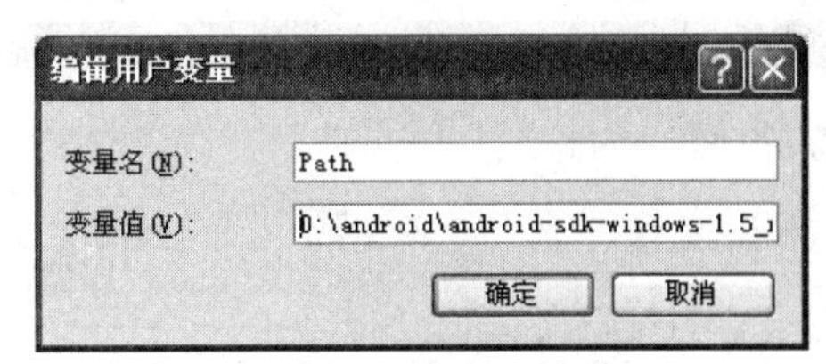

图 2.7　环境变量配置界面

变量值填写 SDK 文件下 tools 位置，例如“D:\android\android-sdk-windows-1.5_r1\tools”。

3) Eclipse 配置

解压 Eclipse。Eclipse 无需安装，解压后，可直接运行 eclipse.exe。初次启动 Eclipse，会遇到如图 2.8 提示界面，提示选择自己的工作空间(Workspace)路径，点击“Browse...”可以选择自己的 Workspace 存放路径，可选择存放于“E:\Android\workspace”。如果不希望下次打开 Eclipse 时出现该提示，可以点击“Use thisas the default and do not ask again”前面的单选框。然后点击“OK”。

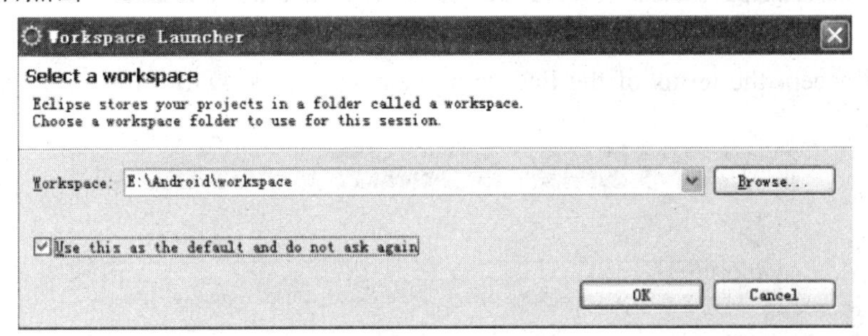

图 2.8　选择工作空间路径

(1) 下载配置 ADT 插件。选择“Help”→“Install New Software”，如图 2.9 所示。

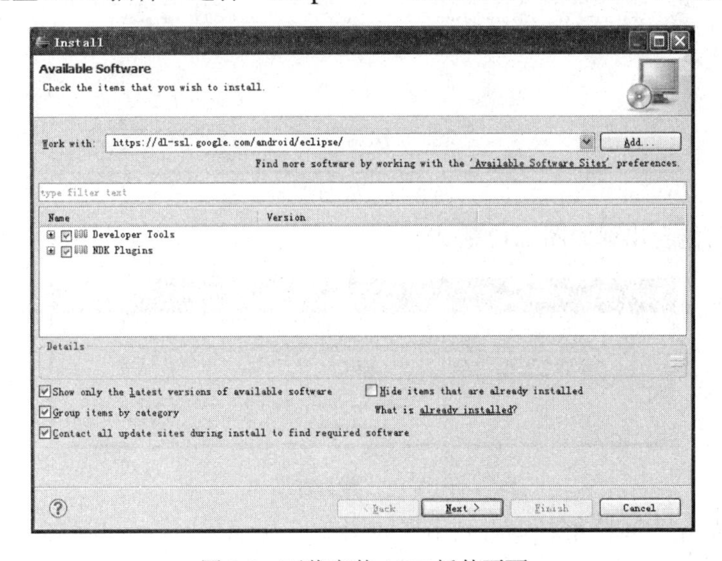

图 2.9　下载安装 ADT 插件页面

在 Work with 文本框中输入网址“https://dl-ssl.google.com/android/eclipse/”(如果出错，请将 https 改成 http)，此为 ADT 插件下载地址，之后就可以浏览 ADT 插件包，本书下载的是 12.0 版本。点击“Next”按钮，出现如图 2.10 所示界面。

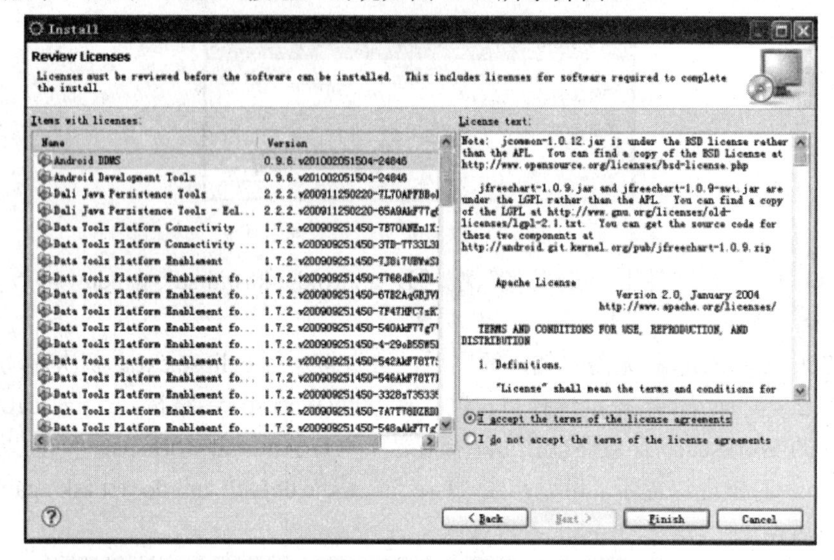

图 2.10　安装界面

选择“I accept the terms of the license agreements”之后点击“Finish”，界面如图 2.11 所示。

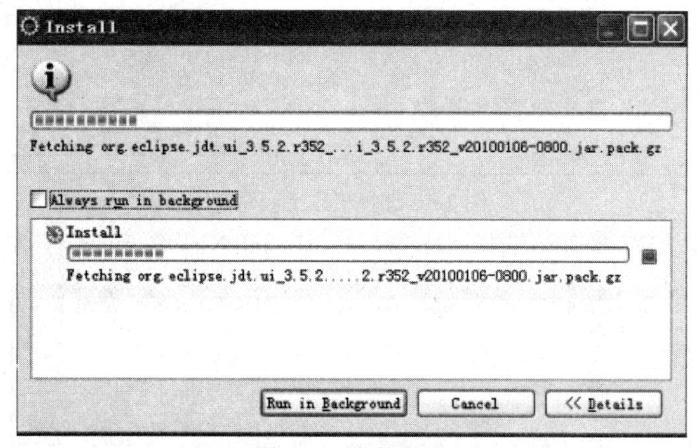

图 2.11　安装界面

安装中间可能会出现如图 2.12 警告。

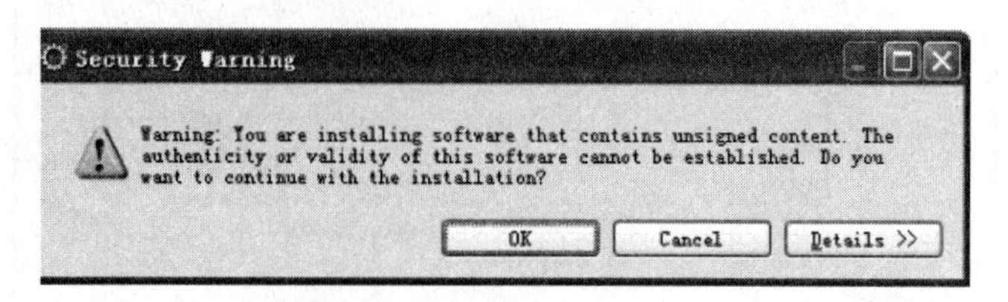

图 2.12　警告界面

此时，可点击“OK”继续，看到出现如图 2.13 所示界面，点击“Yes”，重启 Eclipse，至此，ADT 插件安装完毕。

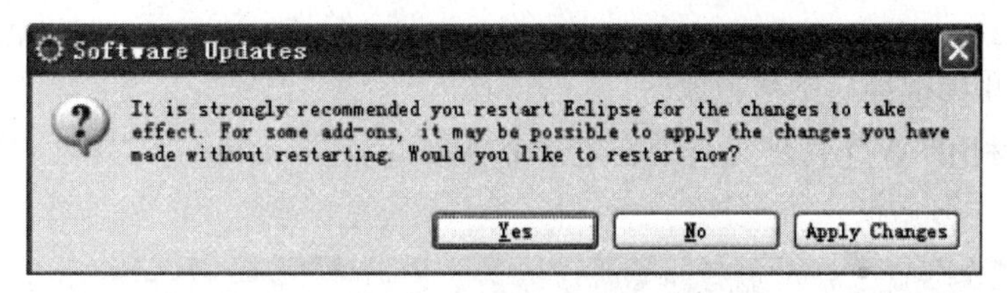

图 2.13　ADT 安装完毕

重启 Eclipse。

(2) 配置 Android SDK 工作目录。选择“Windows”→“Preferences”→“Android”命令，在打开的界面(如图 2.14 所示)中右边 SDK Location 中选择 Android SDK 所在位置。若在右下方的区域中出现如图 2.14 中所示的 SDK 列表信息，则说明 SDK 路径指定成功。

点击“OK”，完成。

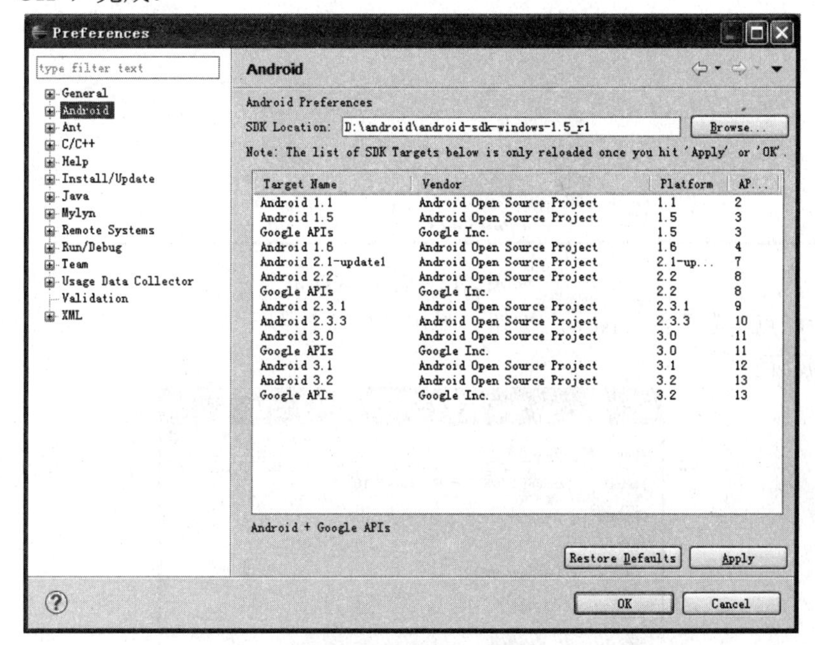

图 2.14　配置 SDK 界面

至此，Android 的开发环境已经搭建完成。

随书附带的光盘(Android 程序范例光盘使用说明)中附有 JDK、SDK 和 ECLIPSE(已经配置好 ADT 插件)，只需安装并参考上文配置好 SDK 环境变量即可。

2.2　第一个 Android 项目

成功搭建 Android 软件开发环境后，与一般的 Java 开发项目一样，首先要建立一个 Android 项目“example_HelloWorld1”，验证应用程序开发环境已搭建成功。

2.2.1　创建模拟器

创建 AVD(Android Virtual Device)就是建立一个模拟的 Android 手机，打开 Eclipse 的

Windows 菜单，打开 Android AVD and SDKManager，在这里就可以管理 AVD 和 SDK，接下来按照以下步骤创建一个模拟器。

第一步，利用 AVD 管理工具来创建一个 AVD。点击 Eclipse 工具栏上的 图标，弹出如图 2.15 所示对话框。

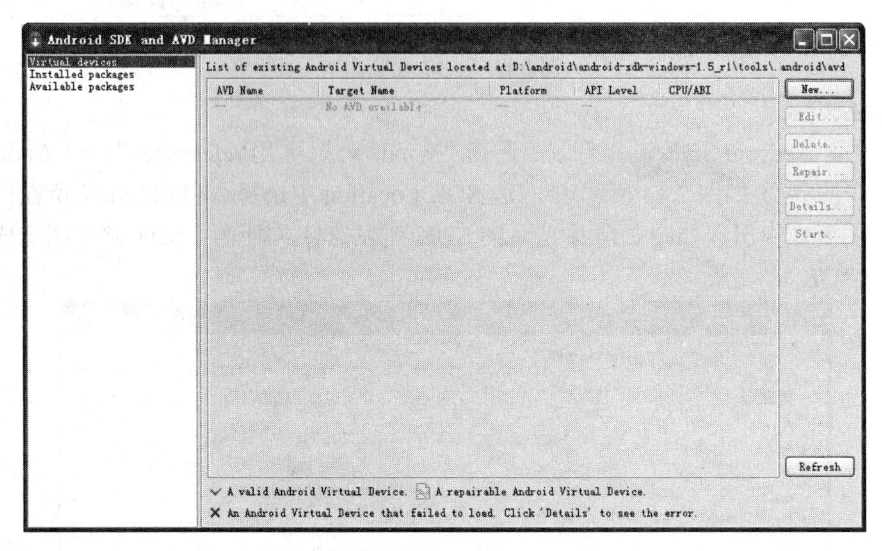

图 2.15　创建 AVD

第二步，点击右侧的“New”按钮。弹出如图 2.16 所示创建选项对话框，设置相关属性如表 2.1 所示。

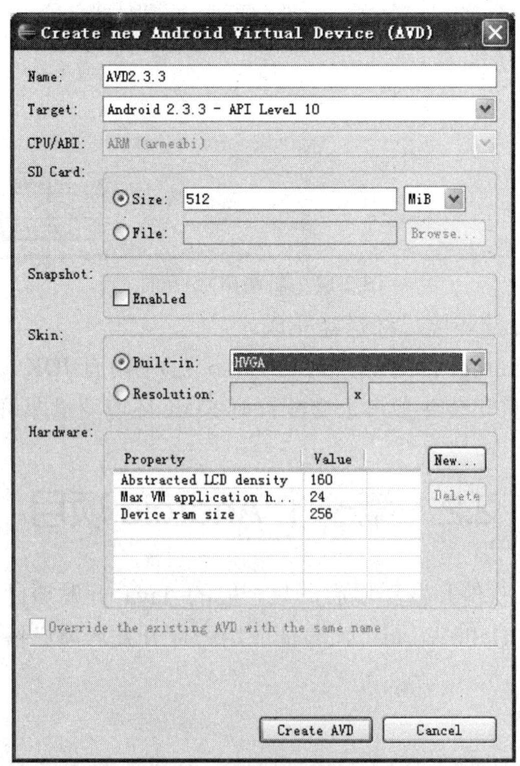

图 2.16　创建 AVD 选项

表 2.1　AVD 属性及作用表

选项名称	意　义
Target	该 AVD 所搭载的 Android 的版本，本 AVD 选用的是 Android 2.3.3-APILevel 10
SD Card	Size 选项，是指该 AVD 所安装的 SDCard 的大小，本例为 500MiB。创建的 SDCard 以镜像文件的形式存放。file 属性指定该镜像文件存放于电脑硬盘上的位置，可以不做修改，使用默认设置即可。并非每次创建手机都要新建一个 SDCard，可以使用以前创建过的 SDCard，并访问其上面的数据
Skin	指定手机屏幕的格式可以自行设置，此例中均采用默认分辨率，应与开发应用的目标机型进行匹配，若目标机型的分辨率比较特殊，可以选择 Resolution 指定相应参数

第三步，点击“Create AVD”之后，界面如图 2.17 所示，在 AVD 列表中出现刚才创建的“AVD2.3.3”信息。

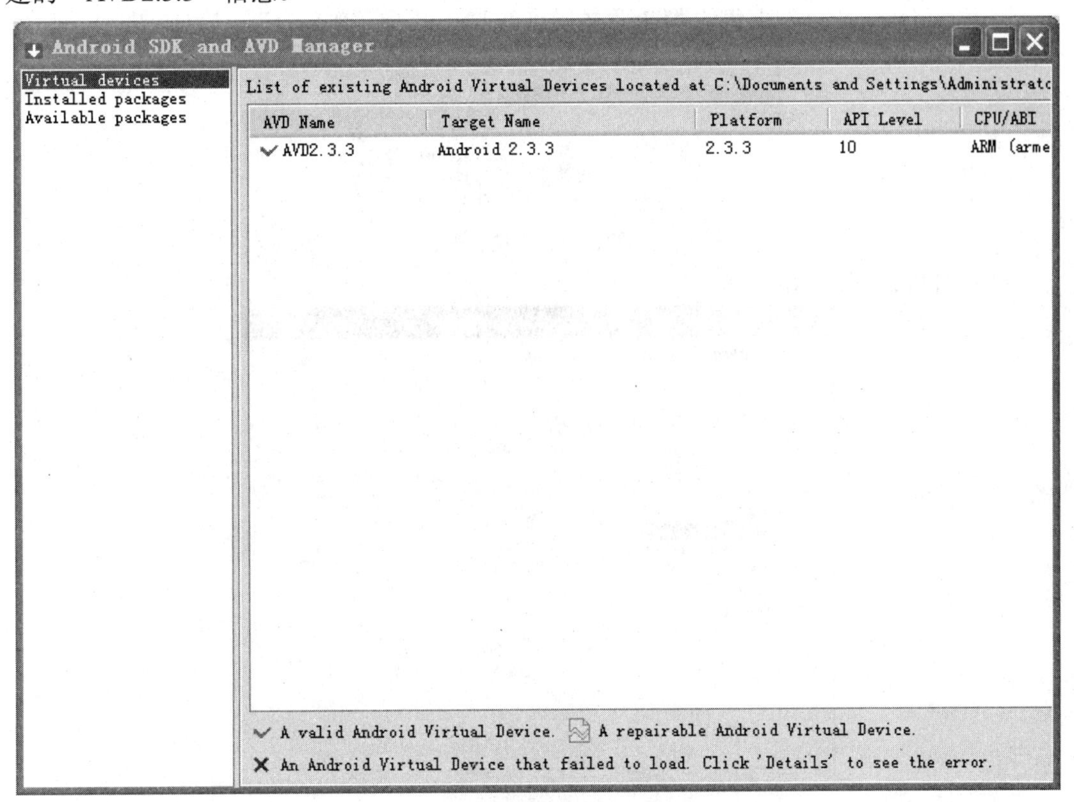

图 2.17　AVD 信息

第四步，如图 2.18 所示，选中 AVD 列表中要启动的 AVD 之后，点击右侧的“Start”。出现“Launch Options”界面，点击“Launch”，等待模拟器启动。

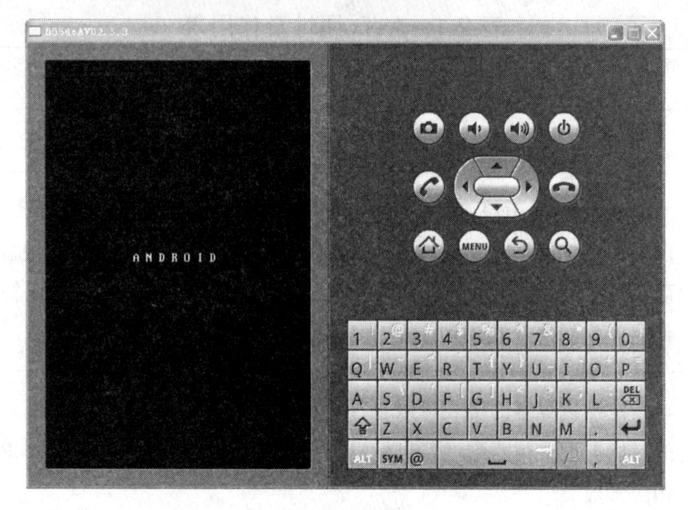

图 2.18　启动模拟器

2.2.2　创建项目

打开 Eclipse，点击左上角的“File”之后点击“New”→“Project”，过程如图 2.19 所示。

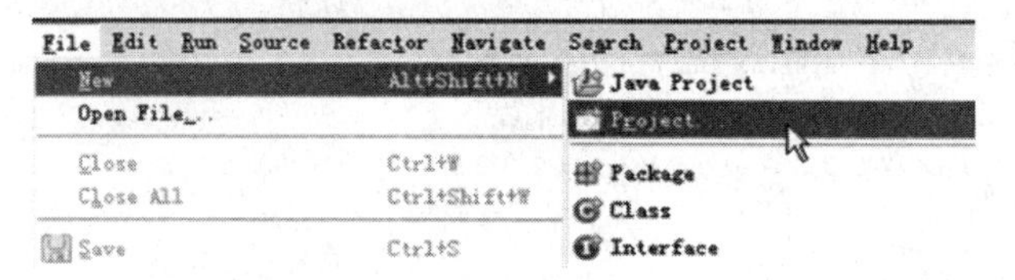

图 2.19　新建工程

进入如图 2.20 所示的菜单。

图 2.20　新建 Android 项目

选择“Android Project”，点击“Next”，进入如图 2.21 所示界面。

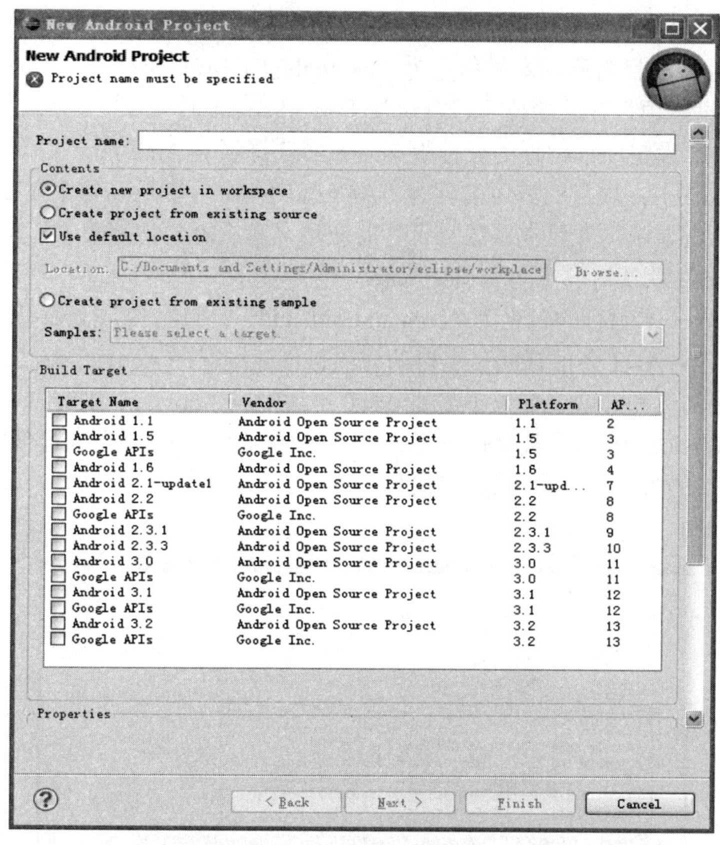

图 2.21　新建 Android 项目

接下来指定“example_HelloWorld1”创建项目选项卡的相关属性，如图 2.22 所示。

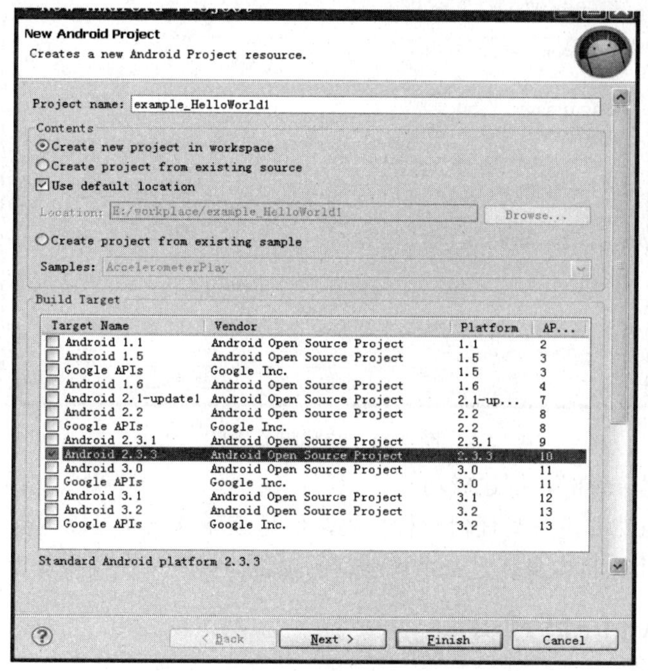

图 2.22　选择模拟器

【New Android Project】选项卡中，各属性介绍如下：

Project name：项目名称，本例指定为“example_HelloWorld1”。

Contents：设定项目存放的位置，默认放于 Workspace 中。

Build Target：设定项目运行的目标版本，本书选择版本 Android 2.3.3。其中：

Application name：项目的应用名称为“AndroidHello”。应用名称会在手机程序列表中该应用的图标下方显示，并且在该项目运行时应用名称会在标题栏显示，也可以不填写，Application name 在默认情况下与 Project name 一样。

Package name：本项目的包名为“com.android.study”，包结构是 Java 语言的一种规范。

Create Activity：ADT 会根据此名字自动为项目创建同名的 Activity 类，建议以“Activity”作为后缀，方便阅读和理解。如果不需要 ADT 自动生成 Activity，则可以不选。

Min SDK Version：10 这个数字代表了该项目运行的 Android 平台的最低版本是 Android 2.3.3，比 2.3.3 低的版本都不能运行该项目。

填写之后如图 2.23 所示。

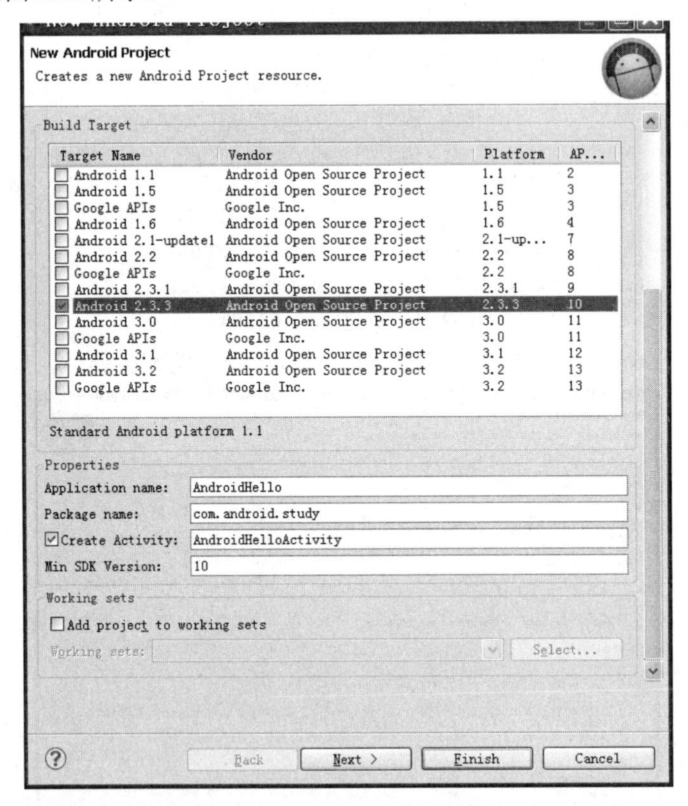

图 2.23　填写相关信息

最后，点击“Finish”，创建成功。

目前为止，虽然并没有写任何一行代码，但是该项目已经可以运行了，这是由于使用 ADT 生成的每一个项目本身就是一个可运行的项目。接下来在模拟器上执行这个项目。

2.2.3　运行 Android 项目

运行 Android 项目之前就可以启动模拟器，这样运行 Android 项目之后，该项目会自

动发布到已经启动的这个模拟器上。如果运行项目之前已有多于一个的模拟器启动，那么在运行的时候会系统提示选择要发布的目标模拟器。如果运行项目之前没有模拟器启动，那么运行代码后，会自动的启动一个默认的模拟器，如图 2.24 所示。运行 Android 项目最常用的方式如下：在“Package explorer”视图中，右键单击“FirstAndroidProject”的根目录，选择“Run As”之后点击“Android Application”即可，如图 2.25 所示。

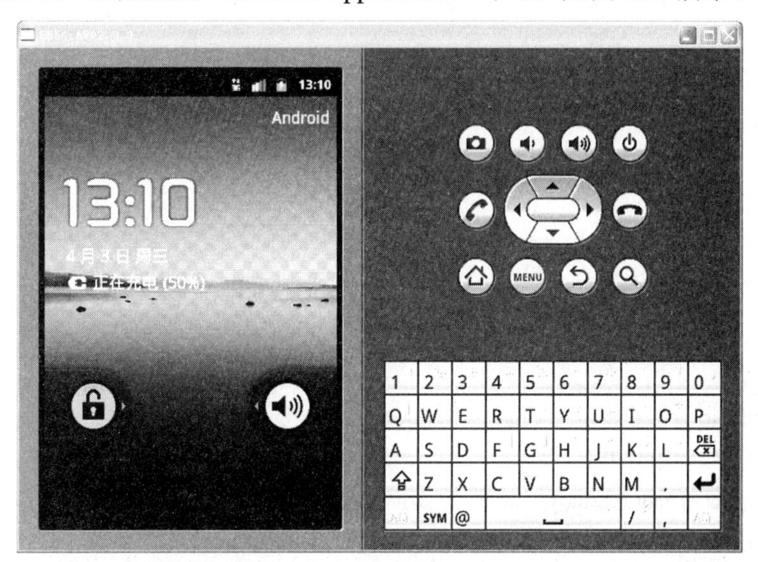

图 2.24　运行 Android 项目

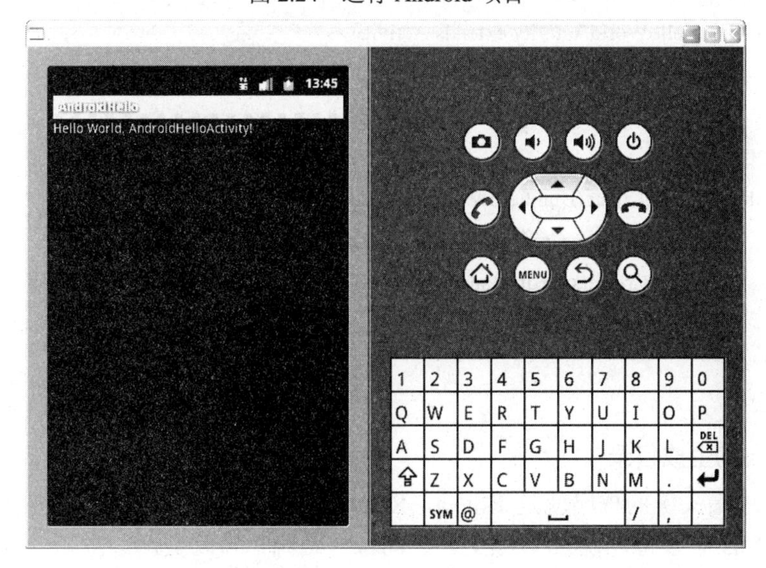

图 2.25　运行结果

2.2.4　解读 example_HelloWorld1 项目

下面以 example_HelloWorld1 为例对项目的各个文件做详细介绍，如图 2.26 所示为在 Eclipse 下展开的项目列表。

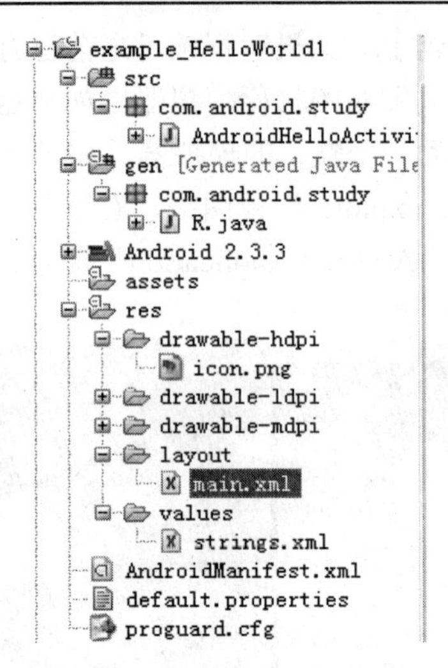

图 2.26　Android 项目的列表

1．src/

每个 Android 程序都包含资源目录(src)，它主要存放资源文件，打开 AndroidHello-Activity.java 文件，代码如下：

```
package com.android.study;                //声明包名称
importandroid.app.Activity;
importandroid.os.Bundle;
public classHelloWorldActivity extends Activity
{                    //定义类  继承 activity
   /** Called when the activity is firstcreated. */
   @Override
   public void onCreate(BundlesavedInstanceState)
   {       //重写方法 onCreate 应用程序启动时调用
        super.onCreate(savedInstanceState);
        setContentView(R.layout.main); //设置画面显示时的视图(初始化后的 helloView)
   }
}
```

2．gen/自动生成目录

gen 目录中最关键的程序就是 R.java，R.java 是自动生成的。ADT 插件自动根据放入 res 目录的 XML 中字符、视频/音频文件、图像等资源，自动更新添加 R.java 文件。修改 XMLR 时 .java 会自动更新。所有的 Android 程序中都会有以 R.java 为名的这个文件，读者不需要也应避免手工修改 R.java 这个文件。如果目录下没有 R.java，可以右击“工程”→选择 Properties→选择 Android→Apply 即可，也可右击“工程”→选择 Android Tools->选择 FixProject Properties。

新建项目 R.java 默认有 attr、drawable、layout 和 string 这四个静态内部类，每个静态内部类对应一种资源，如 layout 静态内部类对应 layout 中的界面文件，string 静态内部类对应 string 内部的 string 标签。如果在 layout 中在增加一个界面文件或者在 string 内增加一个 string 标签，R.java 会自动在其对应的内部类增加相关内容。R.java 除了能自动标识资源的索引功能外，还有另一个功能，就是当 res 文件中的某个资源在应用中没有被用到，当这个应用被编译时，系统不会把对应的资源编译到应用中的 APR 包中，代码如下：

```
package com.android.study;
public final class R
{
    public static final class attr
    {
    }
    public static final class drawable
    {
        public static final int icon=0x7f020000;
    }
    public static final class layout
    {
        public static final int main=0x7f030000;
    }
    public static final class string
    {
        public static final int app_name=0x7f040001;
        public static final int hello=0x7f040000;
    }
}
```

代码中定义的变量名字都是 XML 文件中映射过来的。

3. Assets

Assets 词义本身是资产的意义，主要用来存放视频、音频、多媒体等文件；当被访问的时候，必须使用 AssetManager 以字节流的方式来读取，用起来非常的不方便。

4. res

res 用来存放程序所需要的资源文件，也就是非 Java 的文件。在项目 example_HelloWorld1 中，系统默认使用了 res 资源文件中的 Layout 编写布局和 Values 对字符统一管理，Layout 中 Main.xml 代码如下：

```
<?xml version="1.0"encoding="utf-8"?>
<LinearLayout xmlns:android="http://schemas.android.com/apk/res/android"
  android:layout_width="fill_parent"
  android:layout_height="fill_parent"
  android:orientation="vertical">
<TextView
```

```
        android:layout_width="fill_parent"
        android:layout_height="wrap_content"
        android:text="@string/hello" />
</LinearLayout>
```

布局文件的内容不多，开始是一个 LinearLayout 组件的定义，然后在这个 LinearLayout 放了一个用于显示文字的 TextView。LinearLayout 是一个线性布局面板，只能进行垂直和水平布局，其中参数 android:orientation="vertical" 代表子元素只能垂直排列，若使用 android:orientation="horizontal" 标识里面的则表示子元素水平排列；android:layout_width 定义当前视图占的宽度，这里 fill_parent 即为充满整个屏幕，若设置成 wrap_content 就可以根据当前视图的大小改变宽度；android:layout_height 定义视图的高度，这里也是填充整个屏幕，而设置成 wrap_content 会根据当前视图的大小改变高度；android:text 是 TextView 要显示的文本，可以是字符串，也可以是一个字符串的引用，例中是一个引用，引用的是 strings.xml 定义好的名字为 hello 的字符串。

在项目 example_HelloWorld1 下，Values 中的 string.xml 代码：

```
<?xml version="1.0"encoding="utf-8"?>
<resources>
    <string name="hello">Hello World，HelloWorldActivity!</string>
    <string name="app_name">HelloWorld</string>
</resources>
```

strings.xml 配置了所有的资源信息，定义的键值对都有相应的赋值，这样可以减少内存的浪费，也便于对字符进行统一的管理。在 Android 开发中，开发者应该尽量使用 strings.xml 来配置资源文件，养成良好的开发习惯。

5. AndroidManifest.xml

AndroidManifest.xml 主要完成以下功能：

(1) 命名应用程序的 Java 包，这个包名用来唯一标识应用程序；

(2) 描述应用程序的组件：活动、服务、广播接收者以及组成应用程序的内容提供器，对实现每个组件和公布其能力(比如能处理哪些意图消息)的类进行命名，这些声明使得 Android 系统了解这些组件以及在什么条件下可以被启动；

(3) 决定应用程序组件在哪个进程中运行；

(4) 声明应用程序访问受保护的部分 API，以及和其他应用程序交互所必须具备的权限；

(5) 声明应用程序其他的必备权限，用以组件之间的交互；

(6) 列举测试设备 Instrumentation 类，用来提供应用程序运行时所需的环境配置和其他信息，这些声明只是在开发和测试阶段存在，发布前将被删除；

(7) 声明应用程序所要求的 Android API 的最低版本；

(8) 列举 application 所需要链接的库。

在项目 example_HelloWorld1下的 AndroidManifest.xml 代码如下：

```
<?xml version="1.0" encoding="utf-8"?>
<manifest
```

```
xmlns:android="http://schemas.android.com/apk/res/android"
      package="com.android.study"
      android:versionCode="1"
      android:versionName="1.0">
   <uses-sdk android:minSdkVersion="10" />
<application
android:icon="@drawable/icon"
android:label="@string/app_name">
         <activity
android:name=".AndroidHelloActivity"
                  android:label="@string/app_name">
            <intent-filter>
                <action android:name="android.intent.action.MAIN" />
                <category android:name="android.intent.category.LAUNCHER" />
             </intent-filter>
        </activity>
   </application>
</manifest>
```

根据如上所示的 Manifest.xml 体系结构，结合相应代码，从外到内解读 example_HelloWorld1 下 Manifest.xml。

(1) 第一层<Manifest>属性。<manifest/>元素是 AndroidManifest.xml 的根元素。

xmlns:android=http://schemas.android.com/apk/res/android 定义 android 命名空间，一般为 http://schemas.android.com/apk/res/android。

package="com.android.study" 是该应用内 Java 主程序包的包名，它也是一个应用进程的默认名称。

android:versionCode="1" 是该应用的版本号，是给设备程序识别版本(升级)用的，必须是一个 interger 值代表 APP 更新过多少次，比如第一版一般为 1，之后若要更新版本就设置为 2，3 等。

android:versionName="1.0" 是应用的版本名称，这个名称是给用户看的，可以将 APP 版本号设置为 1.1 版，后续更新版本设置为 1.2、2.0 版本等。

<uses-sdk android:minSdkVersion="10"/> 描述应用所需的 API level，就是版本，在此属性中指定了支持的最小版本 android2.3.3=10。

(2) 第二层<Application>：属性。<application>定义一个应用，一个 AndroidManifest.xml 中必须含有一个 Application 标签，这个标签声明了每一个应用程序的组件及其属性(如 icon,label,permission 等)。

android:icon="@drawable/icon" 定义了该应用的图标，该图标引用资源文件中的 icon 图片。

android:label="@string/app_name"> 定义了该应用的名称，该名称存放在资源文件 /res/string 下。

(3) 第三层<Activity>属性。<activity>定义一个 Activity，该应用程序中的每一个 Activity 必须在这里定义，否则不能运行。

android:name=".AndroidHelloActivity" 定义了该 Activity 的类名。

android:label="@string/app_name" 定义了 Activity 的类名，该类名存放在资源文件 /res/string 下。

(4) 第四层<intent-filter>属性。<intent-filter>定义一个意图过滤器，用于标记 Activity 意图类型，以便 Android 系统能找到该 Activity，主要使用下面两个子标签 action 和 category 来区分每个 Intent。

```
<action android:name="android.intent.action.MAIN" />
    <category android:name="android.intent.category.LAUNCHER" />
```

2.3 Android 应用程序开发工具

Android 开发环境有很多协助开发 Android 应用程序的资源工具，利用这些工具可以在 Android 的实际硬件设备或 Android 虚拟设备上设计、调试、测试、打包和安装开发者开发的应用程序。这些工具中重要的有 Android 仿真器(EMULATOR)、Android 调试监控服务系统(DDMSAndroid)系统调试工具(ADB)和 AAPT 工具。

2.3.1 Android 仿真器——EMULATOR

Android 开发环境和创建 Android 虚拟设备 AVD 就绪后，接下来启动 Android 仿真器仿真 Android 手机的功能，并学习如何利用 Android SDK 开发平台来执行 Android 应用程序。

1. 启动 Android 仿真器

使用 Android 仿真器之前，需要先创建 Android 虚拟设备 AVD，开发者可以按照自己喜好的 Android 版本或显示屏幕的大小来创建数个 Android 虚拟设备 AVD，也可以直接在 Eclipse 集成开发环境上执行应用程序，例如选择 example_HelloWorld1 项目的文件直接运行，ADT 会开始编译和执行应用程序，如图 2.27 所示。

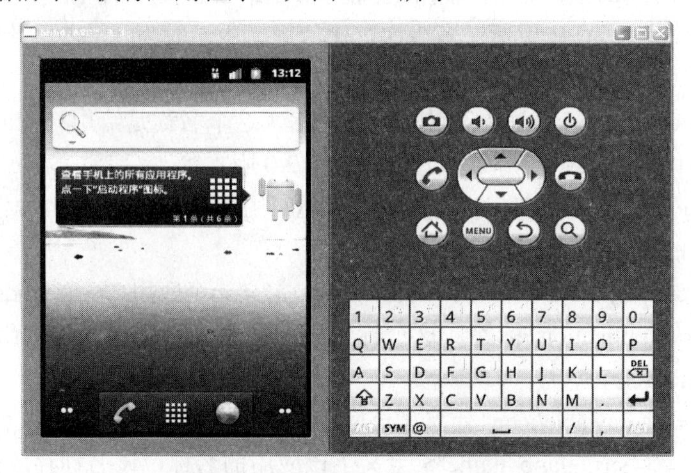

图 2.27　Android 虚拟设备 AVD

单击“MENU”按钮或用鼠标点击图标，就会看到 Google 已安装好的应用程序、Phone 拨打电话和 Browser 浏览器，如图 2.28 所示。只要个人计算机已连上网络，Android 仿真器的浏览器就可以直接上网，不需要额外设置网络配置信息，如果单击 Browser 浏览器图标，则可看到 Google 网页主窗体。

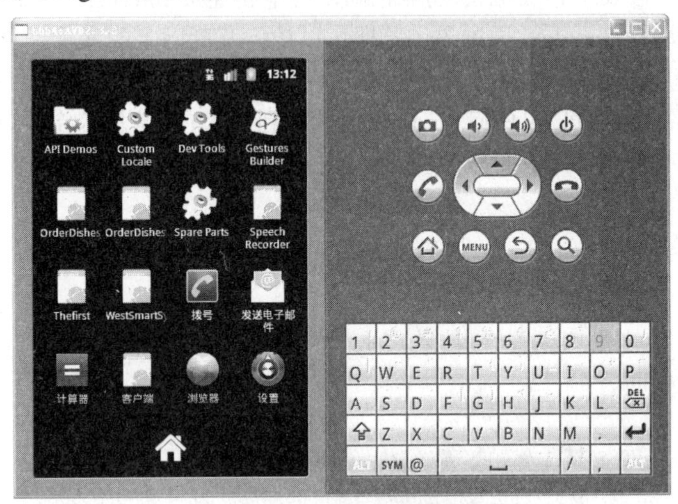

图 2.28　仿真器界面

如果要回到 Android 仿真器的首页，单击图标即可回到首页窗体，即 Android 的 Home 页面，如图 2.29 所示。

图 2.29　Android Home 界面

如果要关闭 Android 仿真器，采用一般 Windows 操作系统关闭程序的方式，直接单击右上角的“×”红色图标，Android 仿真器的窗口就会关闭。

2．系统自带浏览器介绍

浏览器的功能与 IE、Firefox 的功能相同，在电脑连接 Internet 的情况下，打开该浏览器默认访问的网站为 Google。通过该浏览器可以访问互联网上的网页，其访问结果与电脑上安装的浏览器访问结果不同之处在于其显示界面较小。因此，如果仅仅需要开发一个 B/S 架构的应用则不需要专门学习任何 Android 技术，利用 J2EE 等技术完全可以开发，唯一需要注意的就是应用的界面大小要与手机的屏幕相适应。

3. 卸载模拟器上的应用

不再某个应用或者有更合适的应用来替代旧的应用时，用户可以将应用卸载。卸载模拟器上应用的具体操作如下：

打开“抽屉”，点击“设置”，接着点击“应用程序”，再点击“管理应用程序”，出现如图 2.30 所示的界面。

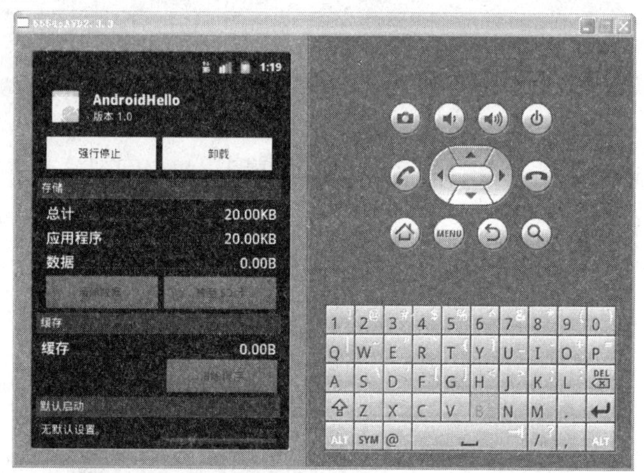

图 2.30　管理应用程序界面

点击“卸载”之后，进入如图 2.31 所示界面。

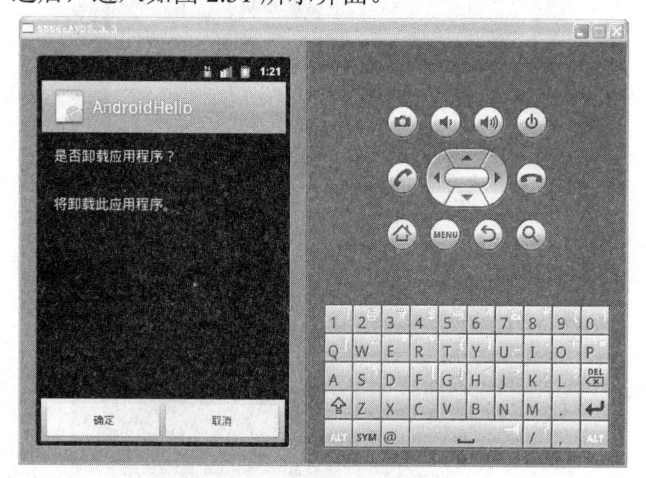

图 2.31　卸载程序界面

点击“确定”，卸载完成。此时返回“抽屉”，已无此应用，其他诸如方向键、拨号键、挂机键、菜单键键盘等与普通手机并无太大差别，可以自行熟悉。

4. Windows 下模拟器不能完成的功能

对于应用程序的开发者来说，模拟器提供了很多开发和测试时的便利。无论在 Windows 还是 Linux 下，Android 模拟器都可以顺利运行，并且 Google 提供的 Eclipse 插件，可将模拟器集成到 Eclipse 的 IDE 环境。模拟器功能非常齐全，如电话本、通话等功能都可正常使用(当然没办法真的从这里打电话，只能在同一 PC 机的模拟器之间进行通信)，甚至其内置的浏览器和 Google Maps 都可以联网。用户不仅可以使用键盘输入，还可使用鼠标点击模拟器按键输入，甚至可以使用鼠标点击、拖动屏幕进行操纵。但是由于模拟手机不具有实体手机的一些特有设备，因此在模拟手机上有些功能是没有办法进行测试的，这些功能主要包括：

(1) 不支持呼叫和接听实际来电，但可以通过控制台模拟电话呼叫(呼入和呼出)，也可以在同一台电脑上同时开多台模拟机，相互之间可以进行电话、短信通信；

(2) 不支持 USB 连接；

(3) 不支持相机/视频采集；

(4) 不支持扩展耳机；

(5) 不能确定连接状态；

(6) 不能确定电池电量水平和交流充电状态；

(7) 不能确定 SD 卡的插入/弹出；

(8) 不支持蓝牙。

2.3.2 Android 系统调试工具——ADB

系统调试工具 ADB(Android Debug Bridge)是一个多功能工具，可以帮助开发者管理实际硬设备或虚拟设备上的执行状况。ADB 是一个客户端-服务器(Client-Server)类型的系统，包括下列 3 个部分：

(1) 客户端程序(Client)：这个程序在开发环境上运行，可以通过命令行模式 shell 接口执行 ADB 命令来操作客户端程序。很多 Android 工具如开发工具 ADT 或调试监控系统 DDMS 都可以创建 ADB 客户端。

(2) 服务器程序(Server)：这个程序在开发环境的后台运行，服务器程序负责管理介于客户端程序和守护进程程序的通信沟通。

(3) 守护进程程序(Daemon)：这个程序在实际硬设备或虚拟设备的后台运行。

本节主要介绍 ADB 命令，使用这些命令可获取 ADB 功能或管理实际硬设备或虚拟设备上的执行状况。如果是在 Eclipse 集成开发环境上开发 Android 应用程序，且已安装好 Android 开发工具 ADT，则不需要使用 ADB 命令，因为 Android 开发工具 ADT 已把 ADB 工具集成在 Eclipse 开发环境中，但是在调试时，可以直接使用 ADB 命令来测试。ADB 是开发环境和 Android 仿真器之间沟通的重要桥梁。

ADB 命令是执行 Android 应用程序不可或缺的重要工具。ADB 命令除了提供应用程序

调试功能外，另一项重要的功能是直接将 Eclipse 编译好的 Android 应用程序套件 APK (Android Package)安装到实际硬设备或虚拟设备上。另外，如前所述 ADB 调试工具也支持命令行模式的 shell 命令，可以让开发者管理 Android 操作系统。表 2.2 列出了一些常用的 ADB 命令。

表 2.2　常用 ADB 命令表

命　令	说　明
ADB Bugreport	为故障报告在屏幕上打印 dumpsys、dumpstate 和 logcat 数据
ADB call <phonenumber>	模拟一个呼入的电话
ADB cancel <phonenumber>	取消一个呼入的电话
ADB -d {<ID>|<serialNumber>}	允许指引一个 ADB 命令到一个定义的模拟器/设备示例中，通过赋值 ADB ID 或者序列号来引用
ADB data <state>	改变 GPRS 数据连接状态到<state>
ADB Devices	打印所附模拟器列表/设备示例
ADB forward <local> <remote>	在模拟器/设备示例中从一个定义的本来端口转递 socket 连接到一个定义的远程端口
ADB get-serialno	打印 ADB 示例标识符字符串
ADB get-state	打印一个模拟器/设备示例的 ADB 状态
ADB help	打印支持的 ADB 命令列表
ADB install <path-to-apk>	推入 Android 应用程序(作为一个完整路径一个.apk 文件)到模拟器/设备示例
ADB jdwp	在指定的设备上列出可用的 JDWP 进程
ADB kill-server	终止 ADB 服务器进程
ADB　logcat[<option>] [<filter-specs>]	在屏幕上打印 log 数据
ADB pull <remote> <local>	从模拟器/设备复制定义的文件到电脑
ADB push <local> <remote>	从电脑中复制文件到模拟器/设备
ADB Shell	在目标模拟器/设备上启动远程外壳
ADB start-server	检测 ADB 服务器进程是否启动，如果未启动，将其启动
ADB Status	报告当前 GSM 声音/数据状态
ADB unregistered	Indicates no network is available 指示无网络可用
ADB Version	打印 ADB 版本号
ADB voice <state>	改变 GPRS 声音状态连接到<state>
ADB wait-for-bootloader	阻止执行直到引导装入完成，除非设备完成引导
ADB wait-for-device	阻止执行直到设备在线，示例状态是设备

下面介绍部分重要的ADB命令。

1. ADB命令的标准格式

ADB命令的标准格式如下：

图2.32是ADB命令的标准格式，当正在运行的仿真器有多个时，需使用“-s <serialNumber>”选项来指定具体的仿真器；使用“-d”选项参数时，ADB命令只会送到连接USB的实际硬设备；使用“-e”选项参数，ADB命令只会送到Android仿真器。标准格式中的<command>指定具体执行的命令。

```
adb [-d|-e|-s <serialNumber>] <command>
```

图2.32 ADB 命令格式

例如安装FirstAndroidProject.apk到Android仿真器序号是5554的虚拟设备上时，其代码如下：

```
adb -s emulator-5554 install FirstAndroidProject.apk
```

2. 检测ADB服务器的信息

可以先检测哪些实际硬设备或虚拟设备已和ADB服务器连接，这对于接着执行的ADB命令会有帮助，如图2.33所示。“ADB devices”命令的响应结果的范例如图2.34所示，其中，前面显示的是Android仿真器序号，后面是目前状态，device表示正在执行中，如果是离线状态会看见offline信息，如果没有执行仿真器会显示no device信息。

```
adb devices
adb get-state
adb get-serialno
```

图2.33 ADB服务器信息

```
C:\android-sdk-windows\tools>adb devices
List of devices attached
Emulator-5554   device
C:\android-sdk-windows\tools>adb devices
List of devices attached
Emulator-5554   offline
```

图2.34 ADB devices命令响应

另外，可以用“ADB get-state”命令来取得ADB服务器的运行状态，响应的可能状态有device(运行中)、offline(离线)和bootloader(开机中)，也可以用“ADB get-serialno”命令来取得Android仿真器的执行序号，比如emulator-5554。

3. 上传文件到/sdcard或自/sdcard下载文件

“ADB push”命令可以上传文件到SD存储卡目录“/sdcard”，因为Android操作系统会保护系统文件，其他目录有存取的权限无法自由写入，所以一般用户文件或照片文件都放在“/sdcard”目录内。“ADB pull”命令是相反方向操作，将文件自Android操作系统的“/sdcard”目录下载到个人计算机上，如图2.35所示。

```
adb pull <remote> <local>
adb push <local> <remote>
```

图 2.35　ADB 命令响应

4. 启动和关闭 ADB 服务器

当启动 Android 服务器时，ADB 服务器会一起启动。当无法确定 ADB 服务器是否已启动时，可以用“ADB start-server”命令来启动 ADB 服务器，这条命令在 ADB 服务器已启动时，不进行任务操作，否则就会直接启动 ADB 服务器。若不想继续进行调试监控，则可以用“ADB kill-server”命令来关闭 ADB 服务器，如图 2.36 所示。

```
adb start-server
adb kill-server
```

图 2.36　启动关闭 ADB 服务

2.3.3　Android 调试监控服务系统 DDMS

Android 提供了一个全名为 Dalvik Debug Monitor Server(DDMS)的工具，调试监控服务系统 DDMS 能提供下列调试监控功能：

(1) 将应用程序在 Dalvik Runtime 执行时发生的错误以 logcat 命令方式返回给开发人员。

(2) 支持窗体撷取功能，可以将错误的窗体或信息撷取下来以方便后续调试。

(3) 提供一个 port-forwarding 服务，可以将这个调试工具安装到实际硬设备上，也就是说，当一般用户使用这些应用程序时，若发生错误，可以将这些错误信息拦截下来，返回给应用程序开发人员。

(4) 提供设备上线程(Thread)和堆栈(Heap)的信息和状况，以及无线状态信息、拨入电话、短消息、模仿经纬度位置的数据等。

调试工具 ADB 和调试监控服务系统 DDMS 是互为表里的，DDMS 通过 ADB 衔接到实际硬设备或 Android 仿真器上。

Android 操作系统支持多任务线程，每一个在 Android 操作系统上执行的应用程序都会有单独的进程，建立自己单独的 Dalvik 虚拟机器(VM)，而每一个设备上的 VM 都会通过一个单独的通信端口(port)连接到 DDMS 调试监控服务系统，会监听调试信息。因此，同时执行多任务应用程序时，每一个应用程序所发生的错误信息都会由单独的 DDMS 监听和记录，不会混淆。

如果可以在 Eclipse 开发环境的右上角看见“DDMS”图标，如图 2.37 所示，直接单击该图标就可以启动调试监控服务系统 DDMS。

图 2.37　DDMS 命令框

如果没有在 Eclipse 开发环境的右上角看见所提供的 DDMS 工具的话，请参阅图 2.38。

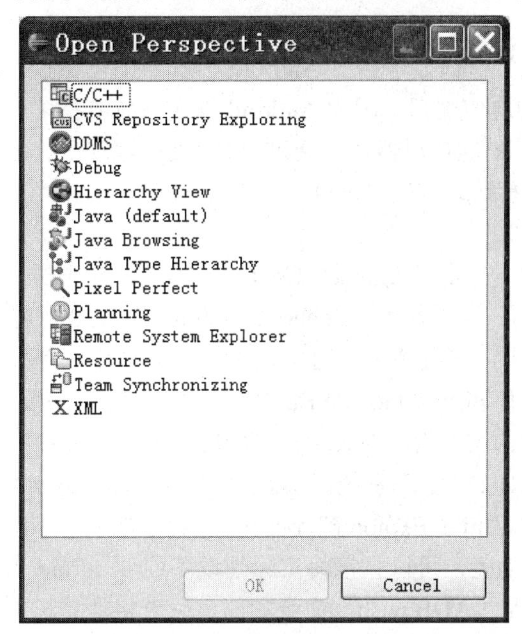

图 2.38　Eclipse 界面

如图 2.39 所示，调试监控服务系统 DDMS 窗体的下方“LogCat”窗口会实时显示每一个程序通过 Dalvik 虚拟机器所传出的实时信息，其中程序是以 pid 进程号来表示，开发人员可以利用这些信息实时监视应用程序的执行状况和发现问题。“LogCat”窗口的右上角的 5 个小圆圈用来选择自动分类信息的功能，其作用分别如下：

V：Verbose，显示全部信息。

D：Debug，显示调试信息。

I：Info，显示一般信息。

W：Warming，显示警告信息。

E：Error，显示错误信息。

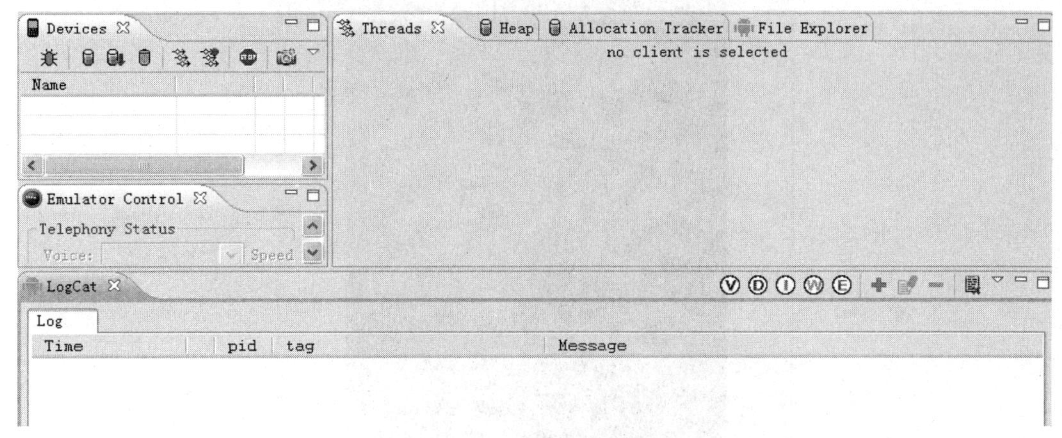

图 2.39　DDMS 监控图

开发者可以将所有显示的错误信息存储起来，或清理掉这些信息重新监视。如果在最

下方的 Filter 输入框中输入指定的调试标签(Tag)，只有符合该调试标签的信息才会显示出来。

左上方的“Devices”窗口显示当前 Android 仿真器中正在执行的所有进程名称、进程号与 DDMS 监听调试的通信端口。因为 Android 操作系统支持多任务，所以每一个单独的进程都建立了单独 Dalvik 虚拟机器，并通过单独的通信端口连接到 DDMS 调试监控服务系统，从窗口中就可以看到通信端口 8600、8601、8602……，当启动更多的程序时，就会增加更多监听通信端口。

“Devices”窗口的下方是“Emulator Control”窗口，这个仿真控制窗口中可以仿真电话状态(Telephone Status)、电话行为(Telephone Actions)和 GPS 位置控制(Location Control)。在 GPS 位置控制窗体中，开发者可以自由输入位置的经度和纬度，输入方式有手动输入(Manual)、下载 GPX 文件和下载 Google Earth 产生的 KML 地图文件三种。

在“Devices”窗口的右方有“Threads”窗口、“Heap”窗口和“File Explorer”窗口、“File Explorer”窗口启动文件管理系统，可以方便浏览 SD 存储卡“/sdcard”目录和 Android 操作系统内的文件目录。“File Explorer”窗口的右上方有 3 个小图标，最左侧的磁盘图标完成“ADB pull”命令功能，可以直接将实际硬设备或 Android 仿真器上的文件下载到计算机；中间的手机图标是“ADB push”命令功能，可以将计算机上的文件上传到实际硬设备或 Android 仿真器上；在右侧的横杠图标用来删除文件。当文件上传到“/sdcard”目录时，正在执行的 Android 仿真器无法实时反应，所以不会发现刚上传的文件，重新执行 emulator 命令，重新启动一次 Android 仿真器，才能让 Android 仿真器内的应用程序读取刚刚放到“/sdcard”目录上的文件。

另外，“Devices”窗口功能图标中最左边图标，可供开发者直接抓取 Android 仿真器所显示的窗体，其结果如图 2.40 所示。直接操作上面的“Refresh”按钮可以更新窗体，“Save”按钮可以将窗体保存为 PNG 图片文件。

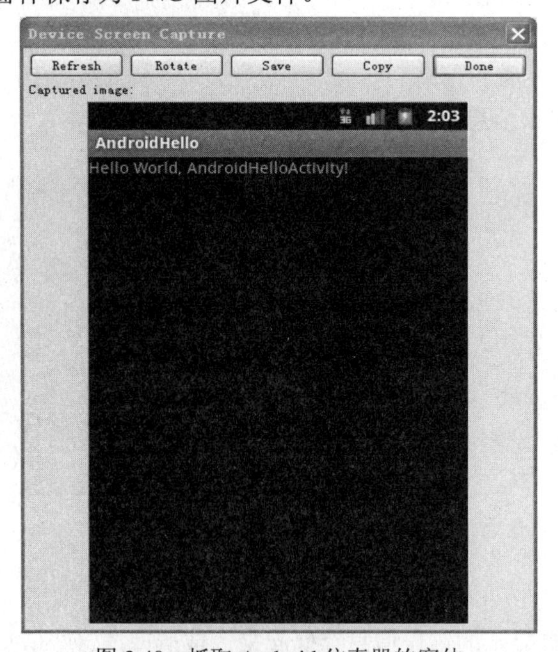

图 2.40　抓取 Android 仿真器的窗体

2.3.4　AAPT 工具

AAPT 是 Android Asset Packaging Tool 的首字母缩写，这个工具包含在 SDK 的 tools/目录下，可以查看、创建、更新与 zip 兼容的归档文件(zip、jar、apk)，也能将资源文件编译成二进制包。通常开发者不会经常直接使用 APPT，但是在构建脚本(build scripts)和 IDE 插件时要使用这个工具打包 apk 文件，以构成 Android 应用程序。AAPT 工具支持很多子命令。

1. 列出 apk 包的内容

命令格式如下：

aapt l[ist] [-v] [-a] file.{zip，jar，apk}

-v：以表格形式列出有关内容。

-a：详细列出内容。

例如：aapt l <apk 文件>命令就是列出 apk 的内容。

2. 查看 apk 信息

使用 aapt d permissions <apk 文件>，命令即显示这个 apk 所具有的权限如图 2.41 所示。

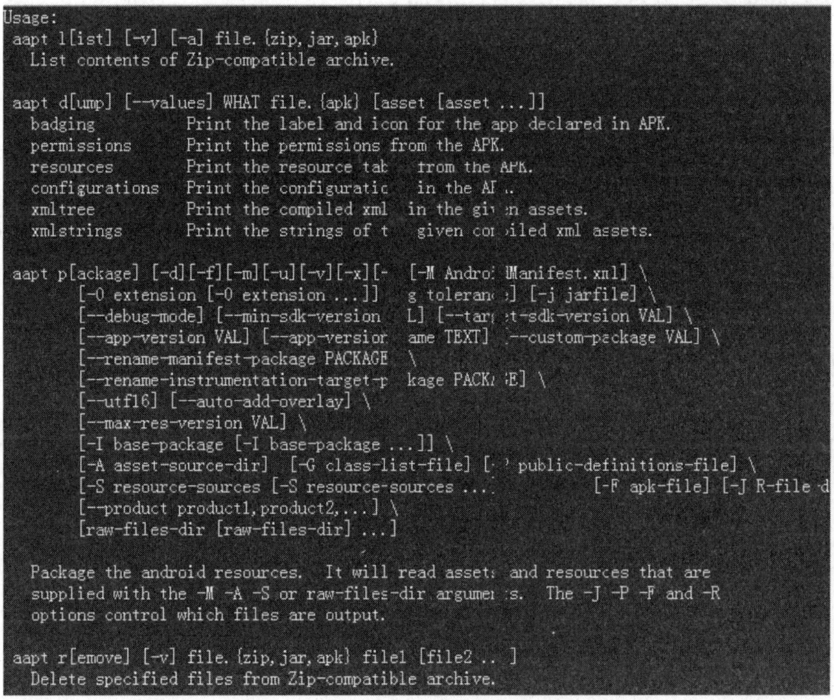

```
Usage:
 aapt l[ist] [-v] [-a] file.{zip,jar,apk}
   List contents of Zip-compatible archive.

 aapt d[ump] [--values] WHAT file.{apk} [asset [asset ...]]
   badging          Print the label and icon for the app declared in APK.
   permissions      Print the permissions from the APK.
   resources        Print the resource tab   from the APK.
   configurations   Print the configuratic   in the AI..
   xmltree          Print the compiled xml  in the gi' n assets.
   xmlstrings       Print the strings of t   given coi iled xml assets.

 aapt p[ackage] [-d][-f][-m][-u][-v][-x][-   [-M Andro: Manifest.xml] \
        [-0 extension [-0 extension ...]]   g toleran: ] [-j jarfile] \
        [--debug-mode] [--min-sdk-version   L] [--tar t-sdk-version VAL] \
        [--app-version VAL] [--app-versior  ame TEXT] .--custom-package VAL] \
        [--rename-manifest-package PACKAGE  \
        [--rename-instrumentation-target-p  kage PACK/ E] \
        [--utf16] [--auto-add-overlay] \
        [--max-res-version VAL] \
        [-I base-package [-I base-package ...]] \
        [-A asset-source-dir]  [-G class-list-file] [-  public-definitions-file] \
        [-S resource-sources [-S resource-sources ...:          [-F apk-file] [-J R-file-d
        [--product product1,product2,...] \
        [raw-files-dir [raw-files-dir] ...]

   Package the android resources.  It will read asset: and resources that are
   supplied with the -M -A -S or raw-files-dir argumei :s.  The -J -P -F and -R
   options control which files are output.

 aapt r[emove] [-v] file.{zip,jar,apk} file1 [file2 .. ]
   Delete specified files from Zip-compatible archive.
```

图 2.41　apk 权限

3. 编译 Android 资源

编译 Android 资源比较复杂，这里只解释命令中几个关键参数。

-f：如果编译出来的文件已经存在，强制覆盖。

-m：使生成的包的目录放在-J 参数指定的目录。

-J：指定生成的 R.java 的输出目录。

-S：res 文件夹路径。

-A：assert 文件夹的路径。

-M：AndroidManifest.xml 的路径。

-I：某个版本平台的 android.jar 的路径。

-F：具体指定 apk 文件的输出。

下面给出两个实例。

(1) 将工程的资源编译 R.java 文件。

```
aapt package -m -J <R.java 目录> -S <res 目录> -I <android.jar 目录>
  -M <AndroidManifest.xml 目录>
```

(2) 将工程的资源编译到一个包里。

```
aapt package -f   -S <res 目录> -I <android.jar 目录> -A<assert 目录>
  -M <AndroidManifest.xml 目录> -F <输出的包目录>
```

4. 从打包好的 apk 中移除文件

命令格式为

```
aapt r[emove] [-v] file.{zip，jar，apk} file1 [file2 ...]
```

例如：aapt r <apk 文件> AndroidManifest.xml，这个是将 apk 中的 AndroidManifest 移除掉。

5. 添加文件到打包好的 apk 中

命令格式为

```
aapt a[dd] [-v] file.{zip，jar，apk} file1 [file2 ...]
```

例如：aapt a <apk 文件> <要添加的文件路径>，这个是将文件添加到打包好的 apk 文件中。

6. 显示 AAPT 的版本

命令格式为

```
aapt v[ersion]
```

AAPT 中的资源编译器会编译除 raw 资源以外的所有资源，并将这些资源全部放到最终的 .apk 文件中。此文件包含 Android 应用程序的代码和资源，相当于 Java 中的 .jar 文件(“apk”代表“Android Package”)，.apk 文件将安装到设备上。

2.4 应用程序开发语言

随着 Android 的快速发展，如今开发者可以使用多种编程语言来开发 Android 应用程序，改变了以前只能使用 Java 开发 Android 应用程序的单一局面，因而受到众多开发者的欢迎，Android 成为了真正意义上的开放式操作系统。

开发者可以使用 Java 开发 Android 应用程序，也可以通过 NDK 使用 C/C++ 作为编程语言来开发应用程序，还可通过 SL4A 使用其他各种脚本语言进行编程(如 python、lua、tcl、php 等)，其他诸如 Qt(Qt for Android)、Mono(Mono for Android)等一些著名编程框架也开始支持 Android 编程，甚至通过 MonoDroid，开发者还可以使用 C#作为编程语言来开发应用程序。另外，谷歌还在 2009 年特别发布了针对初学者的 Android Simple 语言，该语言类似 Basic 语言，在网页编程语言方面，JavaScript，ajax，HTML5，jquery、sencha、dojo、mobl、PhoneGap 等都已经支持 Android 开发。但是大多开发者仍喜欢使用 Java 作为开发语言，下面简单了解 Android 平台下 Java 与 C/C++ 开发方面的特点。

2.4.1　Java 开发语言

Android 支持使用 Java 作为编程语言来开发应用程序，Java 语言的特性(简单性、面向对象、网络技能、健壮性、安全性、体系结构中立、可移植性、解释型、高性能、多线程、动态性)使 Android 的 Java 开发方面从接口到功能，都有层出不穷的变化。

考虑到 Java 虚拟机的效率和资源占用，谷歌重新设计了 Android 的 Java，以便能提高效率并减少资源占用。

2.4.2　C/C++ 开发语言

2010 年 4 月，谷歌正式对开发者发布了 Android NDK，NDK 允许开发者使用 C/C++作为编程语言来为 Android 开发应用程序，初版的 NDK 使得开发者看到了 C/C++在 Android 开发中的希望。

但是，当前版本的 NDK 在功能上还有很多局限性：NDK 并没有提供对应用程序生命周期的维护；NDK 也不提供对 Android 系统中大量系统事件的支持；对于作为应用程序交互接口的 UI API，当前版本的 NDK 中也没有提供。但是相对于初版的 NDK，现在的 NDK 已经有了许多重大的功能改进。

第 3 章　Android 应用程序开发流程

Android 的核心应用程序就是依赖框架层次 API 开发的，开发者可以充分使用这些 API。应用架构设计的初衷是：简化组件复用机制；任何应用都能发布自己的功能，这些功能又可以被任何其他应用使用(当然要受来自框架的强制安全规范的约束)；和复用机制相同，框架允许组件的更换。本章在应用架构之上讲解应用程序的一般开发步骤以及常用的组件。

一般项目开发时，在根据需求分析确定各层次功能之后，需要给项目制作一个好看的界面。一个人，给别人留下印象最深的是人的外貌，软件的界面也是如此。本节就从创建工程讲起，对于有一定 Java 基础的 Android 初学者，需要自己开发一个简单的 app，图 3.1 为 Android 项目开发遵循的一般步骤。

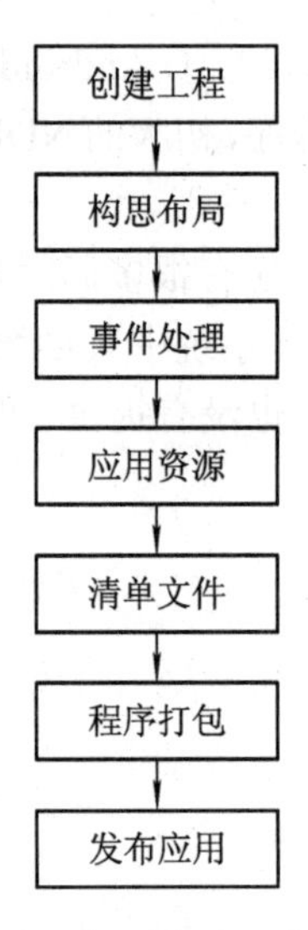

图 3.1　Android 项目开发流程图

3.1 创建工程

前面 2.3.1 节讲到可以在模拟器中卸载开发程序，在运行程序之前，这些工程放在 Eclipse 底下或其他地方，可以对它们进行一些操作，如创建、导入、删除和修复。最后讲解了项目的目录结构，以方便开发时使用。

3.1.1 创建一个 Android 工程

打开 Eclipse，在屏幕上方的选单列上，选择 File→New→Project，会弹出 New Project 对话视窗。Eclipse 是通用的编辑环境，可根据所安装的不同扩充套件而支援许多种类的工程。点击 Android 资料夹下的 Android Project，会开启 NewAndroidProject 对话视窗。创建过程可参考第二章的第一个 Android 项目进行。

3.1.2　导入项目

在其他工作空间的工程，或者已经具有“.project”等文件的工程可以导入当前的工作空间。方式如下，点击 File→Import，选择 General→Existing Projects into Workspace，如图 3.2 所示。

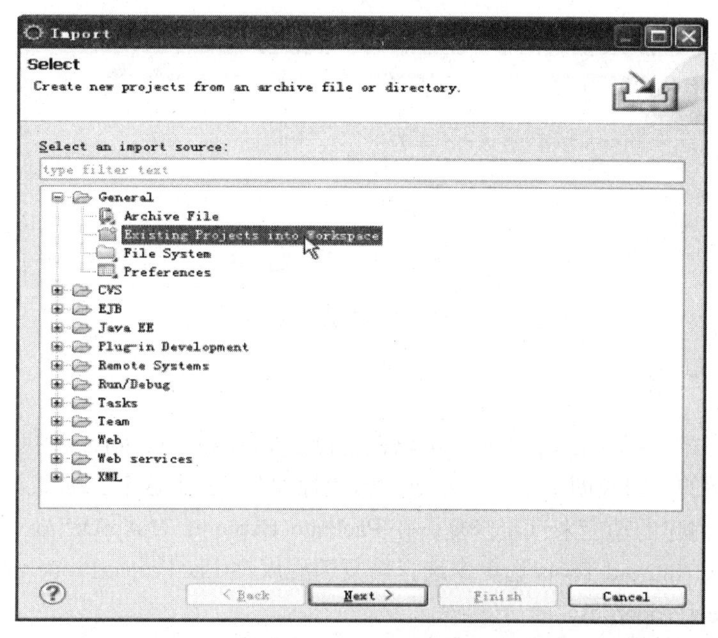

图 3.2　导入工程

点击“Next”→“Browse”，找到 thefirst 所在的文件路径，如图 3.3 所示。

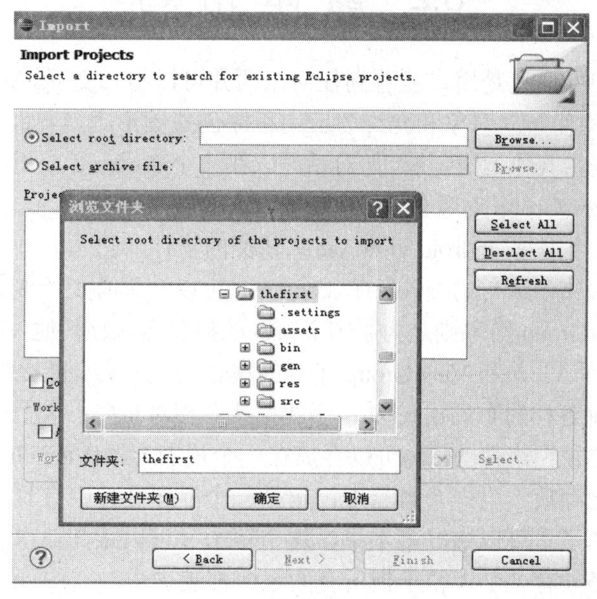

图 3.3　选择导入文件

点选“Copy projects into workspace”前的单选框，表示将这个项目拷贝到当前工作空间。点击“Finish”，导入完成。

3.1.3 删除项目

如果要删除项目，点击要删除的项目的名称，点击鼠标右键，选“Delete”即可删除，再点击“OK”，如图 3.4 所示，注意不要选定中间的单选框，因为选定之后会将目录下的项目删除。

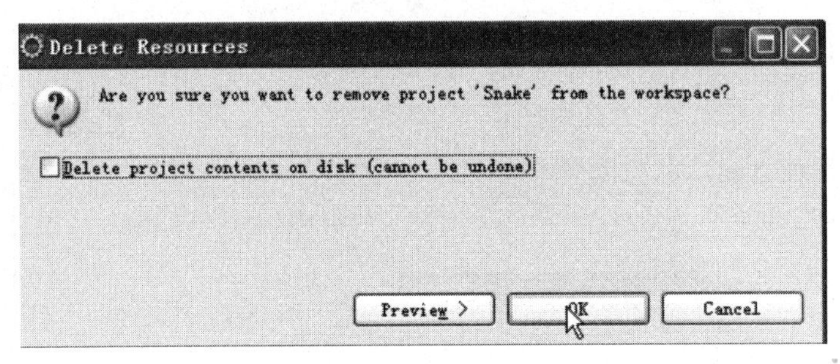

图 3.4 删除项目

3.1.4 修复工程

完成新增程序工程到 Eclipse 后，可以在左侧的 Package Explorer 中找到新增的工程。如果发现开启后的资料夹图示上有个小小的黄色惊叹号，表示这个工程汇入后还有些问题，可以使用 ADT 内建的功能来试着修复。在 Package Explorer 的 ApiDemos 工程档案夹图示上点选右键，从 Android Tools 选单中选择修复工程属性(Fix ProjectProperties)，即 Android Tools->Fix ProjectProperties。

3.2 窗体布局

应用程序的用户界面就是用户能看到任何东西并可以与其交互。Android 提供了多种预置的 UI 组件，如结构化布局对象和允许为应用程序创建图形用户界面的 UI 组件。Android 也会为特殊的接口提供其他 UI 模块，如对话框。在一个 Android 应用中，所有用户界面元素都是由 View 和 ViewGroup 对象创建的。

一个 View 是一个继承 android.view.View 基类的物件，它是一种数据结构，其属性为一个特殊的屏幕矩形域存储布局(layout)和 content，可以在屏幕上绘制某种画面，也可以与用户进行互动。ViewGroup 对象则是为了定义布局的接口而保存其他 View 和 ViewGroup 对象。Android 提供一个 View 和 ViewGroup 子类的集合，这个集合能提供相同的输入控制(如按钮和文本框)和各种各样的布局模式(如一个线性或者相对布局)。视图层次如图 3.5 所示。

图 3.5 表明多个视图组件(View)可以存放在一个视图容器(ViewGroup)中，该容器可以与其他视图组件共同存放于另一个容器中，但是一个界面文件中有且只有一个容器作为根节点，这好比一个箱子里可以装好多水果，这个箱子又可以跟其他水果一块再放入另一个箱子中一样，但是必须有一个大箱子把所有的东西都装进去。

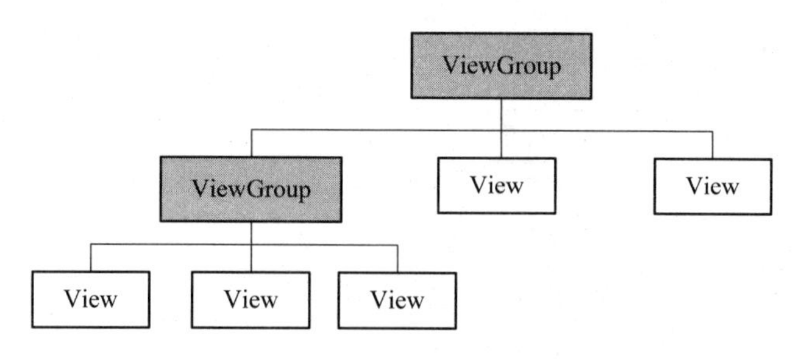

图 3.5　定义 UI 布局的 view 层次结构图

3.2.1　常用 UI 控件(Widget)

控件也称做组件，是为用户交互界面提供服务的视图对象。View 类作为一个基类为所有的 Widget 系列完整实现的绘制交互屏幕元素的子类服务。可获得的 Widget 列表包括：TextView、EditView、Button、Checkbox、ScrollView……有助于快速的构建 UI 界面。Android 还提供了一些更高级的控件，比如日期选择、时钟以及缩放控制。可在 Android 平台使用的控件并不限于提供的这些部分控件上，还可以创建一些自己的定制动作元素，只要定义好自己的视图对象，扩展或合并现有的控件就行。

1．文本显示组件(TextView)

文本显示组件的主要功能是用于显示文本。TextView 的属性及描述见表 3.1。

表 3.1　TextView 属性及描述

属 性 名 称	描　　述
android:autoLink	当文本为 URL 链接/email/电话号码/map 时，设置文本显示为可点击的链接。可选值为 none/web/email/phone/map/all
android:autoText	自动执行输入值的拼写纠正。此处无效果，在显示输入法并输入的时候起作用
android:bufferType	指定 getText() 方式取得的文本类别。选项 editable 类似于 StringBuilder 可追加字符，也就是说 getText 后可调用 append 方法设置文本内容，spannable 则可在给定的字符区域使用样式
android:capitalize	设置英文字母为大写类型。此处无效果，需要弹出输入法才能看得到，参见 EditText 属性说明
android:cursorVisible	设定光标为显示/隐藏，默认显示
android:digits	设置允许输入哪些字符，如“1234567890.+-*/%\n()”
android:drawableBottom	在 text 的下方输出一个 drawable，如图片。如果指定一个颜色的话会把 text 的背景设为该颜色，同时和 background 使用时覆盖后者
android:drawableLeft	在 text 的左边输出一个 drawable，如图片
android:drawablePadding	设置 text 与 drawable(图片)的间隔，与 drawableLeft、drawableRight、drawableTop、drawableBottom 一起使用，可设置为负数，单独使用没有效果
android:drawableRight	在 text 的右边输出一个 drawable，如图片

续表一

属 性 名 称	描　　述
android:drawableTop	在 text 的正上方输出一个 drawable，如图片
android:editable	设置是否可编辑。这里无效果，参见 EditView
android:editorExtras	设置文本的额外的输入数据
android:ellipsize	设置当文字过长时，该控件该如何显示。有如下设置值：“start”——省略号显示在开头；“end”——省略号显示在结尾；“middle”——省略号显示在中间；“marquee”——以跑马灯的方式显示(动画横向移动)
android:freezesText	设置保存文本的内容以及光标的位置
android:gravity	设置文本位置，如设置成“center”，文本将居中显示
android:hint	Text 为空时显示的文字提示信息，可通过 textColorHint 设置提示信息的颜色。此属性在 EditView 中使用，这里也可以使用
android:imeOptions	附加功能，设置右下角 IME 与编辑框相关的动作，如 actionDone 右下角将显示一个“完成”，如果不设置默认则是一个回车符号。这个在 EditText 中再详细说明
android:imeActionId	设置 IME 动作 ID。在 EditText 再做说明
android:imeActionLabel	设置 IME 动作标签。在 EditText 再做说明
android:includeFontPadding	设置文本是否包含顶部和底部额外空白，默认为 true
android:inputMethod	为文本指定输入法，需要完全限定名(完整的包名)。例如：com.google.android.inputmethod.pinyin
android:inputType	设置文本的类型，用于帮助输入法显示合适的键盘类型。在 EditText 中再详细说明
android:linksClickable	设置链接是否点击连接，即使设置了 autoLink
android:marqueeRepeatLimit	在 ellipsize 指定 marquee 的情况下，设置重复滚动的次数，当设置为 marquee_forever 时表示无限次
android:ems	设置 TextView 的宽度为 N 个字符的宽度。这里测试为一个汉字字符宽度，如 Hello World, TestActivity!
android:maxEms	设置 TextView 的宽度最长为 N 个字符，与 ems 同时使用时覆盖 ems 选项
android:minEms	设置 TextView 的宽度最短为 N 个字符，与 ems 同时使用时覆盖 ems 选项
android:maxLength	限制显示的文本长度，超出部分不显示
android:lines	设置文本的行数，设置两行就显示两行，即使第二行没有数据
android:maxLines	设置文本的最大显示行数，与 width 或者 layout_width 结合使用，超出部分自动换行，超出行数将不显示
android:minLines	设置文本的最小行显示数，与 lines 类似
android:lineSpacingExtra	设置行间距

续表二

属 性 名 称	描　　述
android:lineSpacingMultiplier	设置行间距的倍数。如“1.2”
android:numeric	如果被设置，该 TextView 有一个数字输入法。设置后唯一效果是 TextView 有点击效果，此属性在 EditText 将详细说明
android:password	以小点“.”显示文本
android:phoneNumber	设置为电话号码的输入方式
android:privateImeOptions	设置输入法选项，在 EditText 将进一步讨论
android:scrollHorizontally	设置当文本超出 TextView 的宽度的情况下，是否出现横拉条
android:selectAllOnFocus	如果文本是可选择的，让它获取焦点而不是将光标移动为文本的开始位置或者末尾位置。EditText 中设置后无效果
android:shadowColor	指定文本阴影的颜色，需要与 shadowRadius 一起使用。效果如下： Hello World, TestActivity!
android:shadowDx	设置阴影横向坐标开始位置
android:shadowDy	设置阴影纵向坐标开始位置
android:shadowRadius	设置阴影的半径。设置为 0.1 就变成了字体的颜色，一般设置为 3.0 的效果比较好
android:singleLine	设置单行显示。如果和 layout_width 一起使用，当文本不能全部显示时，后面用“…”来表示。如 android:text="test_ singleLine"；android:singleLine="true"；android:layout_width="20dp"将只显示“t…”。如果不设置 singleLine 或者设置为 false，文本将自动换行
android:text	设置显示文本
android:textAppearance	设置文字外观。如“?android:attr/textAppearanceLargeInverse”这里引用的是系统自带的一个外观，? 表示系统是否有这种外观，如果没有则使用默认的外观。可设置的值如下：textAppearanceButton/textAppearanceInverse/textAppearanceLarge/textAppearanceLargeInverse/textAppearanceMedium/textAppearanceMediumInverse/textAppearanceSmall/textAppearanceSmallInverse
android:textColor	设置文本颜色
android:textColorHighlight	被选中文字的底色，默认为蓝色
android:textColorHint	设置提示信息文字的颜色，默认为灰色。与 hint 一起使用
android:textColorLink	文字链接的颜色
android:textScaleX	设置文字缩放，默认为 1.0f。分别设置 0.5f/1.0f/1.5f/2.0f，效果如下： abcdef 0.5f abcdef 1.0f abcdef 1.5f abcdef 2.0f
android:textSize	设置文字大小，推荐度量单位“sp”，如“15sp”

续表三

属 性 名 称	描 述
android:textStyle	设置字形[bold(粗体) 0， italic(斜体) 1，bolditalic(又粗又斜) 2] 可以设置一个或多个，用“|”隔开
android:typeface	设置文本字体，必须是以下常量值之一：normal 0，sans 1，serif 2，monospace(等宽字体) 3
android:height	设置文本区域的高度，支持度量单位：px(像素)/dp/sp/in/mm(毫米)
android:maxHeight	设置文本区域的最大高度
android:minHeight	设置文本区域的最小高度
android:width	设置文本区域的宽度，支持度量单位：px(像素)/dp/sp/in/mm(毫米)
android:maxWidth	设置文本区域的最大宽度
android:minWidth	设置文本区域的最小宽度

例：建立多个文本显示框。

Main.xml 定义了默认的线性布局文件代码如下：

```
<?xml version="1.0" encoding="utf-8"?>
<LinearLayout
    xmlns:android="http://schemas.android.com/apk/res/android"
    android:orientation="vertical"
    android:layout_height="fill_parent" android:layout_width="wrap_content">
    <TextView
        android:id="@+id/textview01"
        android:layout_width="wrap_content"
        android:layout_height="wrap_content"
        android:text="android 学习" />
    <TextView
        android:id="@+id/textview02"
        android:layout_width="wrap_content"
        android:layout_height="wrap_content"
        android:text="android 学习布局管理" />
    <TextView
        android:id="@+id/textview03"
        android:layout_width="wrap_content"
        android:layout_height="wrap_content"
        android:text="android 学习布局管理之现形布局" />
</LinearLayout>
```

本程序一共定义了 3 个文本显示组件，并采用垂直布局形式显示，运行效果如图 3.6 所示。

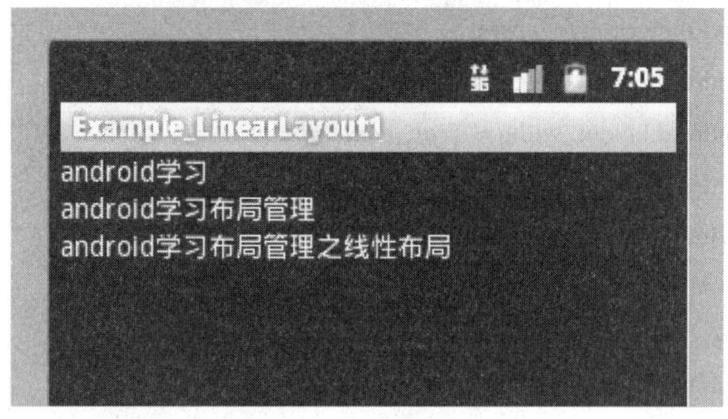

图 3.6　运行效果图

2. Button

按钮是在人机交互界面上使用最多的组件，当提示用户进行某些选择时，用户就可以通过相应的按钮操来进行选择。在 Android 中，使用 Button 组件可以定义出一个显示的按钮，并且可以在按钮上知道相应的显示文字，Button 是 TextView 类的子类，实际上所谓的按钮就是一个特殊的文本组件，此类中定义的属性与 TextView 相同，以下是一个 Button 按钮的开发代码，最终结果如图 3.7 所示。

```
<?xml version="1.0" encoding="utf-8"?>
<LinearLayout xmlns:android="http://schemas.android.com/apk/res/android"
    android:orientation="vertical"
    android:layout_width="fill_parent"
    android:layout_height="fill_parent"
    android:weightSum="1"
    android:gravity="center"
     >
    <TextView
              android:text="点菜主界面"
              android:textSize="30sp"
              android:layout_width="fill_parent"
              android:layout_height="100px"
              android:gravity="center"
              android:textColor="#ff0000"></TextView>
          <Button android:textSize="25sp"
           android:text="热菜(荤)"
           android:gravity="center"
           android:layout_height="wrap_content"
           android:layout_width="wrap_content"
           android:id="@+id/m_button01"></Button>
          <Button android:textSize="25sp"
          android:text="热菜(素)"
```

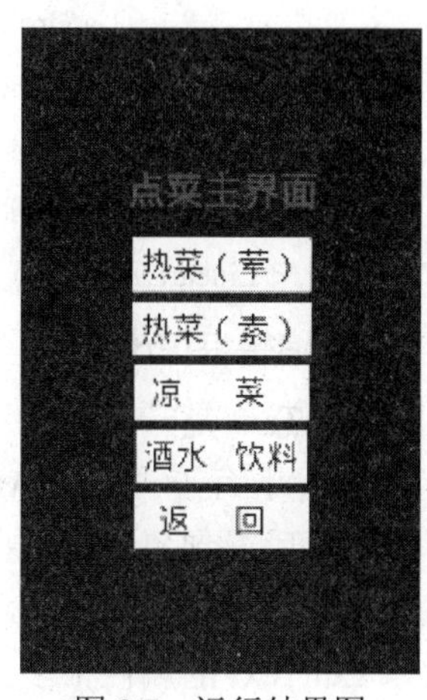

图 3.7　运行结果图

```
android:gravity="center"
android:layout_height="wrap_content"
android:layout_width="wrap_content"
android:id="@+id/m_button02"></Button>
<Button android:textSize="25sp"
 android:text=" 凉      菜    "
 android:gravity="center"
 android:layout_height="wrap_content"
 android:layout_width="wrap_content"
 android:id="@+id/m_button03"></Button>
<Button android:textSize="25sp"
  android:text="酒水    饮料"
  android:gravity="center"
   android:layout_height="wrap_content"
    android:layout_width="wrap_content"
    android:id="@+id/m_button04"></Button>
<Button android:textSize="25sp"
 android:text="  返      回    "
 android:gravity="center"
 android:layout_height="wrap_content"
 android:layout_width="wrap_content"
 android:id="@+id/m_button05"></Button>
</LinearLayout>
```

3. 编辑框(EditText)

EditText 是一个非常重要的组件，是用户和 Android 应用进行数据传输的窗户，有了该组件就等于有了一扇和 Android 应用传输的门，通过该组件，用户可以把数据传给 Android 应用，然后得到想要的数据。EditText 有一些属性可以设置 EditText 的特性，比如最大长度，空白提示文字等。

EditText 的属性很多，这里介绍一些常用的属性：

android:layout_gravity="center_vertical"//设置控件显示的位置，默认为 top，这里居中显示。

android:hint="请输入数字！"//设置显示在控件上的提示信息。

android:numeric="integer" //设置只能输入整数，如果是小数则是 decimal。

android:singleLine="true" //设置单行输入，一旦设置为 true，则文字不会自动换行。

android:password="true" //设置只能输入密码。

android:textColor = "#ff$200" //字体颜色。

android:textStyle="bold" //设置字体，字体分为 bold，italic，bolditalic 三种。

android:textSize="20dip" //字体大小为 20 像素。

android:capitalize = "characters" //以大写字母书写。

android:textAlign="center"//居中(EditText 没有这个属性)。

android:textColorHighlight="#cccccc" //被选中文字的底色，默认为蓝色。

android:textColorHint="#ffff00" //设置提示信息文字的颜色，默认为灰色。

android:textScaleX="1.5" //控制字与字之间的间距。

android:typeface="monospace" //字型，分为 normal，sans，serif，monospace 四种。

android:background="@null" //空间背景，这里没有，指透明。

android:layout_weight="1" //权重，控制控件之间的地位。

android:maxLength= “4” //表示最多能输入 4 个字符，再多了就输入不进去了。

例：在 main.xml 文件中定义文本编辑框，代码如下：

```
<?xml version="1.0" encoding="utf-8"?>
<LinearLayout
  xmlns:android="http://schemas.android.com/apk/res/android"
  android:orientation="vertical"
  android:layout_width="match_parent"
  android:layout_height="match_parent"
  android:background="@drawable/backgroundpic">
    <TextView
     android:id="@+id/textView1"
     android:layout_height="wrap_content"
     android:layout_width="wrap_content"
     android:text="V 1.0"
     android:textAppearance="?android:attr/textAppearanceLarge"
     android:layout_marginTop="15dip"
     android:layout_marginLeft="15dip"
     android:textColor="#000000">
</TextView>
   <RelativeLayout
   android:layout_width="fill_parent"
   android:layout_height="fill_parent">
   <TextView
      android:id="@+id/textView2"
      android:layout_height="wrap_content"
      android:layout_width="wrap_content"
      android:text="欢迎来到我的客户端"
      android:textAppearance="?android:attr/textAppearanceLarge"
      android:layout_marginTop="30dip"
      android:layout_centerHorizontal="true"
      android:textColor="#000000">
```

```
        </TextView>
    <TextView
      android:id="@+id/textView3"
      android:layout_width="wrap_content"
      android:layout_height="wrap_content"
      android:text="用户名"
          android:textAppearance="?android:attr/textAppearanceLarge"
          android:layout_below="@+id/textView2"
          android:layout_alignParentLeft="true"
          android:layout_marginTop="56dp"
          android:layout_marginLeft="35dp"></TextView>
      <EditText
          android:id="@+id/nametext"
          android:layout_width="165dp"
          android:layout_height="wrap_content"
          android:hint="请输入用户名……"
          android:layout_toRightOf="@+id/textView3"
          android:layout_below="@+id/textView2"
          android:layout_marginTop="48dp"
          android:layout_marginLeft="20dp"/>
      <TextView
          android:id="@+id/textView4"
          android:layout_width="wrap_content"
          android:layout_height="wrap_content"
          android:text="密码"
          android:textAppearance="?android:attr/textAppearanceLarge"
          android:layout_below="@+id/textView3"
          android:layout_alignParentLeft="true"
          android:layout_marginTop="56dp"
          android:layout_marginLeft="35dp"></TextView>
      <EditText
          android:id="@+id/keytext"
          android:layout_width="165dp"
          android:layout_height="wrap_content"
          android:hint="请输入密码……"
          android:layout_below="@+id/nametext"
          android:layout_marginTop="32dp"
          android:layout_alignLeft="@+id/nametext"
          android:inputType="textPassword"/>
```

```
        <Button
            android:layout_width="100dp"
            android:text="退出"
            android:layout_height="wrap_content"
            android:id="@+id/canbtn"
            android:layout_alignBaseline="@+id/loginbtn"
    android:layout_alignBottom="@+id/loginbtn"
    android:layout_alignRight="@+id/keytext">
    </Button>
        <Button
            android:layout_width="100dp"
            android:text="登录"
            android:layout_height="wrap_content"
            android:id="@+id/loginbtn"
            android:layout_below="@+id/keytext"
            android:layout_alignLeft="@+id/textView4"
            android:layout_marginTop="66dp"></Button>
        </RelativeLayout>
    </LinearLayout>
```

以上代码实现的登录界面如图 3.8 所示。

图 3.8　登录界面

4. 单选框(RadioButton)

平时在上网的过程中，经常会见到各种单选框，Android 平台为开发者提供了单选框的

实现方式，利用 RadioGroup 进行分组，再在 RadioGroup 内定义若干 RadioButton 选项。要完成单选框显示，需要用到 RadioGroup 和 RadioButton(单选框)，RadioGroup 用于对单选框进行分组，相同组内的单选框只有一个单选框能被选中。常用方法如下：

(1) .RadioGroup.check(int id)：将指定的 RadioButton 设置成选中状态。

(2) .(RadioButton) findViewById(radioGroup.getCheckedRadioButtonId())：获取被选中的单选框。

(3) .RadioButton.getText()：获取单选框的值。

(4) 调用 setOnCheckedChangeListener()方法，处理单选框被选择事件，把 RadioGroup-OnCheckedChangeListener 实例作为参数传入。

例：定义一组单选按钮，代码如下：

```
<?xml version="1.0" encoding="utf-8"?>
<LinearLayout xmlns:android="http://schemas.android.com/apk/res/android"
    android:orientation="vertical"
    android:layout_width="fill_parent"
    android:layout_height="fill_parent"
    >
<TextView
    android:id="@+id/textview1"
    android:text="请选择要输入的语言:"
    android:textSize="20px"
    android:layout_width="fill_parent"
    android:layout_height="wrap_content" />
    <RadioGroup
    android:id="@+id/launguage"
    android:layout_width="fill_parent"
    android:layout_height="wrap_content"
    android:orientation="vertical"
    android:checkedButton="@+id/ch">
    <RadioButton
    android:id="@+id/ch"
    android:text="汉语" />
    <RadioButton
    android:id="@+id/en"
    android:text="英语" />
        </RadioGroup>
        <TextView
    android:id="@+id/sexinfo"
    android:text="您的性别是:"
    android:textSize="20px"
```

```
android:layout_width="fill_parent"
android:layout_height="wrap_content" />
<RadioGroup
android:id="@+id/sex"
android:layout_width="fill_parent"
android:layout_height="wrap_content"
android:orientation="horizontal"
android:checkedButton="@+id/male">
<RadioButton
android:id="@+id/male"
android:text="男" />
<RadioButton
android:id="@+id/female"
android:text="女" />
</RadioGroup>
</LinearLayout>
```

本程序通过<RadioGroup>节点定义了一个单项按钮组，再使用<RadioButton>分别定义了其中的各个选项。本程序运行效果如图 3.9 所示。

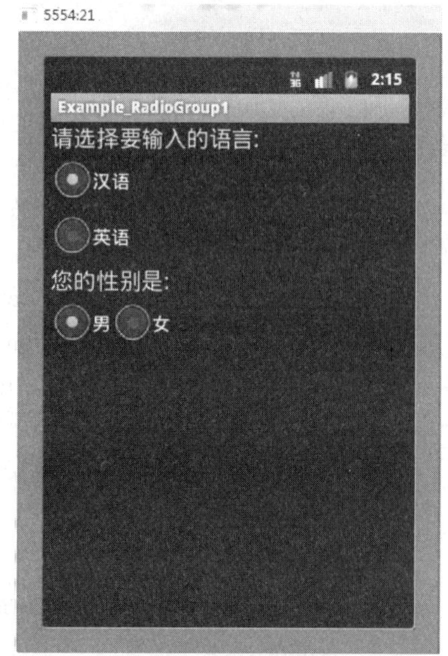

图 3.9　定义单选按钮

5．列表组件(Spinner)

列表组件在 spinner 与视图组件(ScrollView)类似，可以将多个组件加入到 spinner 中以达到组件的滚动显示效果，与 ListView 组件相类似，以列表的形式展示其具体内容，并且能够根据数据的长度自适应显示。在使用 spinner 时，还要使用 ArrayAdapter 把数据映射到 spinner 上，其代码如下：

```
<?xml version="1.0" encoding="utf-8"?>
<LinearLayout
    xmlns:android="http://schemas.android.com/apk/res/android"
    android:orientation="vertical"
    android:layout_width="fill_parent"
    android:layout_height="fill_parent">
    <TextView
        android:id="@+id/info_city"
        android:layout_width="fill_parent"
        android:layout_height="wrap_content"
        android:text="请选择您关注的行业：" />
    <Spinner
        android:id="@+id/mycity"
        android:prompt="@string/major"
```

```
        android:layout_width="fill_parent"
        android:layout_height="wrap_content"
        android:entries="@array/major_labels"/>
    <TextView
        android:id="@+id/info_color"
        android:layout_width="fill_parent"
        android:layout_height="wrap_content"
        android:text="请选择您的学历：" />
    <Spinner
        android:id="@+id/mycolor"
        android:prompt="@string/level"
        android:layout_width="fill_parent"
        android:layout_height="wrap_content"
        android:entries="@array/level_labels" />
</LinearLayout>
```

String.xml 代码如下：

```
<?xml version="1.0" encoding="utf-8"?>
<resources>
    <string name="hello">Hello World， Example_Spinner1Activity!</string>
    <string name="app_name">Example_Spinner1</string>
    <string name="major">请选择您的专业：</string>
    <string name="level">请选择您的学历：</string>
</resources>
```

level.xml 代码如下：

```
<?xml version="1.0" encoding="utf-8"?>
<resources>
   <string-array name="level_labels">
   <item>大专</item>
   <item>本科</item>
   <item>研究生</item>
   <item>博士生</item>
    </string-array>
</resources>
<?xml version="1.0" encoding="utf-8"?>
<resources>
Major.xml:
   <string-array name="major_labels">
```

```
        <item>通信工程</item>
        <item>市政工程</item>
        <item>商务管理</item>
        <item>工程造价</item>
        <item>地质工程</item>
        <item>岩土工程</item>
         </string-array>
    </resources>
```

上面代码使用了 ArrayAdapter(Context context，int textViewResourceId，List<T>objects)来装配数据，要装配这些数据就需要一个连接 ListView 视图对象和数组数据的适配器完成两者的适配工作，ArrayAdapter 的构造需要三个参数，依次为 this、布局文件(注意这里的布局文件描述的是列表的每一行的布局，android.R.layout.simple_list_item_1 是系统定义好的布局文件只显示一行文字)和数据源(一个 List 集合)，同时需要用 setAdapter()完成适配的最后工作。运行后的现实结构如图 3.10 所示。

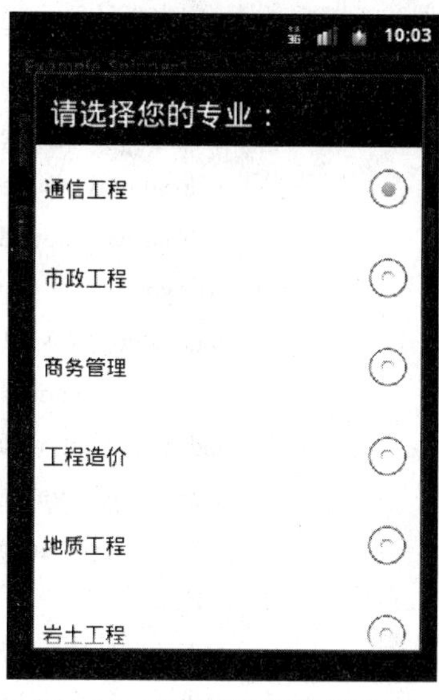

图 3.10　设置下拉列表框显示

6. 滚动视图组件(ScrollView)

由于手机屏幕的高度有限，在面对组件要显示多组信息时，ScrollView 视图(滚动视图)可以有效地安排这些组件，浏览时可以自动地进行滚屏的操作。下面使用 ScrollView 定义一个滚动视图。

在 main.xml 文件中定义滚动视图操作，其代码如下：

```
<?xml version="1.0" encoding="UTF-8"?>
<LinearLayout xmlns:android="http://schemas.android.com/apk/res/android"
    android:orientation="vertical"
    android:layout_width="fill_parent"
    android:layout_height="fill_parent"
    android:gravity="right"
    android:weightSum="1">
    <TextView
    android:text="主菜 MaionCourse"
    android:gravity="center"
    android:textSize="30sp"
    android:layout_width="fill_parent"
    android:layout_height="wrap_content"
    android:textColor="#ff00ff">
    </TextView>
```

```
    <LinearLayout
    xmlns:android="http://schemas.android.com/apk/res/android"
    android:id="@+id/linearlayout01"
    android:orientation="vertical"
    android:layout_width="fill_parent"
    android:layout_height="fill_parent"
    android:gravity="center_horizontal"
    android:background="@drawable/background01">
<LinearLayout
    android:id="@+id/linearlayout04"
    android:orientation="horizontal"
    android:layout_width="wrap_content"
    android:gravity="center"
    android:layout_height="fill_parent">
<ScrollView
    android:id="@+id/ScrollView11"
    android:layout_width="wrap_content"
    android:layout_height="wrap_content"
    android:scrollbars="vertical">
<LinearLayout
    android:orientation="vertical"
    android:layout_width="wrap_content"
    android:layout_height="200px"
    android:gravity="center">


<Button
    android:id="@+id/cool_button01"
    android:layout_width="wrap_content"
    android:layout_height="wrap_content"
    android:text="11   烧白灵配黑松露酱   100 元"
    android:textSize="20sp" />
<Button
    android:id="@+id/cool_button02"
    android:layout_width="wrap_content" android:layout_height="wrap_content"
    android:text="12   鱼子酱海鲜拼盘        100 元"
    android:textSize="20sp" />
<Button
    android:id="@+id/cool_button03"
    android:layout_width="wrap_content" android:layout_height="wrap_content"
```

```
    android:text="13   三文鱼佐奶油              100 元" android:textSize="20sp" />
<Button
    android:id="@+id/cool_button04"
    android:layout_width="wrap_content" android:layout_height="wrap_content"
    android:text="14 意大利牛肉面            100 元"
    android:textSize="20sp" />
<Button
    android:id="@+id/cool_button05"
    android:layout_width="wrap_content" android:layout_height="wrap_content"
    android:text="15   磨房式煎鹅肝            100 元"
    android:textSize="20sp" />
<Button
    android:id="@+id/cool_button06"
    android:layout_width="wrap_content" android:layout_height="wrap_content"
    android:text="16 铁板酱汁排骨            100 元"
    android:textSize="20sp" />
<Button
    android:id="@+id/cool_button07"
    android:layout_width="wrap_content" android:layout_height="wrap_content"
    android:text=" 17   土 豆 沙 拉              100 元" android:textSize="20sp" />
<Button
    android:id="@+id/cool_button08"
    android:layout_width="wrap_content" android:layout_height="wrap_content"
    android:text="18   蔬 菜 沙 拉                100 元" android:textSize="20sp" />
<Button
    android:id="@+id/cool_button09"
    android:layout_width="wrap_content"
    android:layout_height="wrap_content"
    android:text="19   海 鲜 浓 汤              100 元" android:textSize="20sp" />
<Button
    android:id="@+id/cool_button10"
    android:layout_width="wrap_content" android:layout_height="wrap_content"
    android:text="20   法 国 红 酒              100 元" android:textSize="20sp" />
            </LinearLayout>
        </ScrollView>

    </LinearLayout>
</LinearLayout>
```

图 3.11 是上面代码实现的滚动视图组件。

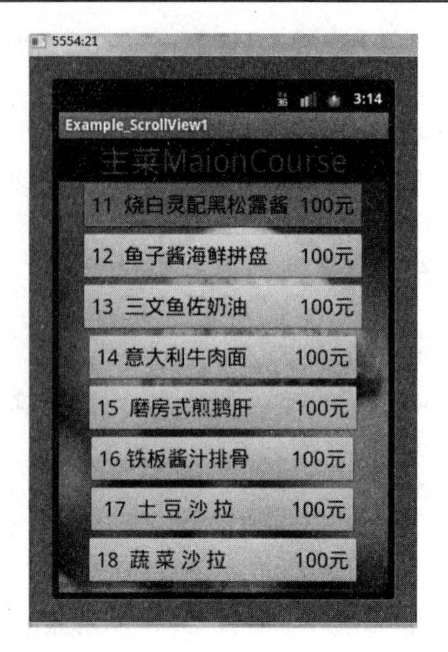

图 3.11　滚动视图组件显示

3.2.2　布局文件 Layout

定义并展现视图层次的最常用的方法是使用 XML 布局文件。如同 HTML 一样，XML 为布局提供了一种可读的结构。XML 中的每个元素都是 View 或 ViewGroup 对象(或者是其子类)。XML 元素的名称与其体现的 Java 类相对应。当载入一个布局资源时，Android 系统会根据布局中的元素初始化这些运行时的对象。

主窗口常用的布局组件有四种，分别是 LinearLayout(线性布局)、RelativeLayout(相对布局)、AbsoluteLayout(绝对布局)和 TableLayout(表格布局)。

布局文件的主要属性有：

(1) 第一类：属性值为 true 或 false。该类属性值设置只有“true”或“false”两个选项，表示组件的布局是否符合这一属性。如设置布局组件的属性 android:layout_centerHorizontal="true"表示该组件符合水平居中这一属性。常用的这类属性见表 3.2。

表 3.2　第一类属性

属性名称	描　述
android:layout_centerHorizontal	水平居中
android:layout_centerVertical	垂直居中
android:layout_centerInparent	相对于父元素完全居中，仅在 RelativeLayout 中有效
android:layout_alignParentBottom	贴紧父元素的下边缘，仅在 RelativeLayout 中有效
android:layout_alignParentLeft	贴紧父元素的左边缘，仅在 RelativeLayout 中有效
android:layout_alignParentRight	贴紧父元素的右边缘，仅在 RelativeLayout 中有效
android:layout_alignParentTop	贴紧父元素的上边缘，仅在 RelativeLayout 中有效
android:layout_alignWithParentIfMissing	若找不到兄弟元素以父元素做参照物，仅在 RelativeLayout 中有效

(2) 属性值必须为 id 的引用名“@id/id_name”。该类属性值设置为“@id/id_name”，表示相对于某一控件的位置。如设置某一控件的属性 android:layout_below="@id/button1"，表示该控件在 button1 下方。常用的这类属性见表 3.3。

表 3.3　第二类属性

属性名称	描　述
android:layout_below	在某元素的下方
android:layout_above	在某元素的上方
android:layout_toLeftOf	在某元素的左边
android:layout_toRightOf	在某元素的右边
android:layout_alignTop	本元素的上边缘和某元素的上边缘对齐
android:layout_alignLeft	本元素的左边缘和某元素的左边缘对齐
android:layout_alignBottom	本元素的下边缘和某元素的下边缘对齐
android:layout_alignRight	本元素的右边缘和某元素的右边缘对齐

(3) 第三类：属性值为具体的像素值。该类属性设置为具体的像素值，表示控件距离，如设置某一控件的属性 android:layout_marginLeft="45px"，表示该控件距离布局组件左边缘 45px，常用的这类属性见表 3.4。

表 3.4　第三类属性

属性名称	描　述
android:layout_marginLeft	离某元素左边缘的距离
android:layout_marginBottom	离某元素底边缘的距离
android:layout_marginRight	离某元素右边缘的距离
android:layout_marginTop	离某元素上边缘的距离

1. LinearLayout

“LinearLayout”翻译成中文是“线性布局”，线性布局就是在该标签下的所有子元素会根据其 orientation 属性的值来决定是按行或者是按列逐个显示。每一个 LinearLayout 里面又可分为垂直布局(android:orientation="vertical")和水平布局(android:orientation="horizontal")。当垂直布局时，每一行就只有一个元素，多个元素依次垂直往下；水平布局时，只有一行，每一个元素依次向右排列。

Main.xml 定义的线性布局文件代码如下：

```
<?xml version="1.0" encoding="utf-8"?>
<LinearLayout
    xmlns:android="http://schemas.android.com/apk/res/android"
    android:orientation="vertical"
    android:layout_width="fill_parent"
    android:layout_height="fill_parent">
    <TextView 定义文本显示组件
        android:id="@+id/mytext1"//定义此文本组件的 ID，为 Activity 程序使用
        android:layout_width="fill_parent"
```

```
            android:layout_height="wrap_content"
            android:textColor="#FFFF00"
            android:textSize="12px"
            android:text="android 常用控件" />
        <TextView 定义文本显示组件
            android:id="@+id/mytext2"
            android:layout_width="fill_parent"
            android:layout_height="wrap_content"
            android:layout_margin="30px"
            android:text="之文本显示组件" />
        <TextView 定义文本显示组件
            android:id="@+id/mytext3"
            android:layout_width="fill_parent"
            android:layout_height="wrap_content"
            android:layout_marginTop="10px"
            android:text="多个文本显示事例"
            android:maxLength="3"/>
        <TextView 定义文本显示组件
            android:id="@+id/mytext4"
            android:layout_width="wrap_content"
            android:layout_height="wrap_content"
            android:background="@drawable/picture01"
            android:textColor="#000000"
            android:textStyle="bold"
            android:text="显示在背景上的文字信息" />
    </LinearLayout>
```

图 3.12 为上面代码实现的线性布局。

图 3.12　线性布局显示

接下来实现一个线性布局管理器的嵌套，代码如下：

```
<?xml version="1.0" encoding="utf-8"?>
<LinearLayout xmlns:android="http://schemas.android.com/apk/res/android"
    android:orientation="vertical"
    android:layout_width="fill_parent"
    android:layout_height="fill_parent"
    android:gravity="center"
    android:background="@drawable/background01">
    <TextView android:id="@+id/textview01"
        android:layout_width="fill_parent"
        android:layout_height="100px"
        android:text="欢迎使用智能点菜系统 "
        android:gravity="center"
        android:textSize="20sp"
        android:textColor="#ff0000" />
    <TextView android:id="@+id/textview02"
        android:layout_width="fill_parent"
        android:layout_height="100px"
        android:textColor="#000000"
        android:text="如 意 西 餐 竭 诚 为 您 服 务"
        android:textSize="40sp"
        android:gravity="center"></TextView>
    <TextView android:layout_width="fill_parent"
        android:layout_height="200px"
        android:gravity="center"
        android:textColor="#000000"
        android:textSize="30sp"
        android:textStyle="italic"
        android:text=" 愿您舒心、愉悦的用餐      "></TextView>
    <LinearLayout
        android:orientation="horizontal"
        android:layout_width="fill_parent"
        android:gravity="center"
        android:layout_height="40px"
    >
    <Button android:layout_width="wrap_content"
    android:id="@+id/m_button01"
        android:layout_height="70px"
        android:gravity="center" android:text=" 点菜 "
```

```
            android:textSize="20sp"></Button>
        <Button android:layout_width="wrap_content"
            android:id="@+id/m_button_DataBase"
            android:layout_height="70px"
            android:gravity="center"
            android:text=" 结账"
            android:textSize="20sp"></Button>
        <TextView android:layout_width="fill_parent"
            android:layout_height="5px"></TextView>
    </LinearLayout>
    </LinearLayout>
```

这个布局由 3 个不可编译 TextView 组件和 2 个 button 组件组成。其中 3 个 TextView 以 LinearLayout 线性布局的方式分布，在方向上设置参数 android:orientation="vertical"。

将控件属性设置为垂直依次排列，2 个 button 控件也以 LinearLayout 线性布局的方式分布，将控件按水平方向依次排列，设置参数 android:orientation="horizontal"。图 3.13 为多种布局嵌套显示图。

图 3.13　多种布局嵌套显示

2. RelativeLayout

RelativeLayout 即相对布局，在这个容器内部的子元素们可以使用彼此之间的相对位置或者和容器间的相对位置(例如，与父视图左对齐，底部对齐或者居中等)来进行定位。相对布局可以理解为将某一个元素做为参照物，来定位其他组件的布局方式。

相对布局可以让其子 View 指定自己的相对于父 View 的位置或者视图元素之间的相对位置。可以使两个元素右边界对齐，或者使一个 View 在另一个 View 下方，或者使 View

在屏幕居中偏左等。默认情况下，所有的子 View 在布局的左上角。所以必须通过使用布局属 RelativeLayout.LayoutParams 中各种不同的可用属性值来定义每个 View 的位置。

例：使用相对布局排列组件，代码如下：

```
<?xml version="1.0" encoding="utf-8"?>
<RelativeLayout
    xmlns:android="http://schemas.android.com/apk/res/android"
    android:orientation="vertical"
    android:layout_width="fill_parent"
    android:layout_height="fill_parent">
    <ImageView
        android:id="@+id/img1"
        android:layout_width="wrap_content"
        android:layout_height="wrap_content"
        android:src="@drawable/background01"/>
    <ImageView
        android:id="@+id/img2"
        android:layout_width="wrap_content"
        android:layout_height="wrap_content"
        android:src="@drawable/background02"
        android:layout_toRightOf="@id/img1"
        android:layout_alignParentRight="true"/>
    <ImageView
        android:id="@+id/img3"
        android:layout_width="wrap_content"
        android:layout_height="wrap_content"
        android:src="@drawable/background03"
        android:layout_below="@id/img1"
        android:layout_alignRight="@+id/img1"/>
    <ImageView
        android:id="@+id/img4"
        android:layout_width="wrap_content"
        android:layout_height="wrap_content"
        android:src="@drawable/background04"
        android:layout_above="@+id/mybut"
        android:layout_alignParentRight="true"
        android:layout_alignLeft="@+id/img2"></ImageView>
    <Button
        android:id="@+id/mybut"
        android:layout_width="wrap_content"
```

```
        android:layout_height="wrap_content"
        android:layout_below="@id/img3"
        android:text="Android 学习布局管理之相对布局" />
</RelativeLayout>
```

本程序定义了四个图片组件和一个按钮，并且是用了相对布局管理器对这些组件进行了摆放，程序运行效果如图 3.14 所示。

图 3.14　相对布局显示

接下来用相对布局实现一个聊天界面，实例代码如下：

```
<?xml version="1.0" encoding="utf-8"?>
<RelativeLayout
  xmlns:android="http://schemas.android.com/apk/res/android"
  android:layout_width="fill_parent"
  android:layout_height="fill_parent"
  android:background="@drawable/chat" >

    <RelativeLayout
            android:id="@+id/rl_layout"
            android:layout_width="fill_parent"
            android:layout_height="45dp"
            android:background="@drawable/title_bar"
            android:gravity="center_vertical"   >
            <Button
            android:id="@+id/btn_back"
            android:layout_width="70dp"
            android:layout_height="wrap_content"
            android:layout_centerVertical="true"
            android:text="返回"
            android:textSize="14sp"
            android:textColor="#fff"
```

```
        android:onClick="chat_back"
        android:background="@drawable/title_btn_back"
    />
    <TextView
          android:layout_width="wrap_content"
          android:layout_height="wrap_content"
          android:text="李某某"
          android:layout_centerInParent="true"
          android:textSize="20sp"
          android:textColor="#ffffff" />
    <ImageButton
          android:id="@+id/right_btn"
          android:layout_width="67dp"
          android:layout_height="wrap_content"
          android:layout_alignParentRight="true"
          android:layout_centerVertical="true"
          android:layout_marginRight="5dp"
          android:src="@drawable/mm_title_btn_contact_normal"
          android:background="@drawable/title_btn_right"
          />
    </RelativeLayout>
<RelativeLayout
      android:id="@+id/rl_bottom"
      android:layout_width="fill_parent"
      android:layout_height="wrap_content"
      android:layout_alignParentBottom="true"
      android:background="@drawable/chat_footer_bg" >

      <Button
      android:id="@+id/btn_send"
      android:layout_width="60dp"
      android:layout_height="40dp"
      android:layout_alignParentRight="true"
      android:layout_marginRight="10dp"
      android:layout_centerVertical="true"
      android:text="发送"
      android:background="@drawable/chat_send_btn" />
      <EditText
      android:id="@+id/et_sendmessage"
```

```
            android:layout_width="fill_parent"
            android:layout_height="40dp"
            android:layout_toLeftOf="@id/btn_send"
            android:layout_marginLeft="10dp"
            android:layout_marginRight="10dp"
            android:background="@drawable/login_edit_normal"
            android:layout_centerVertical="true"
            android:singleLine="true"
            android:textSize="18sp"/>
        </RelativeLayout>
```

上述代码实现界面如图 3.15 所示，以下为列表组件(ListView)，它与前面介绍的 Spinner 组件功能相似，在这里就不做过多介绍。

```
        <ListView
            android:id="@+id/listview"
            android:layout_below="@id/rl_layout"
            android:layout_above="@id/rl_bottom"
            android:layout_width="fill_parent"
            android:layout_height="fill_parent"
            android:divider="@null"
            android:dividerHeight="5dp"
            android:stackFromBottom="true"
            android:scrollbarStyle="outsideOverlay"
            android:cacheColorHint="#0000"/>
    </RelativeLayout>
```

图 3.15　相对布局的聊天界面显示

3. AbsoluteLayout

AbsoluteLayout(绝对布局)是指一个 ViewGroup 以绝对方式显示子 View 元素，即以坐标的方式来定位在屏幕上的位置。这种布局方式很好理解，在布局文件中编程设置 View 的坐标，从而绝对地定位。

该布局可以让子元素指定准确的 x 和 y 坐标值并显示在屏幕上。其中坐标(0，0)为左上角，当向下或向右移动时，坐标值将变大。AbsoluteLayout 用的比较少，因为该管理器是按屏幕的绝对位置来布局的，如果屏幕大小发生改变，控件的位置也会发生改变。因为该管理器会使界面代码太过刚性，以至于在不同的设备上可能不能很好地工作(这个就相当于 HTML 中的绝对布局一样，一般不推荐使用)，本书不对 AbsoluteLayout 做详细介绍。

4. TableLayout

TableLayout，即表格布局，采用行列形式管理 UI 组件，TableLayout 不需要明确地声明有多少行和列，而是通过添加 TableRow、其他组件来控制表格的行数、列数。每次向 TableLayout 添加一个 TableRow，即在向表格添加一行，TableRow 也是容器，可以向

TableRow 中添加组件，每添加一个组件，即是添加一列。如果直接向 TableLayout 添加组件，则认为这个组件占用一行。表格布局中列的宽度即是每一列中最宽的组件的宽度。

例：使用表格布局排列组件，代码如下：

```
<?xml version="1.0" encoding="utf-8"?>
<TableLayout
    xmlns:android="http://schemas.android.com/apk/res/android"
    android:orientation="vertical"
    android:layout_width="fill_parent"
    android:layout_height="fill_parent"
    android:background="@drawable/tongji">
    <TableRow>
        <EditText
            android:id="@+id/input"
            android:layout_width="wrap_content"
            android:layout_height="wrap_content"
            android:text="请输入姓名" />
        <Button
            android:id="@+id/back"
            android:layout_width="wrap_content"
            android:layout_height="wrap_content"
            android:text="返回" />
    </TableRow>
    <View
        android:layout_height="2px"
        android:background="#FF909090"/>
    <TableRow>
        <TextView
            android:id="@+id/info1"
            android:layout_width="wrap_content"
            android:layout_height="wrap_content"
            android:textSize="20px"
            android:text="请选择性别：" />
        <RadioGroup
            android:id="@+id/sex"
            android:layout_width="wrap_content"
            android:layout_height="wrap_content"
            android:orientation="vertical"
            android:checkedButton="@+id/boy">
```

```
                <RadioButton
                    android:id="@+id/boy"
                    android:text="男" />
                <RadioButton
                    android:id="@+id/girl"
                    android:text="女" />
            </RadioGroup>
        </TableRow>
    </TableLayout >
```

图 3.16　表格布局组件显示

以上代码实现的表格布局组件显示如图 3.16 所示。

接下来实现多个 tablerow，代码如下：

```
<?xml version="1.0" encoding="utf-8"?>
<TableLayout
    xmlns:android="http://schemas.android.com/apk/res/android"
    android:orientation="vertical"
    android:layout_width="fill_parent"
    android:layout_height="fill_parent"
    android:shrinkColumns="3"
    android:background="@drawable/background01" >
  <TableRow>
        <TextView
            android:layout_column="0"
            android:text="学号"
            android:gravity="center_horizontal"
            android:padding="8px"/>
        <TextView
            android:layout_column="1"
            android:text="姓名"
            android:gravity="center_horizontal"
            android:padding="8px"/>
        <TextView
            android:layout_column="2"
            android:text="性别"
            android:gravity="center_horizontal"
            android:padding="8px"/>
        <TextView
            android:layout_column="3"
```

```
            android:text="地址"
            android:gravity="center_horizontal"
            android:padding="8px"/>
</TableRow>
<View
        android:layout_height="2px"
        android:background="#FF909090"/>
 <TableRow>
        <TextView
            android:layout_column="0"
            android:text="201207301"
            android:gravity="center_horizontal"
            android:padding="3px"/>
    <TextView
            android:layout_column="1"
            android:text="张某某"
            android:gravity="center_horizontal"
            android:padding="3px"/>
    <TextView
            android:layout_column="2"
            android:text="男"
            android:gravity="center_horizontal"
            android:padding="3px"/>
    <TextView
            android:layout_column="3"
            android:text="陕西省西安市"
            android:gravity="center_horizontal"
            android:padding="3px"/>
</TableRow>
<TableRow>
    <TextView
            android:layout_column="0"
            android:text="201207302"
            android:gravity="center_horizontal"
            android:padding="3px"/>
    <TextView
            android:layout_column="1"
            android:text="王某某"
            android:gravity="center_horizontal"
```

```
            android:padding="3px"/>
        <TextView
            android:layout_column="2"
            android:text="女"
            android:gravity="center_horizontal"
            android:padding="3px"/>
        <TextView
            android:layout_column="3"
            android:text="山东省菏泽市"
            android:gravity="center_horizontal"
            android:padding="3px"/>
    </TableRow>
    <TableRow>
        <TextView
            android:layout_column="0"
            android:text="201207303"
            android:gravity="center_horizontal"
            android:padding="3px"/>
        <TextView
            android:layout_column="1"
            android:text="黄某某"
            android:gravity="center_horizontal"
            android:padding="3px"/>
        <TextView
            android:layout_column="2"
            android:text="女"
            android:gravity="center_horizontal"
            android:padding="3px"/>
        <TextView
            android:layout_column="3"
            android:text="陕西省西安市雁塔中路 23 号群星莱利小区"
            android:gravity="center_horizontal"
            android:padding="3px"/>
    </TableRow>
</TableLayout >
```

以上代码实现的效果如图 3.17 所示。

虽然为了 UI 设计，可以在一个布局里面放置一个或者多个布局，但是应该力求让布局层次尽可能的少。

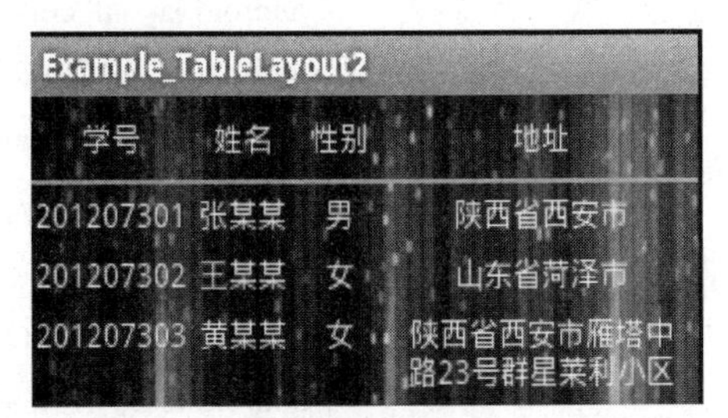

图 3.17 自动进行显示格式的调整

注意事项：

(1) 各布局不要乱用各自的属性。比如不能把属于 AbsoluteLayout 布局的 android: layout_x 和 android:layout_y 用到 LinearLayout 布局或 RelativeLayout 布局，或者把 RelativeLayout 布局的 below，rightof 等属性应用到其他布局中。

(2) 关于 android:layout_width="fill_parent" 和 android:layout_height="wrap_content"，它们是对每个布局宽和高的设置。wrap_content 可表示随着其中控件的不同而改变这个布局的宽度或高度，类似于自动设置宽和高，fill_parent 使布局填充整个屏幕，另外还有一种 match_parent，其本质上和 fill_parent 一样，从 API Level 8 开始它已经替代了 fill_parent。

(3) 关于 ID 的说明。每一个 View 对象都可能有一个 int 型的 ID 与其相关，这是在树中 View 对象的唯一标识。当程序编译完，这个 ID 就是一个引用，但是 ID 属性在 XML 布局文件里面是通过 string 类型赋值的。XML 中定义一个 View 对象的 ID 为：android: id= "@+id/relative01"。

这个@符号在字符串开头表明 xml 解析器会解析和扩展剩余的 ID 字符串，并将其定义为 ID 资源。"+"表示这是一个新的资源名字，要创建并且增加到资源中(在 R.java 文件里)。Android framework 层也提供了一部分 ID 资源。如果直接使用 android 资源 ID 的话，不需要"+"，但是要加上 android 包名命名空间，如下所示：android:id="@android:id/empty"。

如果是在相对布局(RelativeLayout)中的话定义好 ID 是非常重要的，因为布局定义就是需要依赖 ID。一个 ID 在整个树中不一定要求唯一，但是搜索的部分树应该是唯一的(经常是整个树，所以最好的办法是在整个树中是唯一的)，尽量让定义的 ID 全局唯一。

3.3 事件处理

如果界面仅仅只作为显示，而不能与用户进行交互，则会使应用的实用性和趣味性大打折扣。Android 中的每一个 View 都可以触发一系列的事件，如被单击、被触摸等。当在用户界面中加入了一些视图和工具之后，可能想要让其与用户交互，即要编写 Java 程序实现指定的动作。如欲获得用户界面事件通知，需要做以下两件事情之一：

(1) 定义一个事件侦听器并将其注册至视图。通常情况下，这是侦听事件的主要方式。View 类包含了一大堆命名类似 OnXxxListener 的接口，每个都带有一个叫做 OnXxx()的回调方法。OnXxxListener 在其绑定的组件 Xxx 事件发生时被触发。回调方法 OnXxx()将会在 OnXxxListener 侦听到该事件发生时被调用。比如：View.OnClickListener(用以处理视图中的点击)，View.OnTouchListener(用以处理视图中的触屏事件)，以及 View.OnKeyListener(用以处理视图中的设备按键事件)。所以，如果希望视图在其被"点击"(比如选择了一个按钮)的时候获得通知，就要实现 OnClickListener，定义其 onClick()回调方法(在其中进行相应处理)，并用 setOnClickListener()方法注册到视图上。切记一点，监听器必须注册到相关的视图上，否则无法发挥作用。

(2) 为视图重写一个现有的回调方法。这种方法主要用于自己实现一个 View 类，并想侦听其上发生的特定事件。比如当屏幕被触摸(onTouchEvent())，当轨迹球发生了移动(onTrackballEvent())或者是设备上的按键被按下(onKeyDown())。这种方式允许开发者为自

己定制的视图中发生的每个事件定义默认的行为，并决定是否需要将事件传递给其他的子视图。这些是 View 类相关的回调方法，所以只能在构建自定义组件时定义。

3.3.1 意图方法 intent

Android 应用程序的基本功能单元是 Activity——一个 android.app.Activity 类的物件(Object)。一个 Activity 能够做许多事，但是应用程序单元是不会出现在屏幕上的，而是通过使用 View 和 ViewGroup(表现在 Android 平台上的基本用户界面单元)来实现。

在大多数的应用程序中，会存在 2 个或 2 个以上的 activity，对于多个 activity 之间的关系，通常会由于点击按钮等产生事件从而进行相互之间的跳转等操作。两个 activity 之间切换时，通过调用第一个 activity 的 startActivity 方法，传入一个 intent 对象。具体执行什么操作，比如跳转到哪个 activity，传递什么数据，都是由传入的 intent 来设置决定的。在多个 activity 之间的跳转中，intent 起到非常重要的作用，代码设置如下：

```
Intent intent =new Intent();
Intent.setClass(*.this，*.class);
startActivity(intent)
```

3.3.2 import 语句

在 Java 中，若想利用包的特性，可使用引入 import 语句告诉编译器要使用的类所在的位置。实际上，包名也是类名的一部分。例如，如果 abc．FinanceDept 包中含有 Employee 类，则该类可称做 abc．FinanceDept．Employee。如果使用了 import 语句，再使用类时，包名可省略，只用 Employee 来指明该类。

在安卓开发中，安卓平台已经将要使用的一些方法和类封装起来，我们在用到一些方法或类的时候只需要 import 该方法或类所在的包就能很方便的调用它。

类的导入格式如下：

```
import 包名称.子包名称.类名称;  //手工导入所需要的包
import 包名称.子包名称.*;  //由 JVM 自动加载所需要的类
```

例如：

```
import android.view.View;  //View 组件在 Android 包的 view 包里
import android.widget.Button;  //Button 组件在 Android 包的 widget 包里
import android.widget.TextView; //TextView 组件在 Android 包的 widget 包里
```

在后面的安卓开发中，可以根据自己的开发需要查找安卓 API 文档，然后导入所在类的包即可。在后面的开发中会一直用到 import 语句。

3.3.3 按钮(Button)事件处理

按钮是在人机交互界面上使用最多的组件，当提示用户进行某些选择时，就可以通过相应的按钮操作来接收用户的选择。在 Android 中，使用 Button 组件可以定义一个显示的按钮，并且可以在按钮上指定相应的显示文字。

Main.xml 程序代码如下：

```
<?xml version="1.0" encoding="utf-8"?>
<LinearLayout xmlns:android="http://schemas.android.com/apk/res/android"
    android:orientation="vertical"
    android:layout_width="fill_parent"
    android:layout_height="fill_parent"
    >
<TextView
    android:id="@+id/mTextView"
    android:layout_width="fill_parent"
    android:layout_height="wrap_content"
    android:text="@string/hello"
    />
    <Button
    android:id="@+id/but"
    android:layout_width="fill_parent"
    android:layout_height="wrap_content"
    android:text="按我！！"
    />
</LinearLayout>
```

Example_ButtonActivity.java 程序

```
package com.android.study;
import android.app.Activity;
import android.os.Bundle;
import android.view.View;
import android.widget.Button;
import android.widget.TextView;

public class Example_ButtonActivity extends Activity {
     private Button but;
     private TextView mTextView;
    /** Called when the activity is first created. */
    @Override
    public void onCreate(Bundle savedInstanceState) {
        super.onCreate(savedInstanceState);
        setContentView(R.layout.main);
        but=(Button)findViewById(R.id.but);
        mTextView=(TextView)findViewById(R.id.mTextView);
        but.setOnClickListener(new Button.OnClickListener() {
              @Override
```

```
                public void onClick(View v) {
                    //TODO Auto-generated method stub
                    mTextView.setText("Hi，Everyone!!");
                }
            });
        }
    }
```

以上程序的运行结果如图3.18和图3.19所示，当用户点击“按我”按钮后，将启动按钮的监听事件，即重新设置Text内容。

图3.18　设置文本组件的显示文字

图3.19　按钮事件

以上程序实现了点击按钮后出现设置的文字，例子较为简单。在以后较为复杂的安卓开发过程中会出现更多的按钮监听事件，在这里先让读者对按钮事件有个初步的理解，在以后的开发过程中可以继续深入学习按钮事件。

3.3.4　编辑框事件处理

文本显示组件(TextView)的功能只是显示一些基础的文本信息，而如果用户想要定义可以输入的文本组件以达到很好的人际交互操作，则只能使用编辑框(EditText)来完成。EditText 是 TextView 的子类，所有对于文本的各个操作也可以在此类中继续使用，代码如下：

```
final EditText name;
    final EditText key;
    name = (EditText) findViewById(R.id.nametext);
    key = (EditText) findViewById(R.id.keytext);
    Button loginbtn =(Button)findViewById(R.id.loginbtn);
    loginbtn.setOnClickListener(new OnClickListener()
    {
        @Override
        public void onClick(View v) {
            //TODO Auto-generated method stub
            String namestr = name.getText().toString();
            String keystr = key.getText().toString();
            if (namestr.equals("123"))
            {
                if (keystr.equals("123"))
                {
                    Intent intent = new Intent();
                    intent.setClass(Example_Login1Activity.this，Login.class);
                    startActivity(intent);
                }
                else{dia();}
            }
            else
            {
                dia();
            }
        }
});
```

将编辑框事件和下面介绍的对话框事件结合起来完成一个实例，即用户登录系统。

3.3.5　对话框事件处理

对话框是桌面、Web 和移动应用程序中常见的 UI 元素，用来帮助用户回答问题、做出选择、确认操作以及显示警告或者错误消息。Android 中的对话框是一个部分透明的浮动 Activity 或者 Fragment，会部分地遮挡启动该对话框的 UI。根据 Android 用户体验的设计，对话框应该用作表示系统级的事件，如显示错误或者支持账户选择，代码如下：

```
protected void dia()
{
    final AlertDialog.Builder builder = new AlertDialog.Builder(this);
      builder.setTitle("警告")
```

```
                .setMessage("用户名或密码错误！ ")
                .setPositiveButton("确定",
                  new DialogInterface.OnClickListener()
                  {
                      public void onClick(DialogInterface dialog,
                        int which)
                        {
                        }
                  }).setNegativeButton("取消",
                  new DialogInterface.OnClickListener() {
                        public void onClick(DialogInterface dialog,
                            int which)
                        {
                        }
                  }).create();
                  builder.show();
        }
```

使用以上事件处理实现一个登录控制，界面如图 3.20 所示，在用户名和密码都正确的情况下点击登录按钮才能成功登录，如图 3.21 所示，否则会弹出对话框提示错误，如图 3.22 所示，但上例中没有为确定按钮和取消按钮设置相应的单击操作事件。源程序见 example_Login1。

图 3.20　登录界面

图 3.21　登录成功界面

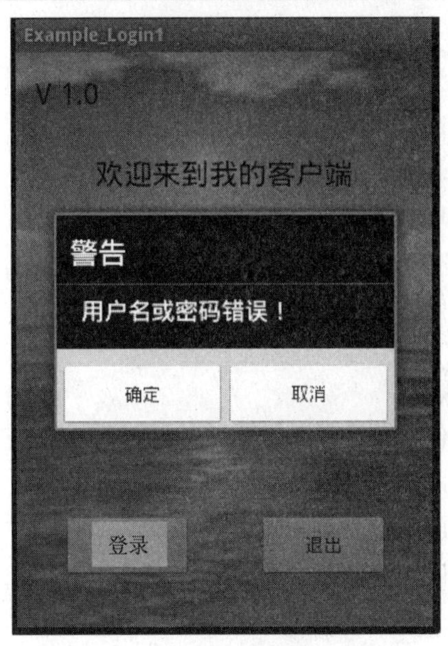

图 3.22　登录失败对话框

3.3.6　下拉列表事件处理

Spinner 就是下拉菜单，由于手机画面有限，要在有限的范围选择项目，下拉菜单是唯一也是较好的选择。

Main.xml 代码如下：

```
<?xml version="1.0" encoding="utf-8"?>
<LinearLayout
  xmlns:android="http://schemas.android.com/apk/res/android"
  android:orientation="vertical"
  android:layout_width="match_parent"
  android:layout_height="match_parent">
    <TextView
    android:text="请选择维修选项："
    android:textSize="20dp"
    android:textColor="#fffffff0"
    android:id="@+id/textView1"
    android:layout_width="wrap_content"
    android:layout_height="wrap_content"></TextView>
    <Spinner
     android:layout_width="match_parent"
     android:layout_height="wrap_content"
     android:id="@+id/spinner1"
     android:prompt="@string/repair_adr"
     android:entries="@array/adr_arry_lables">
```

```
</Spinner>
<Spinner
 android:layout_width="match_parent"
 android:layout_height="wrap_content"
 android:id="@+id/spinner2"
 android:prompt="@string/repair_type"
 android:entries="@array/type_arry_lables">
</Spinner>
    <RelativeLayout
        android:layout_width="fill_parent"
        android:id="@+id/toolbarLayout"
        android:layout_height="wrap_content"
        android:layout_alignParentLeft="true">
        <Button
            android:layout_width="wrap_content"
            android:text="返回上级"
            android:layout_alignParentRight="true"
            android:id="@+id/back"
            android:layout_alignParentBottom="true"
            android:layout_height="wrap_content"></Button>
        <Button
            android:layout_width="wrap_content"
            android:text="发送请求"
            android:id="@+id/postinfo"
            android:layout_height="wrap_content"
            android:layout_alignParentBottom="true"
            android:layout_alignParentLeft="true"></Button>
        <TextView
        android:text="维修人员您好：希望尽快帮我解决以上问题"
        android:textSize="20dp"
        android:textColor="#fffffff0"
        android:id="@+id/textView2"
        android:layout_width="wrap_content"
        android:layout_height="wrap_content"
        android:layout_alignParentTop="true"
        android:layout_centerHorizontal="true"
        android:layout_marginTop="101dp"></TextView>
    </RelativeLayout>
</LinearLayout>
```

strings.xml 文件作如下定义：

```
<?xml version="1.0" encoding="utf-8"?>
<resources>
    <string name="hello">Hello World， Example_Tost1Activity!</string>
    <string name="app_name">Example_Tost1</string>
      <string name="repair_adr">维修地点</string>
      <string name="repair_type">维修类型</string>
</resources>
```

repair_adr.xml 文件作如下定义：

```
<?xml version="1.0" encoding="utf-8"?>
<resources>
      <string-array name="adr_arry_lables">
            <item>客厅</item>
            <item>卧室</item>
            <item>厨房</item>
            <item>卫生间</item>
      </string-array>
</resources>
```

repair.xml 文件作如下定义：

```
<?xml version="1.0" encoding="utf-8"?>
<resources>
   <string-array name="type_arry_lables">
            <item>水电</item>
            <item>建筑</item>
         </string-array>
</resources>
private Spinner spinner1;//维修地点下拉列表
    private ArrayAdapter adapter1;
    private Spinner spinner2; //维修类型下拉列表
    private ArrayAdapter adapter2;
    private Button postbtn， backbtn;

    @Override
    protected void onCreate(Bundle savedInstanceState)
    {
        super.onCreate(savedInstanceState);
        setContentView(R.layout.main);
        spinner1 = (Spinner) findViewById(R.id.spinner1);
        //将可选内容与 ArrayAdapter 连接起来
```

```
adapter1 = ArrayAdapter.createFromResource(this, R.array.adr_arry_lables,
      android.R.layout.simple_spinner_item);
adapter1.setDropDownViewResource(android.R.layout.simple_spinner_dropdown_item);
                                              //设置下拉列表的风格
spinner1.setAdapter(adapter1); //将 adapter1 添加到 spinner 中
spinner1.setVisibility(View.VISIBLE); //设置默认值
spinner1.setOnItemSelectedListener(new OnItemSelectedListener()
{       //设置下拉列表选项时的监听程序
    public void onItemSelected(AdapterView<?> arg0, View arg1, int arg2, long arg3)
    {
          Toast.makeText(arg0.getContext(), "你所选的维修地点是——"
+arg0. getItemAtPosition(arg2).toString(), Toast.LENGTH_LONG).show();
    }

          @Override
          public void onNothingSelected(AdapterView<?> arg0)
          {
    }
});

spinner2 = (Spinner) findViewById(R.id.spinner2);
adapter2 = ArrayAdapter.createFromResource(this, R.array.type_arry_lables,
          android.R.layout.simple_spinner_item);
adapter2.setDropDownViewResource(android.R.layout.simple_spinner_dropdown_item);
spinner2.setAdapter(adapter2);
spinner2.setVisibility(View.VISIBLE);
spinner2.setOnItemSelectedListener(new OnItemSelectedListener() {
  @Override
   public void onItemSelected(AdapterView<?> arg0, View arg1, int arg2, long arg3)
   {
       Toast.makeText(arg0.getContext(), "你所选的维修类型是——"
       +arg0. getItemAtPosition(arg2).toString(), Toast.LENGTH_LONG).show();
   }
  @Override
  public void onNothingSelected(AdapterView<?> arg0) {
  }
});
```

以上代码实现的下拉列表事件界面如图 3.23 所示。

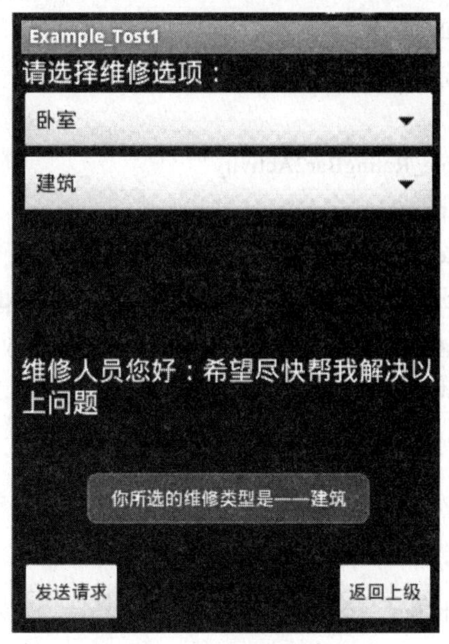

图 3.23　下拉列表事件

3.3.7　RatingBar 事件处理

如果用户要对某一应用程序打分，往往会使用评分组件(RatingBar)，通过选择的五角星的个数来决定最终的打分成绩。

在操作评分组件时会产生评分监听的操作事件，而此事件使用 RatingBar.OnRatingBar-ChangeListener 接口处理，此接口定义代码如下：

```
public static interface RatingBar.OnRatingBarChangeListener{
  /**
   * 评分监听的处理操作
   * @param ratingBar  当前触发此事件的 RatingBar 对象
   * @param rating 当前 RatingBar 的数值
   * @param fromUser 是否由用户操作
   */
  public abstract void onRatingChanged(RatingBar ratingBar, float rating, boolean fromUser);
}
```

```
<?xml version="1.0" encoding="utf-8"?>
<manifest xmlns:android="http://schemas.android.com/apk/res/android"
      package="com.android.study"
      android:versionCode="1"
      android:versionName="1.0">
    <uses-sdk android:minSdkVersion="8" />

<application
```

```
android:icon="@drawable/icon"
 android:label="@string/app_name">
        <activity
android:name=".Example_RatingBar2Activity"
    android:label="@string/app_name">
            <intent-filter>
                <action android:name="android.intent.action.MAIN" />
                <category android:name="android.intent.category.LAUNCHER" />
            </intent-filter>
        </activity>

    </application>
</manifest>
package com.android.study;
import android.app.Activity;
import android.os.Bundle;
import android.view.View;
import android.view.View.OnClickListener;
import android.widget.Button;
import android.widget.EditText;
import android.widget.RatingBar;
import android.widget.TextView;
public class Example_RatingBar2Activity extends Activity
{
     private EditText remak=null;
     private RatingBar rb = null;
     private TextView text = null;
     private Button evaluatebtn;
     public void onCreate(Bundle savedInstanceState) {
        super.onCreate(savedInstanceState);
        setContentView(R.layout.main);
           this.text=(TextView)findViewById(R.id.show);
           this.rb = (RatingBar) findViewById(R.id.ratingBar1);
           this.remak = (EditText) findViewById(R.id.remarktext);
           this.evaluatebtn = (Button) findViewById(R.id.evaluate);
           evaluatebtn.setOnClickListener(new OnClickListener() {
              @Override
              public void onClick(View v) {
                 float eva = rb.getRating();
```

```
                text.setText(String.valueOf(eva) + "星" + remak.getText());
            }
        });
        Button goback = (Button) findViewById(R.id.backk);
        goback.setOnClickListener(new OnClickListener()
        {
            @Override
            public void onClick(View v) {
            }
        });
    }
}
```

以上代码实现显示评分组件如图 3.24 所示，读取服务评价如图 3.25 所示。

图 3.24　显示评分组件

图 3.25　读取服务评价

3.4　应用资源(Application Resources)

一个 Android 应用的组成不仅只是代码，还有与代码独立的资源，比如图像、音频文件，以及与应用可显图像其他相关的如开发者应该定义的动画、菜单、风格、颜色、和用 XML 文件定义活动的布局。使用应用资源，能让应用在不修改任何代码的情况下容易地升级各种特性，并且通过提供一套可选取的资源优化应用在各种配置不同的设备中的表现(比如不同的语言和屏幕尺寸)。

对于每个包含在 Android 工程中的资源，SDK 将其定义成一个唯一的整型 ID，这样

就可以在代码或 XML 文件中定义的其他资源中引用该资源。如果应用包括一个图片名字是 logo.png(保存在 res/drawable/ 目录)，SDK 工具将生成一个资源 ID 并将其命名成 R.drawable.logo，可以用其来引用图片，并插入到用户界面中。

提供与代码分开的资源的一个很重要的方面是，它使得开发者能为不同的配置的设备提供可选资源。Android 可选资源支持许多不同的 qualifiers(限定词)，限定词是一个包括在目录名中的一个简短的字串，是为了定义那些资源将其用在该配置的设备上。由于设备屏幕的方向和尺寸不同，通常需要为活动定义不同的布局。比如，若设备的屏幕是竖向(高)的，可能要一个带有垂直 button 的布局，当屏幕是横向(宽)的，按钮应是水平对齐的。要根据方向来改变布局，需要定义两个不同的布局，并在布局的目录名中使用相应的限定词(qualifier)，然后，系统将自动根据当前的设备朝向来应用相应的布局。

可以追加资源目录名常见的目录有：

(1) res/animator/：XML 文件，定义动画属性。

(2) res/anim/：XML 文件，被编译进逐帧动画(frame by frame animation)或补间动画(tweened animation)对象。

(3) res/color/：XML 文件，定义颜色状态的列表。

(4) res/layout/：存放被编译为屏幕布局(或屏幕的一部分)的 XML 文件。

(5) res/menu/：XML 文件，用来定义应用的菜单。

(6) res/drawable/：存放图片文件，如 .png，.9.png，.jpg，.gif 等。放在这里的图像资源可能会被 aapt(android assert packaging tool，Android 资源打包工具)自动地进行无损压缩优化。如果不想图片被压缩改变，请把图像文件放在 res/raw/ 目录下，这样可以避免被自动优化。其中 drawable—hdpi 是放置高分辨率的图片，drawable—mdpi 放置中等分辨率的图片，drawable—ldpi 放置低分辨率的图片。

(7) res/raw/：直接复制到设备中的任意文件，无需编译。

(8) res/values/：存放可以被编译成很多种类型的资源文件，通常为 XML 格式。常见的文件有：array.xml：定义数组；colors.xml：定义 color drawable 和颜色的字符串值；dimens.xml：定义尺寸值(dimension value)；strings.xml：定义字符串(string)值；styles.xml：定义样式(style)对象。

(9) Android 不同分辨率屏幕下自适应资源文件。

Android 设计之初就考虑到了 UI 在多平台的适配，它本身提供了一套完善的适配机制，随着版本的发展，适配也越来越精确，UI 适配主要受两个平台因素的影响：屏幕尺寸(屏幕的像素宽度及像素高度)和屏幕密度，针对不同的应用场景采用的适配方案一样，此节仅针对 Android 4.0 及以下版本。

UI 界面在不同平台的适配受屏幕尺寸和屏幕密度影响，Android 适配机制就是在资源后面添加对这两种因素的限定，通过不同的限定区分不同的平台资源，Android 在使用资源的时候会优先选择满足本平台限定的资源，再找最接近条件的，最后找默认(即不加限定)，通过选择适合当前平台的资源来完成不同平台的适配。

屏幕尺寸分为 small，normal，large 和 xlarge，分别表示小，中，大和超大屏。屏幕密度分为 l dpi，m dpi，h dpi 和 xh dpi，它们的标准值分别是：120 dpi，160 dpi，240 dpi 和 320 dpi。以上划分均表示的是一个范围，如图 3.26 所示。

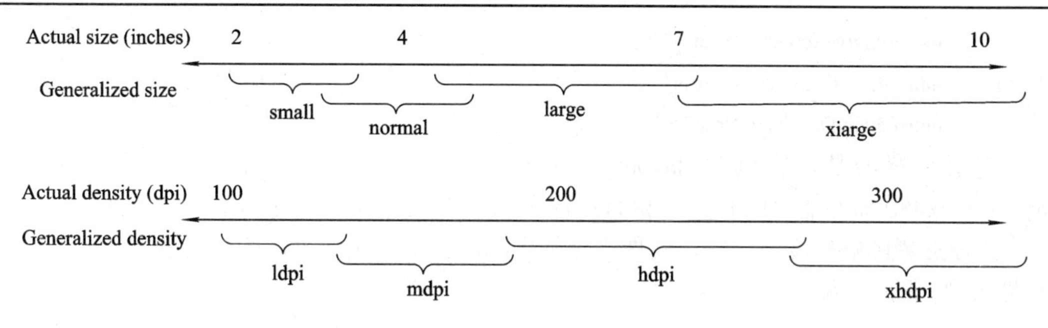

图 3.26　屏幕尺寸划分

在资源目录后面加上上面的限定就能为资源指定特定的适用平台，如图 3.27 所示。

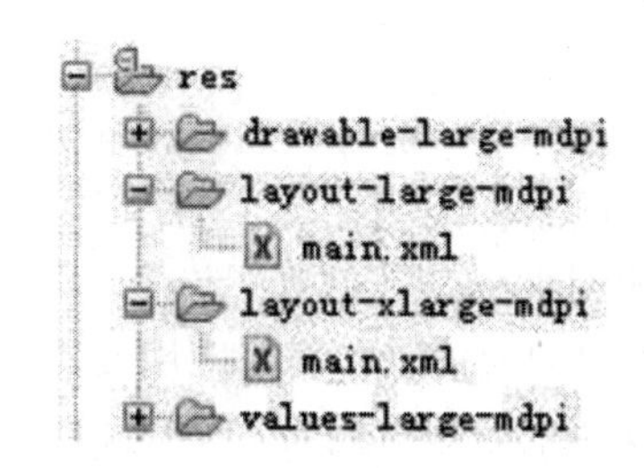

图 3.27　资源目录

上图的限定表示如果是大屏，中密度布局会选择上面那个 main.xml，如果是超大屏，中密度会选择下面那个 main.xml。

在实际开发过程中由于屏幕尺寸不够直观，Android 将其转换为分辨率表示，根据屏幕具体分辨率可选择相应的限定符。

通过加上上述限定可以实现一个 apk 适配几种主流的屏幕尺寸和屏幕密度，这种限定方式比较适用于对外发布应用，即不知道终端具体参数的情况，但是这种方式不能做到精确适配，对于屏幕尺寸和密度相差不大的两种平台不能很好地进行区分。

为了解决上述问题，自 Android 3.2 版本开始，就引入了精确适配，理论上可以适配任意像素宽度、高度和屏幕密度的平台。

首先建立多个 layout 文件夹。比如 layout-640x360 和 layout-800x480，所有的 layout 文件在编译之后都会写入 R.java 里，而系统会根据屏幕的大小自己选择合适的 layout 进行使用。

其次存放不同分辨率的图片。在之前的版本中，只有一个 drawable，而 2.1 版本中有 drawable-mdpi、drawable-ldpi 和 drawable-hdpi 三个，这三个主要是为了支持多分辨率情况。

其中，drawable-hdpi 里面存放高分辨率的图片，如 WVGA (480x800)，FWVGA (480x854)；drawable-mdpi 里面存放中等分辨率的图片，如 HVGA (320x480)；drawable-ldpi 里面存放低分辨率的图片，如 QVGA (240x320)。系统会根据机器的分辨率来分别到这几个文件夹里面去找对应的图片。

最后需要在 AndroidManifest.xml 中的</application>标签和</manifest> 标签之间添加下面的代码：

```
<supports-screens
```

```
android:largeScreens="true"
android:normalScreens="true"
android:anyDensity = "true"/>
```

需要注意的是，在创建 layout 文件时，较大的数字要写在前面，比如应该是 layout-854x480 而不能写成 layout-480x854；两个数字之前是小写字母 x，而不能是乘号。

上面三者的解析度不一样，就像当你把电脑的分辨率调低时，图片会变大，反之分辨率调高时，图片会缩小。

3.5　清单文件(The Manifest File)

在 Android 系统开启一个应用组件之前，系统必须通过读取 AndroidManifest.xml 文件来知道组件的存在。应用必须将其所有的组件声明在这个文件中，并且必须在应用工程的根目录下，这个 manifest 文件除了声明组件外，还处理了许多其他的事情，比如：指定应用请求的其他权限；访问网络或访问用户的通信录；声明应用要求的最小 API Level；应用使用的是哪个 API；声明应用请求和使用的软硬件特征，如照相机，蓝牙服务，或多点触模屏；应用需要链接的 API 库，如 Google Maps library 等。

AndroidManifest.xml 主要包含以下功能：

(1) 命名应用程序的 Java 应用包，这个包名用来唯一标识应用程序；

(2) 描述应用程序的组件——活动、服务、广播接收者、内容提供者；对实现每个组件和公布其功能(比如能处理哪些意图消息)的类进行命名。这些声明使得 Android 系统地了解这些组件以及在什么条件下可以被启动；

(3) 决定应用程序组件运行在哪个进程里面；

(4) 声明应用程序所必须具备的权限，用于访问受保护的部分 API，以及和其他应用程序交互；

(5) 声明应用程序其他的必备权限，用于组件之间的交互；

(6) 列举测试设备 Instrumentation 类，用来提供应用程序运行时所需的环境配置及其他信息，这些声明只在程序开发和测试阶段存在，发布前将被删除；

(7) 声明应用程序所要求的 Android API 的最低版本级别；

(8) 列举 Application 所需要链接的库。

3.5.1　声明组件(Declaring components)

manifest 文件的主要任务是告诉系统应用的组件，比如，一个 manifest 可以这样声明一个 activity：

```
1    <?xml version="1.0" encoding="utf-8"?>
2    <manifest ... >
3        <application android:icon="@drawable/app_icon.png" ... >
4            <activity android:name="com.example.project.ExampleActivity"
```

```
5                    android:label="@string/example_label" ... >
6             </activity>
7             ...
8         </application>
9     </manifest>
```

在<application>元素中，android:icon 指定应用的 icon 资源在<activity>元素中；android:name 属性指定 Activity 子类的完全类名；android:label 属性为 activity 指定一个用户可以见的标签。必须按下面格式声明所有应用的组件：

<activity>声明活动的元素

<service>声明服务的元素

<receiver>声明广播接收者元素

<provider>声明内容提供者元素

在代码中包含的 Activites，services 和内容提供者，若没有在 manifest 中声明，对系统来说是不可见的，即将永远不会运行。但是，广播接收者即可以在 manifest 中声明，也可以在代码中动态创建(做为 BroadcastReceiver 对象)并且通过 registerReceiver()方法向系统注册。

3.5.2 声明组件功能(Declaring component capabilities)

如在上面的 Activating Components 中所讨论的，可以用一个 Activating Components 启动 activities，services 和 broadcast 接收者，也可以在 intent 中显式指定目标组件(使用组件类名)。然而，intent 真正强大的是 intent action.(动作)。通过使用 intent 动作，只须简单的描述要执行的 action 类型(可选的与执行动作有关的数据)，并且允许系统在设备上找到一个组件，这样就可以执行那个动作并启动。如果有多个组件可以执行 intent 指定的 action，那么用户选择执行哪一个。

通过比较设备上其他应用的 manifest 文件上的 intent filters 与接收到的 intent.系统，确定哪个组件可以响应一个 intent。当在应用的 manifest 中声明一个组件时，可以选择包括 intent filters(意图过滤器)来指定组件的功能，以让其能响应其他应用的 intents。可以加一个组件声明的元素的子元素<intent- filter>为组件声明一个意图过滤器。

比如，一个 email 应用中，新建 email 的一个 activity 可能在 manifest 中声明了一个意图过滤器，以便能响应“send”意图(为了发送邮件)。然后，在应用中的一个 activity，创建了一个带有“send”ACTION_SEND 的意图，当调用 startActivity()方法启动该意图过滤器时，系统将其匹配到 email 应用的“send”活动并运行。

3.5.3 声明应用需求(Declaring application requirements)

有许多不同设备装了 Android，但并不能提供相同的特点和功能。为了避免应用装在一个没有该应用所必需特征的设备上，通过在 manifest 文件中声明软件硬件要求，明确地指出该应用支持的硬件类型是非常重要的。大多数声明仅仅只是信息，系统并不读取它们，但像 Android 市场这样的其他服务，将读取这些声明，以便让用户在为他们的设备寻找应

用时可以进行筛选。比如，如果应用需要有照相机，并且使用的 API 是 2.1(API Level 7)，应在 manifest 文件中声明这些要求。这样，那些没有照相机并且 Android 版本低于 2.1 的设备，就不能从 Android 市场上安装这个应用。

下面是一些在设计和开发应用时必须要考虑的重要的设备特性。

(1) Input configurations 输入配置。许多设备为应用提供了一个不同类型输入装置，比如，硬件键盘，轨迹球和 five-way 导航 pad。如果应用必须要一个特别的输入硬件，那么开发者应在应用中使用<uses-configuration>元素声明。但是，应用必须要一个特别的输入配置的情况是极少的。

(2) Device features 设备特性。在一个装有 Android 的设备中，有许多软硬件特性，它们有可能有，也有可能没有。比如照相机，光敏器件，蓝牙，某个版本的 OpenGL，或者触模屏的精度。应该不进行假设，保证在所有装有 Android 的设备中某个特点是可用的(除了标准的 Android 库)，所以开发者应该用<uses-feature>元素声明这个应用支持的特征。

(3) Platform Version 平台版本。不同的 Android 设备，经常运行于不同的 Android 平台版本上，比如 Android 1.6 或者 2.3。每一个成功的版本通常包括在前一个不可用的 API 版本中。为了指出哪些 APIs 集是可用的，每个平台版本指定了一个 API Level(比如，Android 1.0 是 API Level 1，Android 2.3 是 API Level 9)。如果使用的 APIs 在 1.0 版之后，加入到平台的开发者应该用<uses-sdk>元素声明最小 API 级别，这样就指出了哪些 API 将被采用。

为应用声明所有必要性的要求非常重要。因为，当开发者把应用发布到 Android 市场后，市场将用这些声明信息来过滤出，哪些应用在每个设备是可用的。同样，应用应该只能在满足所有该应用需求的设备上才可用。

(4) Permissions 权限。HelloWorld 项目的功能清单文件中并没有出现<Permissions>元素，但是 Permission 也是一个非常重要的节点，在后面的学习中会经常的用到，故在此进行介绍。Permission 是代码对设备上数据的访问限制，这个限制被引入来保护可能会被误用而曲解或破坏用户体验的关键数据和代码，如拨号服务、短信服务等。每个许可被一个唯一的标签所标识，这个标签常常指出了受限的动作。例如，下面是一些 Android 定义的权限，前项为 permisson name 值，后项为其作用。

android.permissin.CALL_PHONE　　电话服务权限
android.permission.SEND_SMS　　发送短信服务权限
android.permission.RECEIVE_SMS　　接受短信服务权限
android.permission.READ_PHONE_STAT　　监听电话权限
android.permission.MOUNT_UNMOUNT_FILESYSTEMS　　在 SDCard 中创建与删除文件权限
android.permission.WRITE_EXTERNAL_STORAGE　　往 SDCard 写入数据权限
android.permission.RECEIVE_BOOT_COMPLETED　　开机启动，电池电量变化，时间改变等

Intent 权限
android.permission.RECORD_AUDIO　　音频刻录权限
android.permission.CAMERA　　照相机权限

android.permission.INSTALL_PACKAGES　　　　安装程序权限

如申请发送短信服务的权限需要在功能清单文件中添加如下语句：

<uses-permission android:name="android.permission.SEND_SMS"/>

一个功能(feature)最多只能被一个权限许可保护。如果一个应用程序需要访问一个需要特定权限的功能，必须在 manifest 元素内使用<uses-permission>元素来声明这一点。这样，当应用程序安装到设备上之后，安装器可以通过检查签署应用程序认证的机构来决定是否授予请求的权限，在某些情况下，会询问用户。如果权限已被授予，那应用程序就能够访问受保护的功能特性。如果没有，访问将失败，但不会给用户任何通知。因此在使用一些系统服务，如拨号、短信、访问互联网、访问 SDCard 时一定要记得添加相应的权限，否则会出现一些难以预料的错误。

3.6　程序打包

做完一个 Android 项目之后，如何才能把项目发布到互联网上供别人使用呢？需要先将自己的程序打包成 Android 安装包文件——APK(Android Package)，其后缀为“.apk”。通过将 APK 文件直接传到 Android 模拟器或 Android 手机中执行即可安装。Android 系统要求具有其开发者签名的私人密钥的应用程序才能够被安装。生成数字签名以及打包项目成 APK 都可以采用命令行的方式，但是通过 Eclipse 中的向导会更加方便的完成整个流程。打包发布的过程非常简单，下面以前面开发的 FirstAndroidProject 为例，演示如何生成 APK。

右键单击项目名称，选择“Android Tools”，再选择“Export Signed Application Package...”，如图 3.28 所示。

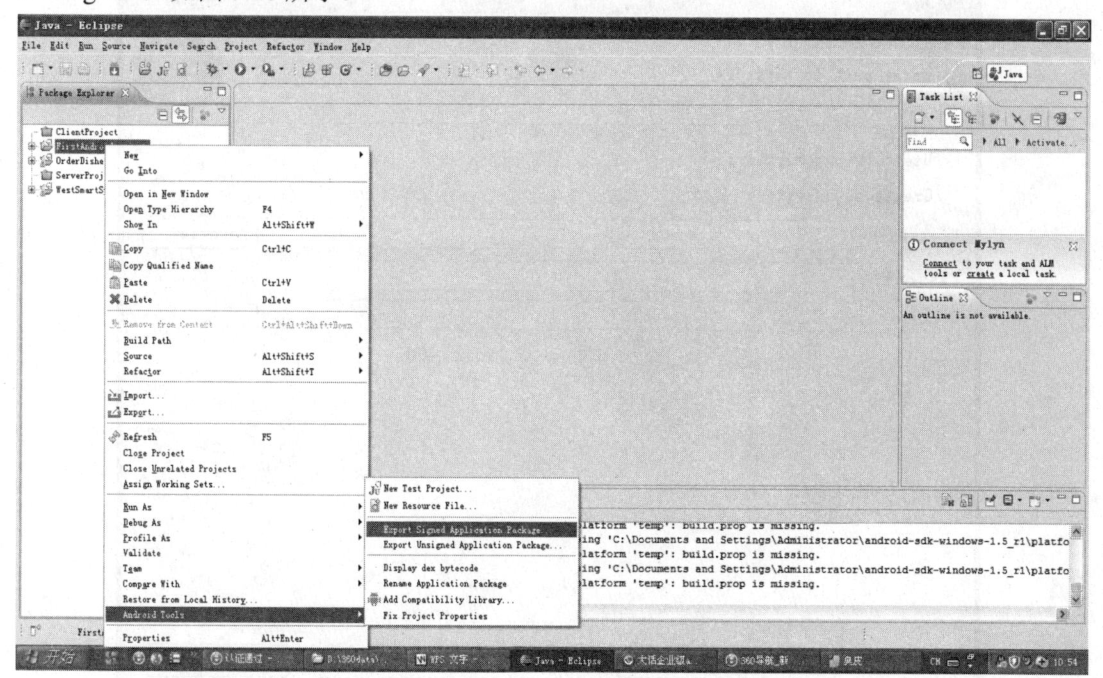

图 3.28　程序打包

进入如图 3.29 所示页面。

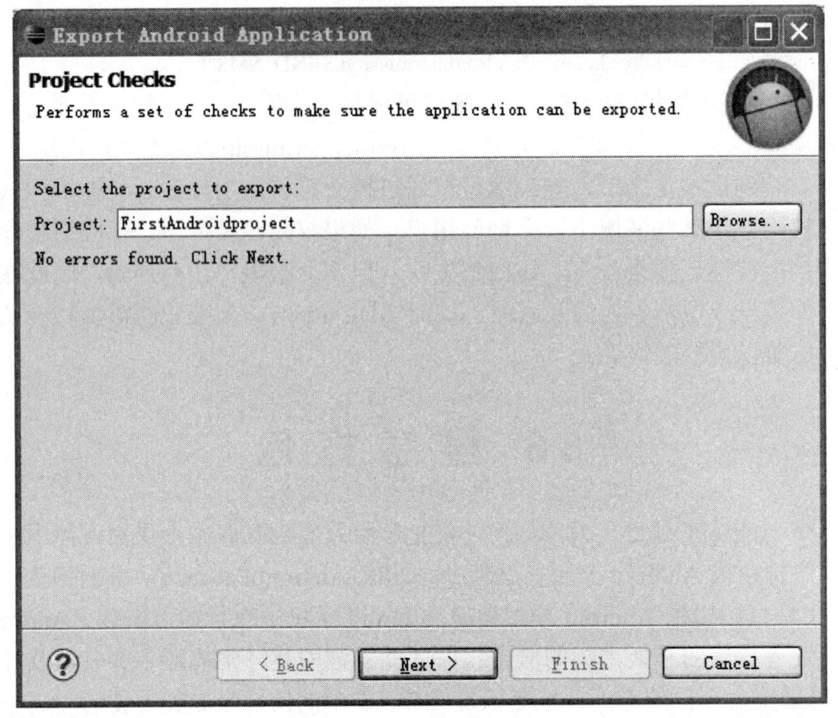

图 3.29　选择要导出的项目

点击“Next”，进入如图 3.30 所示窗口。

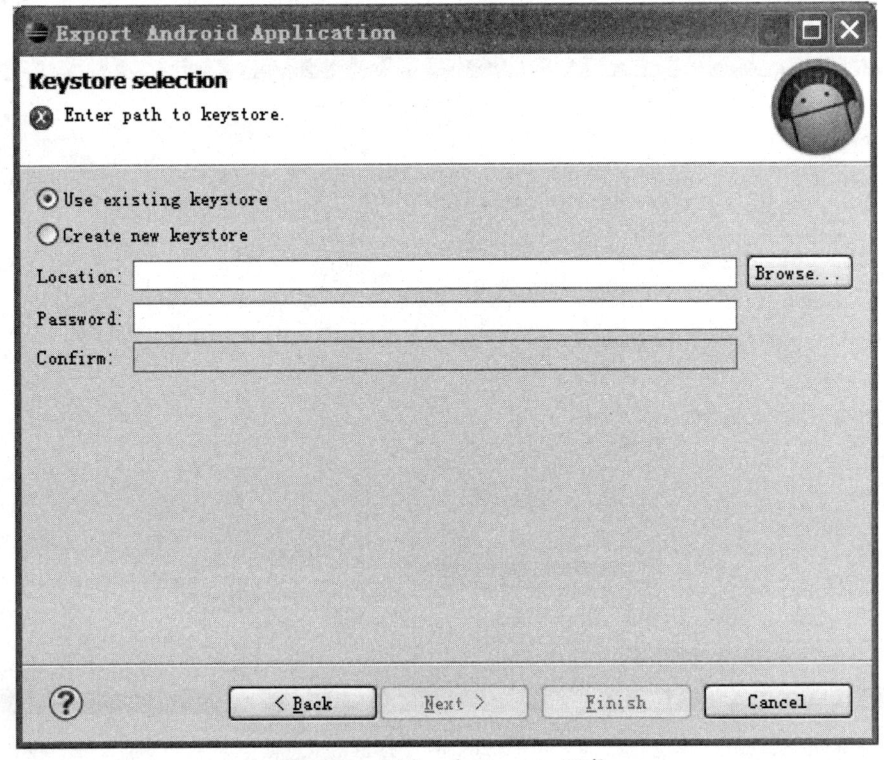

图 3.30　创建一个 keystore 证书

其中，Location 为证书库将要存放的位置，Password 是证书库的密码。

打包程序时，系统要求使用数字证书。如果没有数字证书，选择“Create new keystore”新创建一个证书库，点击“Browse…”选择证书库将要保存的位置并填入信息，如图 3.31 所示。

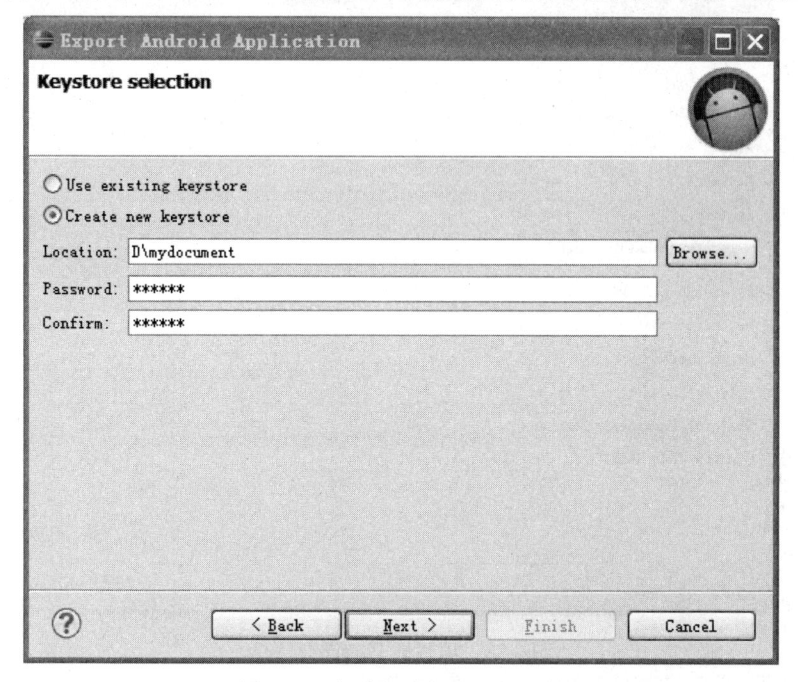

图 3.31　创建一个 keystore 证书

点击“Next”，出现如图 3.32 所示界面。

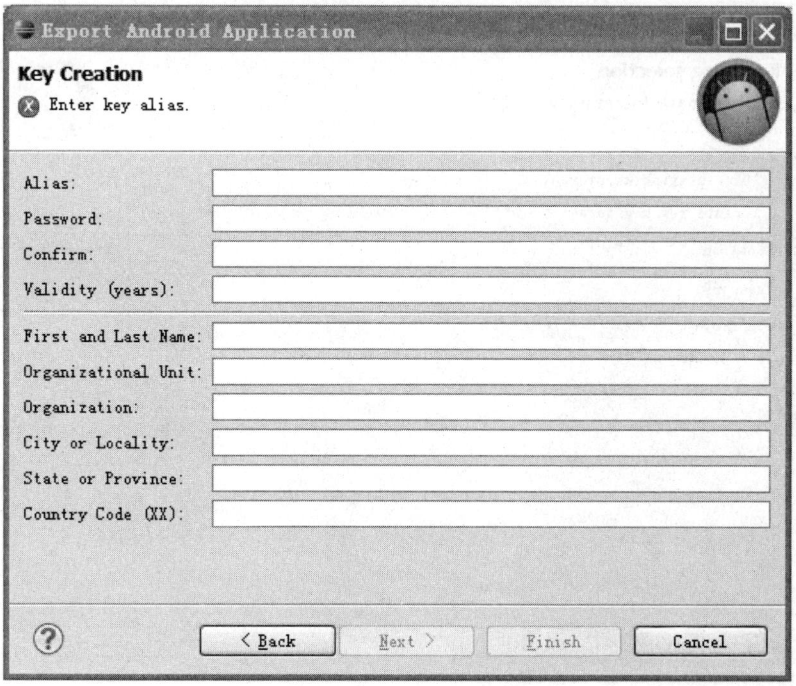

图 3.32　填写证书的详细信息

其中，Alias 是该证书的名字，password 是该证书的密码，Validity 指定证书有效年份，将其填写。点击“Next”，出现如图 3.33 所示界面。

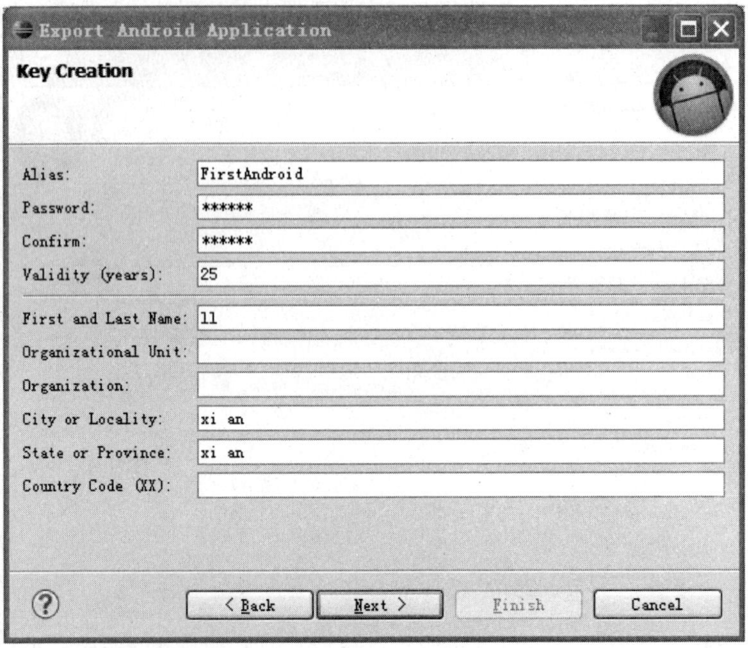

图 3.33　填写证书的详细信息

如果已经拥有一个证书，那么可以选择“Use existing keystore”，然后直接定位到证书库的位置并填入密码，如图 3.34 所示。

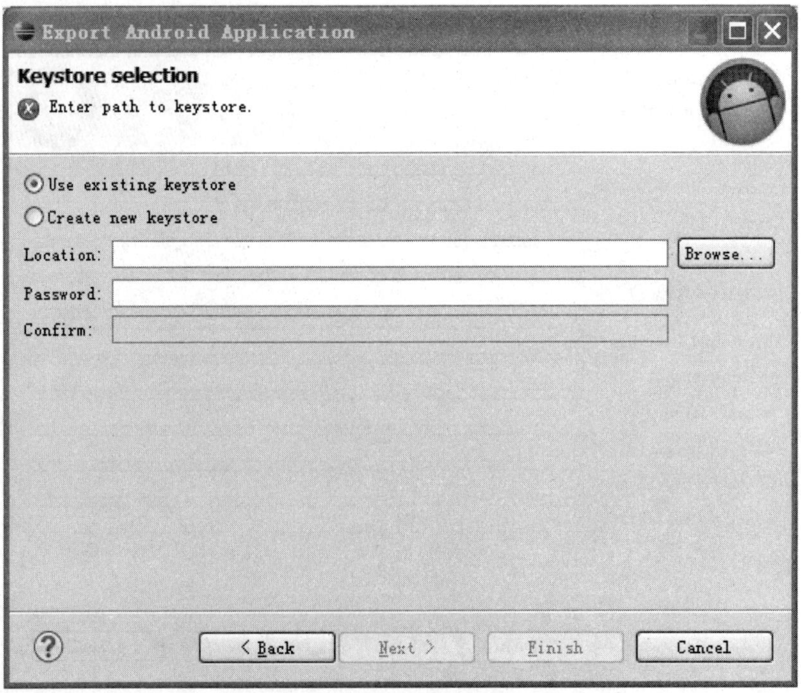

图 3.34　直接定位到证书库的位置并填写信息

“Destination APK file”指定 APK 存储的位置，如图 3.35 所示。

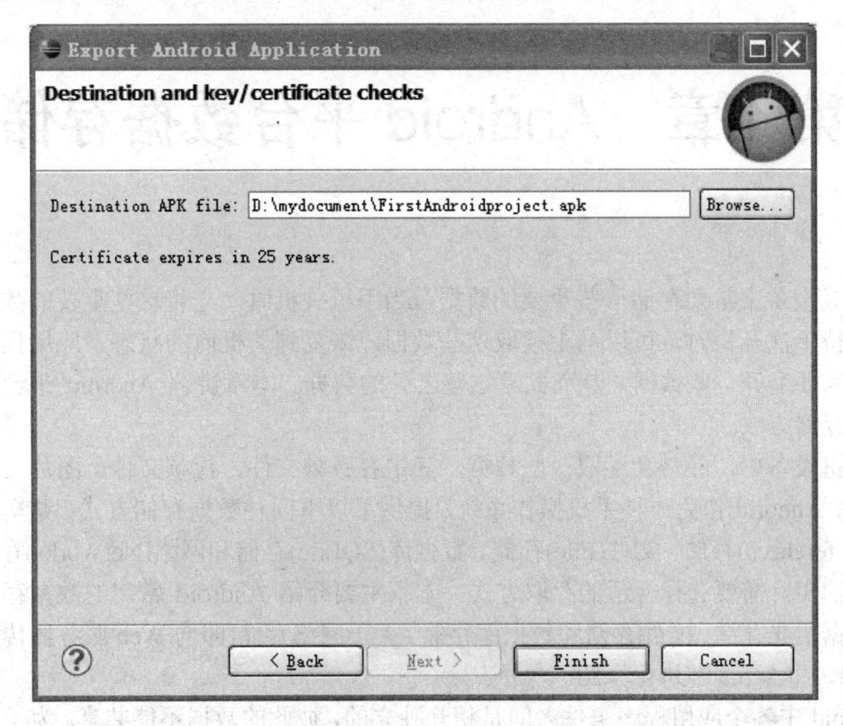

图 3.35　设置导出文件位置

点击“Finish”，打包完成。进入“D:\mydocument”，会看到生成的 FirstAndroidProject.apk 以及 sharpandroid 证书库。可以把 HelloWorld.apk 文件发布到互联网上，也可以将该文件发布到谷歌公司的 Android Market 上，然后用户就可以下载该应用并安装到手机上去。

3.7　应 用 发 布

Android Market 是 Google 提供给 Android 开发人员销售应用软件的集市网站，Google 手机的使用者可以到 Android Market 集市网站购买并下载自己所需要的 Android 应用程序到手机上使用，Android Market 集市网站的网址是 http://www.android.com/market/。

如果要在 Android Market 集市网站上销售应用软件，需要先注册成商人会员，并需要缴纳 25 美元的注册费才可以申请到一个开发者的账号，注册费是以信用卡的方式支付的。

第 4 章 Android 平台数据存储

嵌入式设备常常要存储一些重要的数据，当手机关机时，先将这些重要的数据存储在内存里，待下次开机时，可以马上读取这些数据，恢复到关机前的状态。应用程序彼此之间沟通也需要公开一些数据，从而共享这些公开的数据。本章讲解 Android 平台下应用程序的数据存储方法。

在手机设备中，经常会存取一些数据，其中有音频文件、视频文件、图片文件和通信录等数据。Andorid 作为一种手机操作系统，提供了以下四种数据存储方式：共享数据优先(SharedPreferences)存储、文件(File)存储、数据库(SQLite)存储和网络(NetWorks)存储，可以根据程序的实际需要选择合适的存取方式。本章主要介绍 Android 常用的数据存储方式，即共享数据优先存储、文件存储和数据库存储。关于网络存储(即向 Web 服务器传送一些数据并保存)，将在 5.3 节进行介绍。

Android 中各个应用程序组件之间是相互独立的，彼此的数据不能共享。为了实现数据的共享，Andorid 提供了内容提供器(ContentProvider)来实现程序之间的数据共享。

4.1 SharedPreferences 存储数据

SharedPreferences 是 Android 平台上一个轻量级的存储类，以 key-value 键值对的形式完成数据的存储，通常用来存储一些简单的配置信息，而且只能存储基本数据类型。一个程序的配置文件仅可以在本应用程序中使用，或者说只能在同一个包内使用，不能在不同的包之间使用。

实际上，SharedPreferences 类似 Windows 系统上的 ini 配置文件，但其分为多种权限，可以全局共享访问。本质上，SharedPreferences 采用了 XML 格式将数据存储到设备中，其存储位置在 DDMS 中的 File Explorer 的/data/data/<package name>/shares_prefs 下。

4.1.1 SharedPreferences 存取方法

使用 SharedPreferences 方式来存取数据时，会用到 SharedPreferences 接口和 SharedPreferences 的一个内部接口 SharedPreferences.Editor，这两个接口在 andorid.content 包中。

调用 Context.getSharedPreferences(String name，int mode)方法可得到 SharedPreferences 接口。该方法的第一个参数是文件名称，第二个参数是操作模式。操作模式有以下三种：

(1) MODE_PRIVATE(私有)；

(2) MODE_WORLD_READABLE(可读)；

(3) MODE_WORLD_WRITEABLE(可写)。

SharedPreferences 提供了获取数据的方法，如 getString(String key, String defValue)、getInt(String key, int defValue) 等。调用 SharedPreferences 的 edit() 方法返回 Shared Preferences.Editor 内部接口，该接口中提供了保存数据的方法，如 putString(String key, String value)、pubInt(String key, int value)等，调用该接口的 commit 方法可以保存数据。SharedPreferences 和 SharedPreferences.Editor 的常用方法见表 4.1 与表 4.2。

表 4.1　SharedPreferences 的常用方法

方法名称	方法描述
edit()	返回SharedPreferences的内部接口SharedPreferences.Editor
contains(String key)	判断是否包含该键值
getAll()	返回所有配置信息 MAP
getBoolean(String key，Boolean defValue)	获得一个 boolean 值
getFloat(String key，float defValue)	获得一个 float 值
getInt(String key，int defValue)	获得一个 int 值
getLong(String key，long defValue)	获得一个 long 值
getString(String key，String defValue)	获得一个 String 值

表 4.2　SharedPreferences.Editor 的常用方法

方法名称	方法描述
clear()	清除所有值
commit()	保存
getAll()	返回所有配置信息 MAP
putBoolean(String key，Boolean value)	保存一个 boolean 值
putFloat(String key，float value)	保存一个 float 值
putInt(String key，int value)	保存一个 int 值
putLong(String key，long value)	保存一个 long 值
putString(String key，String value)	保存一个 String 值
remove(String key)	删除该键对应的键

4.1.2 使用 SharedPreferences 存储数据

实现 SharedPreferences 存储的步骤如下：

(1) 根据 Context 获取 SharedPreferences 对象。

(2) 利用 edit()方法获取 Editor 对象。

(3) 通过 Editor 对象存储 key-value 键值对数据。

(4) 通过 commit()方法提交数据。

例：使用 SharedPreferences 保存数据并读取，功能代码如下：

```
package com.android.study;
import android.app.Activity;
import android.os.Bundle;
import android.view.View;
import android.view.View.OnClickListener;
import android.widget.Button;
import android.widget.EditText;
import android.widget.TextView;
import android.content.SharedPreferences;          //需要导入 android.content.SharedPreferences 包
public class MySharedPreferencesActivity extends Activity
{
    private static final String FILENAME = "mydata";           //保存的文件名称
    public String namestr;                                     //设置保存的数据类型
    public int ageint;                                         //设置保存的数据类型
    public TextView nameinfo = null ;                          //定义文本组件
    public TextView ageinfo = null ;                           //定义文本组件
    public void onCreate(Bundle savedInstanceState)
    {
        final EditText edt1;          //定义输入框组件
        final EditText edt2;          //定义输入框组件
          super.onCreate(savedInstanceState);
          setContentView(R.layout.main);
          edt1 = (EditText) findViewById(R.id.edt1);           //利用 id 取得输入框组件
          Button btn1 = (Button) findViewById(R.id.namebtn); //利用 id 取得按钮组件
            btn1.setOnClickListener(new OnClickListener()
            {    //监听按钮事件
                public void onClick(View v)
                {
                    String namestr = edt1.getText().toString();         //取得输入框中输入的内容
                    SharedPreference    share=getSharedPreferences(FILENAME,
                        Activity.MODE_PRIVATE);                          //获取存储数据的文件名
```

```
            SharedPreferences.Editor   edit = share.edit();//定义 SharedPreferences.Editor 变
                                                   //量为 share.edit()负责编辑和存储结果
            edit.putString("name", namestr);  //将输入框中的内容 namestr 存储在 name 中
            edit.commit();                    //调用该方法来确认存储结果
        }
    });
    edt2 = (EditText) findViewById(R.id.edt2);
    Button btn2 = (Button) findViewById(R.id.agebtn);
    btn2.setOnClickListener(new OnClickListener()
    {
        public void onClick(View v)
        {
            int ageint = Integer.parseInt(edt2.getText().toString());

            SharedPreferences share = getSharedPreferences(FILENAME，0);
            SharedPreferences.Editor edit = share.edit();
            edit.putInt("age"，  ageint);
            edit.commit();                          //提交数据，确认存储结果
        }
    });
//创建一个 Activity，在其中放置两个 EditText，用于保存输入的姓名和年龄，向文件中保
//存两种数据：String 型和 int 型，放置两个 Button 用于发送信息。在 onCreate()中通过
//getSharedPreferences()方法获得 SharedPreferences 接口；使用 getSharedPreferences().edit()
//方法获得 SharedPreferences.Editor 接口；调用 SharedPreferences.Editor 的 putString()方法
//保存输入的内容；调用 commit()方法提交内容。
//需要注意的是，在使用 SharedPreferences 存储数据时，不需要指定文件后缀，后缀自动
//设置为 *.xml。例如，现在用户配置的文件名称是 mydata，则保存之后的文件名称自动
//设置为 mydata.xml。
//接下来实现 SharedPreferences 读取数据，功能代码如下：
    this.nameinfo = (TextView) super.findViewById(R.id.nameinfo) ;
    this.ageinfo = (TextView) super.findViewById(R.id.ageinfo) ;
    Button btn3 = (Button) findViewById(R.id.showbtn);
    btn3.setOnClickListener(new OnClickListener()
    {      //设置监听事件
        public void onClick(View v)
        {
            SharedPreferences share = getSharedPreferences(FILENAME，
                0); //获取一个 SharedPreferences 对象 share，文件名称是 FILENAME
            String name1=share.getString("name"，namestr);
```

```
                //从优先数据的变量名称 name 取得 name1
            nameinfo.setText("姓名： " + name1+"\n") ;          //在 nameinfo 字段上显示
            int age1=share.getInt("age", ageint);  //从优先数据的变量名称 age 取得整数 age1
            String age2=String.valueOf(age1);         //把整数 age1 转换成字符串 age2
            ageinfo.setText("年龄： " +age2+"\n" );  //在 ageinfo 字段上显示
        }
    });
  }
}
```

在 onCreate()中通过 getSharedPreferences()方法获得 SharedPreferences 接口，调用接口的 getString()方法，获得保存内容，将内容显示到屏幕中。

程序运行结果如图 4.1 所示。

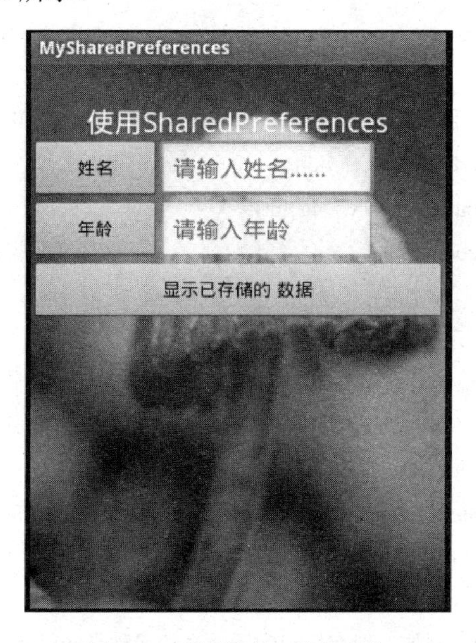

图 4.1　运行程序，输入内容

当输入姓名和年龄并点击“姓名”和“年龄”按钮之后，打开 DDMS 的 File Explorer 的/data/data/ com.android.study /shares_prefs 下的文件，如图 4.2 所示。

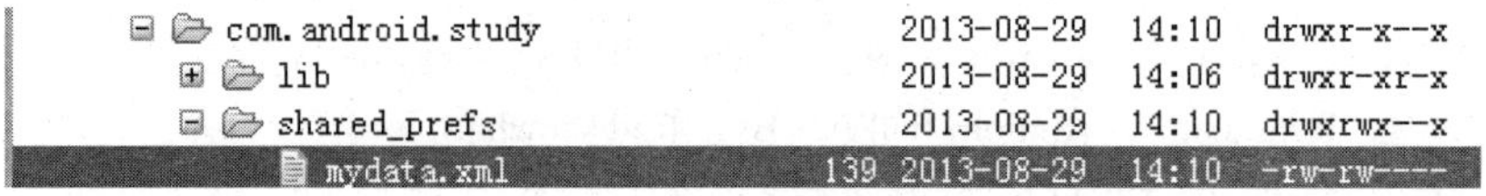

Name	Size	Date	Time	Permissions
⊟ com.android.study		2013-08-29	14:10	drwxr-x--x
⊞ lib		2013-08-29	14:06	drwxr-xr-x
⊟ shared_prefs		2013-08-29	14:10	drwxrwx--x
mydata.xml	139	2013-08-29	14:10	-rw-rw----

图 4.2　文件保存路径

点击“ 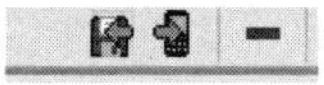　”图标，导出的文件(用记事本打开)内容如下：

```
<?xml version='1.0' encoding='utf-8' standalone='yes' ?>
<map>
<int name="age" value="12" />
<string name="name">张某某</string>
```

</map>

点击“显示已存储的数据”按钮之后，可以在 Android 模拟器上输出如图 4.3 所示的界面。

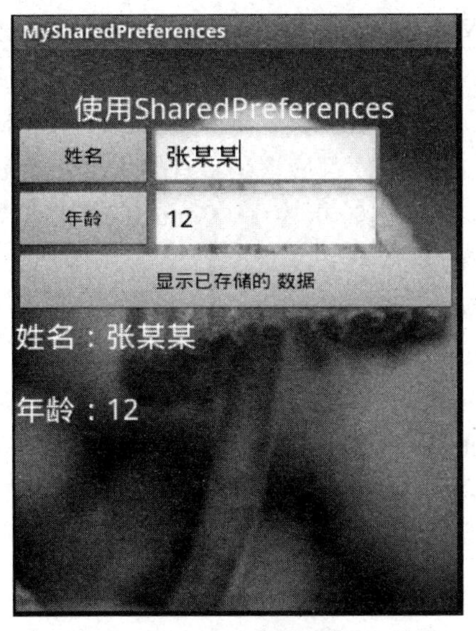

图 4.3　读取数据

SharedPreferences 与 SQLite 相比，免去了创建数据库、创建表和写 SQL 语句等诸多操作，相对而言更加方便、简洁。但是 SharedPreferences 也有其自身缺陷，比如其只能存储 boolean、int、float、long 和 String 五种简单的数据类型，无法进行条件查询等。所以，不论 SharedPreferences 的数据存储操作如何简单，也只能是存储方式的一种补充，而无法完全替代如 SQLite 这样的其他数据存储方式。

4.2　Files 存储数据

使用 SharedPreferences 可以方便地完成数据的存储功能，但是其只能保存一些很简单的数据，如果想存储更多类型的数据，则需要使用文件存储操作。对于文件存储操作，在 Android 中给定了支持文件操作的 Activity 类。表 4.3 给出了 Activity 类对文件操作的支持。

表 4.3　Activity 类对文件操作的支持

类　名　称	类　描　述
Public FileInputStream openFileInput(String name)	设置要打开的数据文件夹下 name 对应的输入流
Public FileOutputStream openFileOutput(String name，int mode)	设置要打开的数据文件夹下 name 对应的输入流，并指定操作模式
Public Resources getResources()	返回 Resources 对象

表 4.3 中，第二个方法里的第二个参数有以下几种取值：

(1) MODE_PRIVATE：说明该文件只能被当前的应用程序所读写。

(2) MODE_APPEND：以追加方式打开该文件，应用程序可以向该文件中追加内容。

(3) MODE_WORLD_READABLE：该文件的内容可以被其他的应用程序所读取。

(4) MODE_WORLD_WRITEABLE：该文件的内容可以被其他的应用程序所读写。

Android 有一套自己的安全模型，当应用程序(.apk)在安装时，系统就会分配给它一个 userid，当该应用要去访问其他资源(比如文件)时，就需要匹配 userid。默认情况下，任何应用创建的文件，Sharedpreferences 数据库都应该是私有的(位于/data/data/<package name>/files)，其他程序无法访问。除非在创建时指定了 Context.MODE_WORLD_READABLE 或者 Context.MODE_WORLD_WRITEABLE。

如果要打开存放在 /data/data/<package name>/files 目录下的私有文件，可以使用 Activity 提供的 openFileInput()方法，其代码如下：

```
FileInputStream inStream = this.getContext().openFileInput("androidit.txt");
Log.i("FileTest"，readInStream(inStream));
```

或者直接使用文件的绝对路径，其代码如下：

```
File file = new File("/data/data/xxx.xxx/files/androidit.txt");
FileInputStream inStream = new FileInputStream(file);
Log.i("FileTest"，  readInStream(inStream));
```

注意：上面文件路径中的“org.xxx.xxx”为应用所在包，编写代码时应替换为自己应用使用的包。对于私有文件，只能被创建该文件的应用访问，如果希望文件能被其他应用读和写，则可以在创建文件时，指定 Context.MODE_WORLD_READABLE 和 Context.MODE_WORLD_WRITEABLE 权限。

Activity 还提供了 getCacheDir()和 getFilesDir()方法。getCacheDir()方法用于获取 /data/data/<package name>/cache 目录；getFilesDir()方法用于获取 /data/data/<package name>/files 目录。

但是考虑到用户要自定义保存目录，以及在 SDCard 上操作，所以在 Android 开发中不直接使用 Activity 类提供的文件操作的方法，开发者常利用传统的 IO 流执行文件操作。

4.2.1　利用 IO 流操作文件

对于文件存储，Activity 提供了 openFileOutput()方法，用于把数据输出到文件中，其具体的实现过程与在 J2SE 环境中保存数据到文件中是一样的。文件可用来存放大量数据，如文本、图片、音频等。创建的文件保存在 /data/data/<package name>/files 目录下，通过点击 Eclipse 菜单中的“Window”→“Show View”→“Other”，在对话窗中展开 DDMS 视图，并选择下面的 File Explorer 视图，然后在 File Explorer 视图中展开 /data/data/<package name>/files 目录即可看到该文件。

使用 Activity 的 openFileOutput()方法保存文件时，文件是存放在手机空间上的，一般手机的存储空间不是很大，如果要存放像视频这样的大文件，是不可行的。对于像视频这样的大文件，可以将其存放在 SDCard，保存路径为 mnt/sdcard/ 指定的文件夹名/指定的文件名称。创建 SDCard 可以在 Eclipse 创建模拟器时随同创建。访问 SDCard 时，必须在

AndroidManifest.xml 中加入访问 SDCard 的权限，其代码如下：

```
<uses-permission android:name="android.permission.MOUNT_UNMOUNT_FILESYSTEMS"/>
```

例如向 SDCard 存储和读取文件，程序中 IO 流输入/输出文件的一般流程如下：

(1) 使用 File 类定义一个要操作的文件。

(2) 使用字节流或字符流的子类为父类进行实例化，因为四个 IO 流的操作类都是抽象类。

(3) 完成输入/输出的功能。

(4) 关闭流。

第一步利用 IO 流操作文件，把文件存入 SDCard，其代码如下：

```
package com.android.study;
import java.io.File;                    //需要导入 java.io.File 包
import java.io.PrintStream;             //需要导入 java.io.PrintStream 包
import android.app.Activity;
import android.content.Intent;
import android.os.Bundle;
import android.os.Environment;          //需要导入 android.os.Environment 包
import android.view.View;
import android.view.View.OnClickListener;
import android.widget.Button;
import android.widget.Toast;

public class FileOperateActivity extends Activity
{
    private static final String FILENAME = "mydata.txt" ;      //设置文件名称
    private static final String DIR = "mystatistics" ;        //设置操作文件夹的名称
    public void onCreate(Bundle savedInstanceState)
    {
        super.onCreate(savedInstanceState);
        super.setContentView(R.layout.main);
        if(Environment.getExternalStorageState().equals(Environment.MEDIA_MOUNTED))
        {                                                        //获取 SDCard 的状态
            File file = new File(Environment.getExternalStorageDirectory()
                + File.separator + DIR + File.separator + FILENAME);     //定义要操作的文件
            if (!file.getParentFile().exists())
            {                                                    //文件不存在
                file.getParentFile().mkdirs();                   //创建文件夹
            }
            PrintStream out = null;                  //定义打印流对象用于输出
            try {
```

```
            out = new PrintStream(new FileOutputStream(file));//将数据变为字符串后保存
            out.println("Android 学习数据存储之文件存储");
        } catch (Exception e)
        {
            e.printStackTrace();
        } finally
        {                                   //一定要关闭输出流
            if (out != null)
            {
                out.close();
            }
        }
    } else
    {
        Toast.makeText(this，"保存失败，SD 卡不存在！"，Toast.LENGTH _LONG).show();
                                                        //设置 Toast 提示
    }
    Button showbtn=(Button)super.findViewById(R.id.showbtn);
    showbtn.setOnClickListener(new OnClickListener()
    {           //设置监听事件，跳转到读取文件页面
        @Override
        public void onClick(View v)
        {
            Intent intent = new Intent();
            intent.setClass(FileOperateActivity.this，FileShowActivity.class);
            startActivity(intent);
        }
    });
}
}
```

其中 Environment.getExternalStorageState()方法用于获取 SDCard 的状态。如果手机装有 SDCard，并且可以进行读写，那么方法返回的状态等于 Environment.MEDIA_MOUNTED。Environment.getExternalStorageDirectory()方法用于获取 SDCard 的目录。

输出文件代码如下：

```
package com.android.study;
import java.io.File;
import java.io.FileInputStream;
import java.util.Scanner;
import android.app.Activity;
```

```
import android.os.Bundle;
import android.os.Environment;
import android.widget.TextView;
import android.widget.Toast;

public class FileShowActivity extends Activity
{
    private static final String FILENAME = "mydata.txt" ;       //设置文件名称
    private static final String DIR = "mystatistics" ;          //设置操作文件夹的名称
    private TextView msg = null ;                                //文本显示
    public void onCreate(Bundle savedInstanceState)
    {
        super.onCreate(savedInstanceState);
        super.setContentView(R.layout.show);                    //调用布局文件
            this.msg = (TextView) super.findViewById(R.id.msg) ;
        if(Environment.getExternalStorageState().equals(Environment.MEDIA_MOUNTED))
        {
            File file = new File(Environment.getExternalStorageDirectory()
                    + File.separator + DIR + File.separator + FILENAME); //定义要操作的文件
            if (!file.getParentFile().exists())
            {
                file.getParentFile().mkdirs();                  //创建父文件夹路径
            }
            Scanner scan = null ;//扫描输入
            try {
                scan = new Scanner(new FileInputStream(file));  //实例化 Scanner
                while(scan.hasNext())
                {               //循环读取
                    this.msg.append(scan.next() + "\n") ;       //设置文本
                }
            } catch (Exception e)
            {
                e.printStackTrace();
            } finally
            {                                                   //一定要关闭流
                if (scan != null)
                {
                    scan.close();
                }
```

```
                }
            } else
            {
                Toast.makeText(this, "读取失败，SD卡不存在！",
                        Toast.LENGTH _LONG).show();           //设置 Toast 提示
            }
        }
    }
```

另外，由于本程序要使用到外部设备(SDCard)，所以开发者在操作之前还需要为程序配置相应的权限。AndroidManifest.xml 文件配置权限的代码如下：

```
<uses-permission 运行操作 SDCard 的权限
    android:name="android.permission.WRITE_EXTERNAL_STORAGE" />
```

程序运行之后，系统会在用户指定的目录 mnt/sdcard/mystatistics 下生成一个 mydata.txt 文件，如图 4.4 所示。

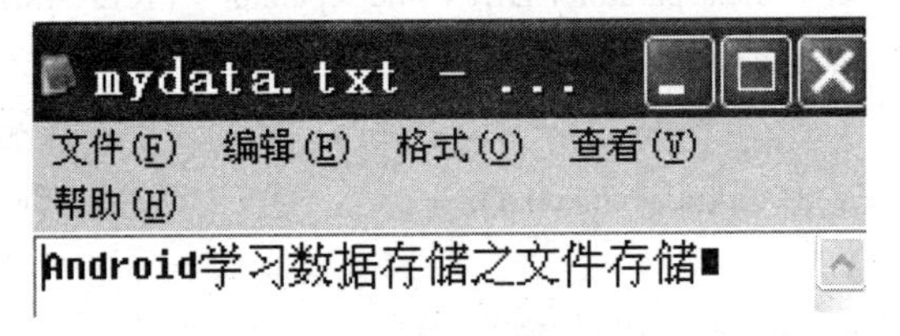

图 4.4　文件保存路径

点击“”图标，导出文件如图 4.5 所示。

mydata.txt - ...
文件(F)　编辑(E)　格式(O)　查看(V)
帮助(H)
Android学习数据存储之文件存储

图 4.5　数据内容

点击“显示已经保存的文件内容”按钮，读取已经保存的文件中的信息，如图 4.6 所示。

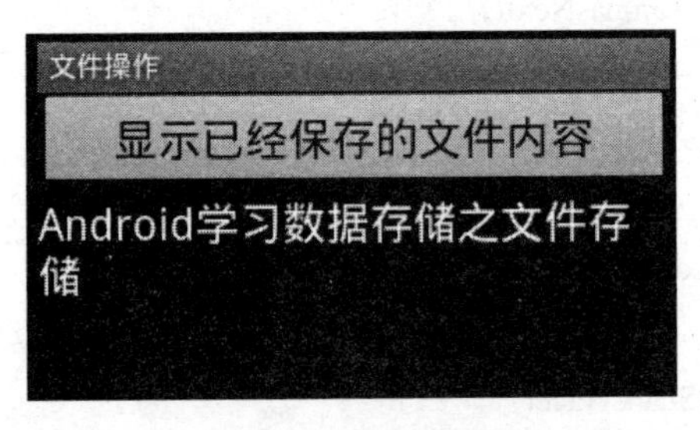

图 4.6　读取数据

4.2.2　读取资源文件

在 Android 操作系统中，也可以进行一些资源文件的读取，这些资源文件的 ID 都是自动地通过 R.java 这个类生成的，如果要读取这些文件，使用 android.content.res.Resources 类即可完成。

Resources 类的方法为：public InputStream openRawResource(int id)。若把一个资源文件保存在 res/raw 文件夹之中，这个资源文件的编码格式要设定为 UTF-8。

例如，对如图 4.7 所示的文本资源进行文件存储。

图 4.7 文本资源

代码如下：

```
package com.android.study;
import java.io.IOException;
import java.io.InputStream;
import java.util.Scanner;
import android.app.Activity;
import android.content.res.Resources;
import android.os.Bundle;
import android.widget.TextView;

public class ResourseOperateActivity extends Activity
{
    private TextView msg = null ;
    @Override
    public void onCreate(Bundle savedInstanceState)
    {
        super.onCreate(savedInstanceState);
        super.setContentView(R.layout.main);
        this.msg = (TextView) super.findViewById(R.id.msg) ;
        Resources res = super.getResources() ;        //资源操作类
        InputStream input = res.openRawResource(R.raw.mytest) ;
                                        //为要读取的内容设置输入流，读取资源 ID
```

```
            Scanner scan = new Scanner(input) ;          //实例化 Scanner，利用 Scanner 读取数据
            StringBuffer buf = new StringBuffer() ;      //接收数据
            while (scan.hasNext())
            {                        //循环读取
                buf.append(scan.next()).append("\n") ;
            }
            scan.close() ;                               //关闭扫描流
            try {
                input.close() ;                          //关闭输入流
            } catch (IOException e)
            {
                e.printStackTrace();
            }
            this.msg.setText(buf) ;                      //设置文字
        }
    }
```

程序运行效果如图 4.8 所示。

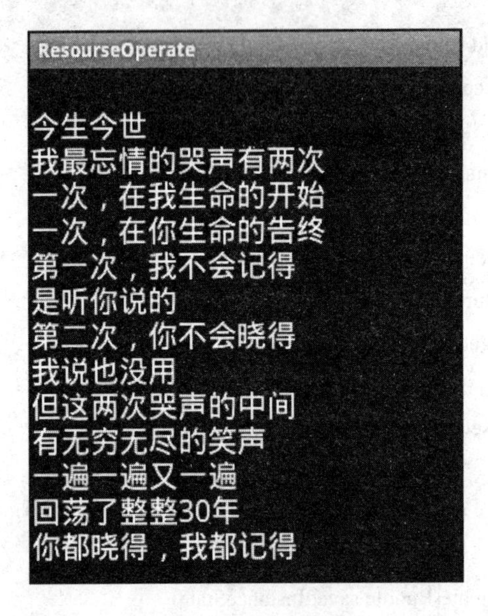

图 4.8　读取文件信息

4.3　SQLite 存储数据

前两节介绍了 Android 的 SharedPreferences 和 Files 存储方式，除此之外，有时候开发者需要用到一个小型的数据库来保存一些持久型的数据，所以在 Android 平台上集成了一个嵌入式关系型数据库——SQLite，开发者可以使用 SQLite 存储数据。

SQLite 是轻量级嵌入式数据库引擎，支持 SQL 语言，并且只利用很少的内存就有很好的性能。此外，SQLite 还是开源的，任何人都可以使用。许多开源项目(如 Mozilla、PHP、Python)都使用了 SQLite.SQLite，它由 SQL 编译器、内核、后端以及附件组成。SQLite 通过利用虚拟机和虚拟数据库引擎(VDBE)，使调试、修改和扩展 SQLite 的内核变得更加方便。

Android 在运行时(run-time)集成了 SQLite，所以每个 Android 应用程序都可以使用 SQLite。SQLite 存储在 data/data/<项目文件夹>/databases/ 下。Android 开发中使用的 SQLite 的 Activites 可以通过 Content Provider 或者 Service 访问一个数据库。

4.3.1　数据库操作类(SQLiteDatabase)

SQLiteDatabase 代表的是一个数据库(底层就是一个数据库文件)。一个应用程序获得了代表指定的数据库的 SQLiteDatabase 对象后，开发者就可以用它来完成管理、操作数据库了。

在 Android 系统中，每一个 android.Database.sqlite.SQLiteDatabase 类的实例都代表了一个 SQLite 的操作，通过 SQLiteDatabase 类可以执行 SQL 语句，以完成数据表的增加、修改、删除、查询等常用操作，或者进行数据库的事务处理。

在 Android 操作系统上进行开发时，用户一般不用创建 SQLiteDatabase 类对象，往往会由一个数据库操作辅助类 SQLiteOpenHelper 进行管理。

4.3.2　数据库操作辅助类(SQLiteOpenHelper)

SQLiteDatabase 类本身只是一个数据库的操作类，如果要进行数据库的操作，则需使用 SQLiteOpenHelper 类。

SQLiteOpenHelper 类根据开发应用程序的需要，封装了创建和更新数据库使用的逻辑。SQLiteOpenHelper 的子类至少需要以下三个实现方法：

(1) 调用父类 SQLiteOpenHelper 的构造函数。这个方法需要四个参数：上下文环境(例如一个 Activity)、数据库名称、一个可选的游标工厂(通常是 null)和一个代表开发者正在使用的数据库模型版本的整数。

(2) onCreate()方法。它需要一个 SQLiteDatabase 对象作为参数，根据需要对这个对象填充表和初始化数据。

(3) onUpgrage()方法。它需要三个参数：一个 SQLiteDatabase 对象、一个旧的版本号和一个新的版本号，这样就可以清楚如何把一个数据库从旧的模型转变到新的模型。

另外，还有两个构造方法：getWriteableDatabase()和 getReadableDatabase()。

getWriteableDatabase()和 getReadableDatabase()方法都可以获取一个用于操作数据库的 SQLiteDatabase 实例。但 getWriteableDatabase()方法以读写方式打开数据库，一旦数据库的磁盘空间满了，数据库就只能读而不能写。倘若使用 getWriteableDatabase()打开数据库就会出错。getReadableDatabase()方法先以读写方式打开数据库，如果数据库的磁盘空间满了，打开就会失败，打开失败后会继续尝试以只读方式打开数据库。

4.3.3 数据库增删改查的实现

数据库增删改查的实现步骤如下：

(1) 定义 SQLiteOpenHelper 的子类。例如程序 MyDatabaseHelper.java，其代码如下：

```
package com.android.study;
import android.content.Context;
import android.database.sqlite.SQLiteDatabase;
                        //需要导入数据库所在的包 android.database.sqlite.SQLiteDatabase
import android.database.sqlite.SQLiteOpenHelper;
                        //需要导入 android.database.sqlite.SQLiteOpenHelper 包
public class MyDatabaseHelper extends SQLiteOpenHelper
{           //MyDatabaseHelper 继承 SQLiteOpenHelper 类
    private static final String DATABASENAME = "Userdb" ;        //设置数据库名称
    private static final int DATABASEVERSION = 2 ;               //设置数据库版本
    private static final String TABLENAME = "mytab" ;            //设置数据表名称

    public MyDatabaseHelper(Context context)
    {
        super(context，DATABASENAME，null，DATABASEVERSION);
    }
    @Override
    public void onCreate(SQLiteDatabase db)
    {           //创建数据表
        String sql = "CREATE TABLE " + TABLENAME + "("+ "id INTEGER
            PRIMARY KEY," //在 SQLite 中设置为 Integer、PRIMARY KEY，则 ID 自动增长
              + "name    VARCHAR(50)        NOT NULL ， "
              + "birthday DATE NOT          NULL" + ")";
        db.execSQL(sql) ;                               //执行 SQL
        System.out.println("****************** 创建：onCreate()。");
    }
    @Override
    public void onUpgrade(SQLiteDatabase db，int oldVersion，int newVersion)
    {       //更新新版本
        String sql = "DROP TABLE IF EXISTS " + TABLENAME ;
        db.execSQL(sql) ;
        System.out.println("****************** 更新：onUpgrade()。");
        this.onCreate(db) ;
    }
}
```

本程序直接继承了 SQLiteOpenHelper 类，并且复写了里面的 onCreat()方法和 onUpgrade()方法，其中 onCreat()方法负责表的创建，而 onUpgrade()方法负责表的删除，并且在删除之后重新创建数据表。当完成了对数据库的操作后，需要调用 SQLiteDatabase 的 Close()方法来释放掉数据库链接。为了创建表和索引，需要调用 SQLiteDatabase 的 execSQL()方法来执行 DDL 语句。如果没有异常，这个方法没有返回值，上面这段代码会返回一个 SQLiteDatabase 类的实例，使用这个对象，就可以查询或者修改数据库。数据库存储在 data\data\com.android.study \databases/ 目录下，与之前介绍的方法相同，在 DDMS 中可以找到，如图 4.9 所示。

```
⊟ 📂 com.android.study                2013-09-01   10:47   drwxr-x--x
   ⊟ 📂 databases                     2013-09-01   10:44   drwxrwx--x
        Userdb                  4096  2013-09-01   10:44   -rw-rw----
```

图 4.9　文件存储路径

(2) 创建表、插入数据、删除表等。调用 getReadableDatabase()或 getWriteableDatabase()方法，可以得到 SQLiteDatabase 实例，具体调用哪个方法，取决于是否需要改变数据库的内容。

在定义好 MyDatebaseHelp 的基础上定义 mytab 表的操作类——MytabOperate.java，加入数据库的更新方法，其代码如下：

```
package com.android.study;
import android.content.ContentValues;
import android.database.sqlite.SQLiteDatabase;

public class MytabOperate
{
    private static final String TABLENAME = "mytab";          //设置要操作的数据表名称
    private SQLiteDatabase db = null;                        //数据库操作
    public MytabOperate(SQLiteDatabase db)
    {
        this.db = db;
    }
    public void insert(String name, String birthday)
    {                       //插入一条数据
        ContentValues cv = new ContentValues() ;              //定义 ContentValues
        cv.put("name", name) ;                                //设置 name 字段内容
        cv.put("birthday", birthday) ;                        //设置 birthday 字段内容
        this.db.insert(TABLENAME, null, cv) ;                 //增加操作
        this.db.close() ; //关闭数据库
        String sql = "INSERT INTO " + TABLENAME + "(name, birthday) VALUES ('"
            + name + "', '" + birthday + "')";
```

```
        this.db.execSQL(sql) ;
        this.db.close() ;
    }

    public void update(int id，String name，String birthday)
    {       //更新一条数据
        String whereClause = "id=?" ;                                //更新条件
        String whereArgs[] = new String[]{String.valueOf(id)} ;      //更新 id
        ContentValues cv = new ContentValues() ;                     //定义 ContentValues
        cv.put("name"，name) ;                                       //设置 name 字段内容
        cv.put("birthday"，birthday) ;
        this.db.update(TABLENAME，cv，whereClause，whereArgs) ;  //更新操作
        this.db.close() ;                                            //关闭数据库
        String sql = "UPDATE " + TABLENAME + " SET name='" + name
                + "'，birthday='" + birthday + "' WHERE id=" + id;
        this.db.execSQL(sql);
        this.db.close() ;
    }

    public void delete(int id)
    {                                           //删除一条数据
        String whereClause = "id=?" ;           //删除条件
        String whereArgs[] = new String[]
        {String.valueOf(id)} ;      //删除 id
        this.db.delete(TABLENAME，whereClause，whereArgs) ; //删除操作
        this.db.close() ;                                    //关闭数据库
        String sql = "DELETE FROM " + TABLENAME + " WHERE id=" + id ;
        this.db.execSQL(sql) ;
        this.db.close() ;
    }
}
```

本程序直接在类中定义了三个数据库的更新方法(如已经注释部分 insert()、update()和delete())，并且利用参数传递了要增加、修改或删除的数据。由于更新方法属于数据库的修改操作，所以当用户调用这三个方法时，必须用 getWriteableDatabase()方法取得 SQLiteDatabase 类可以更新的操作对象，也可以使用 ContentValues 类进行封装，如相对应部分为注释的代码。

ContentValues 类似于 MAP，相对于 MAP，它提供了存取数据对应的 put(String key，xxx value)和 getAsXxx(String key)方法，key 为字段名称，是一个 String 类型，value 为字段值，xxx 指的是各种常用的数据类型，如 String、Int 等。

(3) 查询全部数据实现代码如下：

```
package com.android.study;
import java.util.ArrayList;
import java.util.List;
import android.database.Cursor;
import android.database.sqlite.SQLiteDatabase;
public class MytabCursor
{
    private static final String TABLENAME = "mytab" ;          //设置数据表名称
    private SQLiteDatabase db = null ;
    public MytabCursor(SQLiteDatabase db)
    {           //构造方法
        this.db = db ;                                           //接收 SQLiteDatabase
    }
    public List<String> find()
    {                               //查询数据表
        List<String> all = new ArrayList<String>() ;            //定义 List 集合，此时只是 String
        String sql = "SELECT id， name， birthday FROM " + TABLENAME ;
        Cursor result = this.db.rawQuery(sql，   null);           //执行查询语句
        for (result.moveToFirst(); !result.isAfterLast(); result.moveToNext())
        {             //采用循环的方式检索数据
            all.add("【" + result.getInt(0) + "】" + " " + result.getString(1)
                + "，" + result.getString(2));
        }
        this.db.close() ;                                        //关闭数据库链接
        return all ;
    }
}
```

本程序只定义了一个 find()方法，此方法直接利用 SQLiteDatabase 类中的 rawQuery()方法查询，由于此时没有指定任何的限定条件、分组条件等，所以只传递了一个表名称，而其他的参数都设置为 null。另外，为了方便使用列表显示(ListView 组件显示)数据，在 find()方法上返回值类型直接采用了 List 集合。此外，考虑到界面显示的问题，本代码将数据表的记录直接拼凑成了字符串后才保存在 List 集合中，这样就可以避免再单独定义一个布局管理器显示表。

(4) 定义四个按钮，并在单击事件中指定不同的更新操作。定义布局管理文件——main.xml，其代码如下：

```
<?xml version="1.0" encoding="utf-8"?>
<LinearLayout
    xmlns:android="http://schemas.android.com/apk/res/android"
```

```
    android:id="@+id/mylayout"
    android:orientation="vertical"
    android:layout_width="fill_parent"
    android:layout_height="fill_parent">
    <Button
        android:id="@+id/insertBut"
        android:layout_width="fill_parent"
        android:layout_height="wrap_content"
        android:text="增加数据" />
    <Button
        android:id="@+id/updateBut"
        android:layout_width="fill_parent"
        android:layout_height="wrap_content"
        android:text="修改数据" />
    <Button
        android:id="@+id/deleteBut"
        android:layout_width="fill_parent"
        android:layout_height="wrap_content"
        android:text="删除数据" />
    <Button
        android:id="@+id/findBut"
        android:layout_width="fill_parent"
        android:layout_height="wrap_content"
        android:text="查询全部数据" />
</LinearLayout>
```

主程序的代码如下：

```
package com.android.study;

import android.app.Activity;
import android.database.sqlite.SQLiteOpenHelper;
import android.os.Bundle;
import android.view.View;
import android.view.View.OnClickListener;
import android.widget.ArrayAdapter;
import android.widget.Button;
import android.widget.LinearLayout;
import android.widget.ListView;

public class MySQLiteDemo extends Activity
```

```
{
    private Button insertBut = null ;
    private Button updateBut = null ;
    private Button deleteBut = null ;
    private Button findBut=null;
    private SQLiteOpenHelper helper = null ;
    private MytabOperate mtab = null ;
    private LinearLayout mylayout = null ;
    @Override
    public void onCreate(Bundle savedInstanceState)
    {
        super.onCreate(savedInstanceState);
        super.setContentView(R.layout.main);
        this.helper = new MyDatabaseHelper(this);
        this.insertBut = (Button) super.findViewById(R.id.insertBut) ;
        this.updateBut = (Button) super.findViewById(R.id.updateBut) ;
        this.deleteBut = (Button) super.findViewById(R.id.deleteBut) ;
        this.findBut = (Button) super.findViewById(R.id.findBut) ;
        this.mylayout = (LinearLayout) super.findViewById(R.id.mylayout) ;

        this.findBut.setOnClickListener(new findOnClickListenerImpl()) ;
        this.insertBut.setOnClickListener(new InsertOnClickListenerImpl()) ;
        this.updateBut.setOnClickListener(new UpdateOnClickListenerImpl()) ;
        this.deleteBut.setOnClickListener(new DeleteOnClickListenerImpl()) ;
    }
    private class InsertOnClickListenerImpl implements OnClickListener
    {           //增加数据
        @Override
        public void onClick(View v)
        {
            MySQLiteDemo.this.mtab = new MytabOperate(
                    MySQLiteDemo.this.helper.getWritableDatabase());
            MySQLiteDemo.this.mtab.insert("王某某" ,  "2001-08-12") ;
        }
    }
    private class UpdateOnClickListenerImpl implements OnClickListener
    {              //更新数据
        @Override
        public void onClick(View v)
```

```
            {
                MySQLiteDemo.this.mtab = new MytabOperate(
                                MySQLiteDemo.this.helper.getWritableDatabase());
                MySQLiteDemo.this.mtab.update(2， "张某某"， "1989-06-27");
            }
        }
        private class DeleteOnClickListenerImpl implements OnClickListener
        {               //删除数据
            @Override
            public void onClick(View v)
            {
                MySQLiteDemo.this.mtab = new MytabOperate(
                            MySQLiteDemo.this.helper.getWritableDatabase());
                MySQLiteDemo.this.mtab.delete(3) ;
            }
        }
        private class findOnClickListenerImpl implements OnClickListener
        {
            @Override
            public void onClick(View v)
            {
                MySQLiteDemo.this.helper = new MyDatabaseHelper(MySQLiteDemo.this);
                ListView listView = new ListView(MySQLiteDemo.this) ;
                listView.setAdapter(                        //设置数据
                            new ArrayAdapter<String>(       //所有的数据是字符串
                                MySQLiteDemo.this，         //上下文对象
                            android.R.layout.simple_list_item_1， //列表显示的布局
                            new MytabCursor(                    //实例化查询
                                MySQLiteDemo.this.helper.getReadableDatabase())
                                                        //取得 SQLiteDatabase 对象
                            .find()));              //调用 find()方法，返回 List<String>
                MySQLiteDemo.this.mylayout.addView(listView) ;
            }
        }
    }
```

本程序为了简化操作，所有的数据未采用用户自己输入的形式，当增加新数据时，采用一个 static 的整型变量进行计数操作，以保证姓名不重复；而更新时，只是更新了编号为 2 的数据；删除时，删除的是编号为 3 的数据。本程序直接利用 MyDatabaseHelper 类取得了一个数据库的操作对象，通过 find()方法查询出全部的数据，并且将全部数据加入到

ListView 中进行显示，程序的运行效果如图 4.10 所示。

单击“增加数据”按钮五次，增加五条定义好的相同数据，如图 4.11 所示。

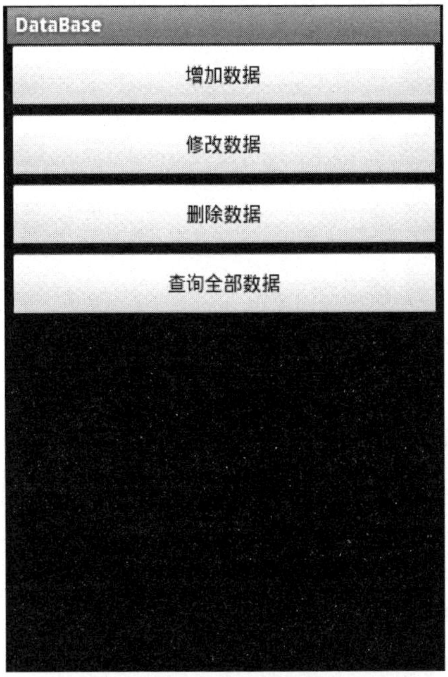

图 4.10　数据库操作界面 　　　图 4.11　增加数据

单击“修改数据”按钮，修改第二条数据，如图 4.12 所示。

单击“删除数据”按钮，删除第三条数据，如图 4.13 所示。

图 4.12　修改数据

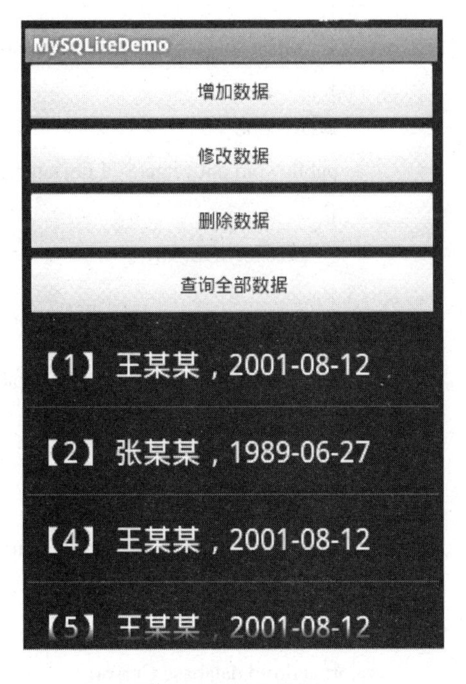

图 4.13　删除数据

4.3.4 数据库存储的应用实例

在基于 Android 的掌上点菜系统中，若要统计用户所有的点菜信息，则设计的点菜程序需要利用数据库完成存储和删除已选定的点菜信息。

(1) 定义 SQLiteOpenHelp 的子类，其代码如下：

```
package com.android.study;
import android.content.Context;
import android.database.sqlite.SQLiteDatabase;
import android.database.sqlite.SQLiteOpenHelper;

public class mydb extends SQLiteOpenHelper
{
    private static final String database_name = "users";
    public static final int version = 1;
    String sql = "create table if not exists mytable("
            + "_id integer primary key autoincrement， " + "Date_id varchar(30)， "
            + "Dish_id varchar(10)， " + "Dish_name varchar(20)， "
            + "Dish_price varchar(10)， " + "Waiter_id varchar(10))";

    //_id integer primary key autoincrement 自动增加的一个键值，即为每一行数据编一个号
    public mydb(Context context)
    {
        super(context， database_name， null， version);
    }
    @Override
    public void onCreate(SQLiteDatabase db)
    {
        db.execSQL(sql);
    }
    @Override
    public void onUpgrade(SQLiteDatabase db， int oldVersion， int newVersion)
    {
    }
}
```

(2) 定义 users 表的操作类——userdio.java，加入数据库的更新方法，其代码如下：

```
package com.android.study;
import android.content.Context;
import android.database.Cursor;
import android.database.sqlite.SQLiteDatabase;
```

```
import android.util.Log;
public class userdio
{
    private String sql;
    private mydb helper;
    private SQLiteDatabase db;
    private Context context;
    public userdio(Context context)
    {
        this.context = context;
        helper = new mydb(this.context);
        db = getHelper().getWritableDatabase();
    }
    //向数据库中添加数据
    public boolean adddata(Data data)
    {
      //把表的格式的对象的内容赋值后放入数据库中的一个类，下面是一个例子
      //ContentValues cv=new ContentValues();
      //cv.put(data.getDate_id()，  1);
      //db.insert("mytable"，  getNullColumnHack()，  cv);
      sql = "insert into mytable(Date_id，Dish_id，Dish_name，Dish_price，Waiter_id)values('"
              + data.getDate_id()
              + "'，'"
              + data.getDish_id()
              + "'，'"
              + data.getDish_name()
              + "'，'"
              + data.getDish_price()
              + "'，'"
              + data.getWaiter_id() + "')";
      try {
        db.execSQL(sql);
        Log.i("A"，  "添加成功");
      } catch (Exception e)
      {
        Log.i("A"，  e.getMessage());
          return false;
      } finally
      {
```

```
        db.close();
    }
    return true;
}
//删除数据库中的一条数据
public boolean deleteData(String Dish_name)
{
    sql = "delete from mytable where Dish_name=" + Dish_name;
    try
    {
        db.execSQL(sql);
    } catch (Exception e)
    {
        Log.i("B"，  e.getMessage());
          return false;
    } finally
    {
        db.close();
    }
    return true;
}
//用户删除方法的名字是自己定义的
public boolean delUserById(String Dish_id)
{
    sql = "delete from mytable where Dish_id=" + Dish_id;
    try {
        db.execSQL(sql);
    } catch (Exception e)
    {
        Log.i("a"，  e.getMessage());
        //执行失败，返回 false
        return false;
    } finally
    {
        //关闭数据库
        db.close();
    }
    //执行成功，返回 true
    return true;
```

```
}
//数据查询方法二
public String findData(mydb myOpenHelper)
{
    String result = "";
    //获取数据库对象
    SQLiteDatabase db = myOpenHelper.getReadableDatabase();
    //查询表中的数据
    Cursor cursor = db.query("mytable", null, null, null, null, null,"_id asc");
    //获取 Date_id 列的索引
    int date_idIndex = cursor.getColumnIndex("Date_id");
    //获取 Dish_id 等列的索引
    int dish_idIndex = cursor.getColumnIndex("Dish_id");
    int dish_nameIndex = cursor.getColumnIndex("Dish_name");
    int dish_priceIndex = cursor.getColumnIndex("Dish_price");
    int waiter_idIndex = cursor.getColumnIndex("Waiter_id");
    for (cursor.moveToFirst(); !(cursor.isAfterLast()); cursor.moveToNext())
    {
        result = result + cursor.getString(date_idIndex) + "\t\t";
        result = result + cursor.getString(dish_idIndex) + "\t\t";
        result = result + cursor.getString(dish_nameIndex) + "\t\t";
        result = result + cursor.getString(dish_priceIndex) + "\t\t";
        result = result + cursor.getString(waiter_idIndex) + "\n";
    }
    cursor.close();
    db.close();
    return result;
}
protected void onDestroy()
{
    SQLiteDatabase db = getHelper().getWritableDatabase();          //获取数据库对象
    //删除 hero_info 表中所有的数据，输入 1，表示删除所有行，然后点击 back 按钮
    db.delete("mytable", "1", null);
    db.close();
}
public void setHelper(mydb helper)
{
    this.helper = helper;
}
```

```
        public mydb getHelper()
        {
            return helper;
        }
    }
```

(3) 获取点菜信息时需要调用的方法，其代码如下：

```
    package com.android.study;
    public class Data
    {
        private int _id;
        private String Date_id;
        private String Dish_id;
        private String Dish_name;
        private String Dish_price;
        private String Waiter_id;
        //重写 toString 方法
        public String toString()
        {
            return this._id + this.Date_id + this.Dish_id + this.Dish_name
                    + this.Dish_price + this.Waiter_id;
        }
        public int get_id(){
            return _id;
        }
        public void set_id(int id){
            this._id = id;
        }
        public String getDate_id(){
            return Date_id;
        }
        public void setDate_id(String dateId){
            this.Date_id = dateId;
        }
        public String getDish_id(){
            return Dish_id;
        }
        public void setDish_id(String dishId)
        {
            this.Dish_id = dishId;
```

```
        }
        public String getDish_name()
        {
            return Dish_name;
        }
        public void setDish_name(String dishName)
        {
            this.Dish_name = dishName;
        }
        public String getDish_price()
        {
            return Dish_price;
        }
        public void setDish_price(String dishPrice)
        {
            this.Dish_price = dishPrice;
        }
        public String getWaiter_id()
        {
            return Waiter_id;
        }
        public void setWaiter_id(String waiterId)
        {
            this.Waiter_id = waiterId;
        }
    }
```

(4) 在每一道菜品上设置获取菜品信息的程序，其代码如下：

```
package com.android.study;
import java.util.Date;
import android.app.Activity;
import android.app.AlertDialog;
import android.content.DialogInterface;
import android.content.Intent;
import android.os.Bundle;
import android.view.View;
import android.view.View.OnClickListener;
import android.widget.Button;
public class dish01 extends Activity
{
```

```
Button m_button011;
Button m_button012;
public static String str01 = null;
userdio user;
protected void onCreate(Bundle savedInstanceState)
{
    super.onCreate(savedInstanceState);
    setContentView(R.layout.dish01);
    user = new userdio(this.getApplicationContext());
    m_button011 = (Button) findViewById(R.id.m_button011);
    final AlertDialog.Builder builder = new AlertDialog.Builder(this);
    m_button011.setOnClickListener(new OnClickListener()
    {
        @Override
        public void onClick(View v)
        {
            builder.setTitle("你选了海鲜浓汤")
                    .setPositiveButton("确定", new DialogInterface.OnClickListener()
            {
                public void onClick(DialogInterface dialog，int which)
                {
                    str01 = "海鲜浓汤";
                    //点击菜名的时候提取日期信息
                    Date d01 = new Date();
                    String str01 = (String) d01.toLocaleString();
                    //实例化 Data 对象，并将菜的详细信息放到 Data 对象中
                    Data data01 = new Data();
                    data01.setDish_id("01");
                    data01.setDish_name("海鲜浓汤");
                    data01.setDate_id(str01);
                    data01.setDish_price("50");
                    data01.setWaiter_id("01");
                    //将 dish01 的详细信息保存到数据库
                    user.adddata(data01);
                    //点 ok 按钮才取消，不是 this.finish
                }
            })
            .setNegativeButton("取消", new DialogInterface.OnClickListener()
            {
```

```
                public void onClick(DialogInterface dialog，int which)
                {
                    //点 ok 按钮才取消，不是 this.finish
                }
            }).create().show();
        }
    });
    m_button012 = (Button) findViewById(R.id.m_button012);
    m_button012.setOnClickListener(new OnClickListener()
    {
        @Override
        public void onClick(View v)
        {
            Intent intent = new Intent();
            intent.setClass(dish01.this，  Soup.class);
            startActivity(intent);
            dish01.this.finish();
        }
    });
  }
}
```

程序运行结果如图 4.14 所示。点击“点菜界面”按钮，进入点菜主界面，如图 4.15 所示。

图 4.14　程序主界面

图 4.15　点菜主界面

点击“特色汤”按钮，进入汤品界面，如图 4.16 所示。点击“海鲜浓汤”按钮，如图 4.17 所示。

图 4.16　汤品界面

图 4.17　提示对话框

点击“确定”按钮，把关于海鲜浓汤的菜品信息保存到数据库。

按照相同的点菜流程，再选择“烧白灵配黑松露酱”和“马丁尼”之后，进入数据库界面，点击“显示已点菜单”按钮，显示如图 4.18 所示界面。选择菜号为 17 的菜品，进行删除，显示界面如图 4.19 所示。

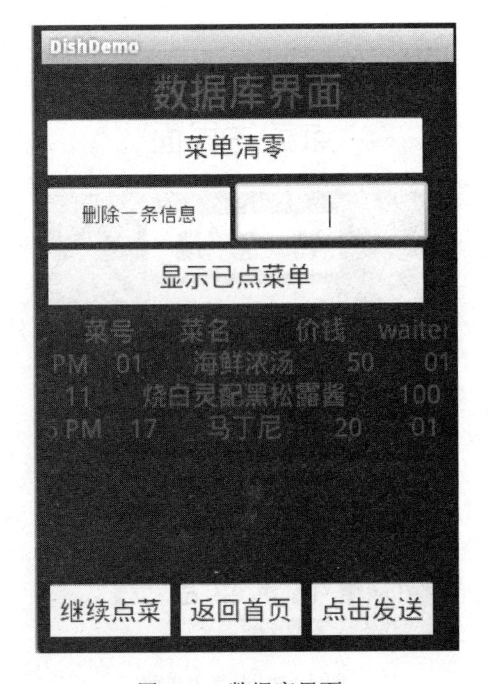

图 4.18　数据库界面

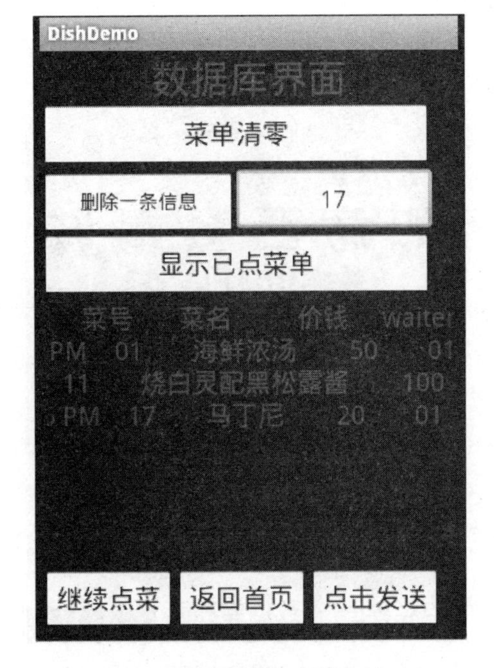

图 4.19　选择删除 17 号菜品

点击“删除一条信息”按钮，菜号为 17 的菜品信息就被删除了，显示界面如图 4.20 所示。点击“菜单清零”按钮，显示界面如图 4.21 所示。

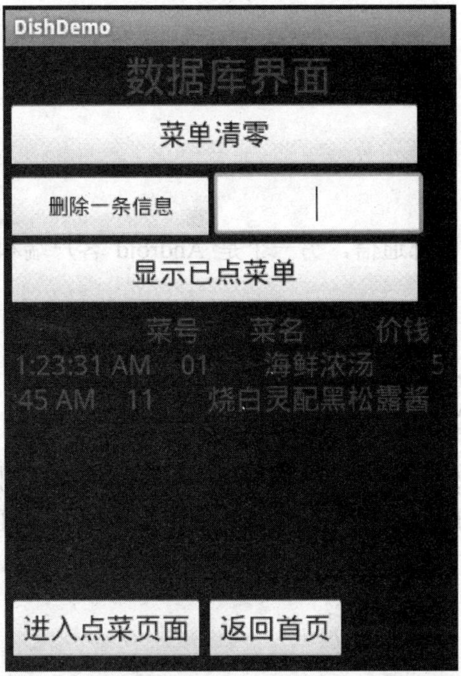

图 4.20　删除 17 号菜品

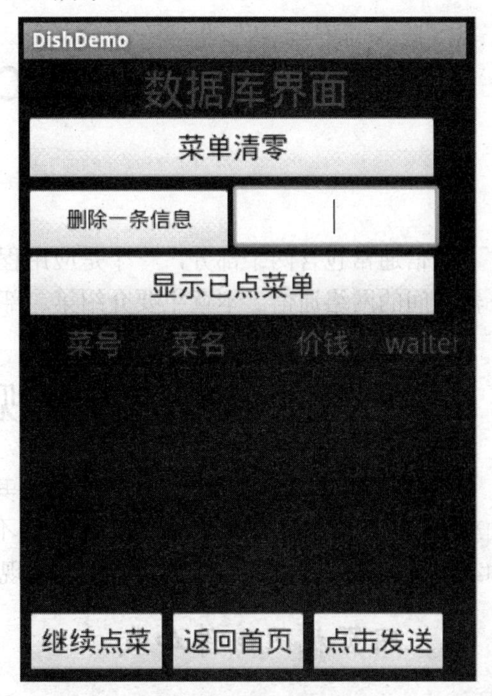

图 4.21　菜品清零界面

第 5 章　Android 平台网络通信

通信通常包含两个部分，一个是应用程序的内部通信，另一个是 Android 客户端和服务器之间的网络通信。本章主要介绍第二部分。

5.1　网页视图(WebView)

WebView 能加载并显示网页，可以将其看做一个浏览器。它使用了 WebKit 渲染引擎加载显示网页，实现 WebView 有以下两种不同的方法：使用网页视图组件加载网页和直接加载网页。本章分别使用以上两种方法实现网页加载，并实现网页管理。

5.1.1　网页视图组件加载

网页视图组件与之前的布局组件相类似，只是用此组件来显示网页。本节给出一个输入网址并显示网页的例子。

使用网页视图组件加载网页的步骤如下：

(1) 在布局文件中声明 WebView。

(2) 在 Activity 中实例化 WebView。

(3) 调用 WebView 的 loadUrl( )方法，设置 WevView 要显示的网页。

(4) 为了让 WebView 能够响应超链接功能，调用 setWebViewClient( )方法，设置 WebView 视图。

(5) 为了让 WebView 支持回退功能，需要覆盖 Activity 类的 onKeyDown()方法，如果不做任何处理，点击系统回退键，整个浏览器就会调用 finish()结束自身，而不是回退到上一页面。

(6) 需要在 AndroidManifest.xml 文件中添加下面的权限，否则会出现 Web page not available 错误，权限如下：

```
<uses-permission android:name="android.permission.INTERNET"/>
```

定义布局，用来显示浏览网页，具体代码如下：

```
<?xml version="1.0" encoding="utf-8"?>
<LinearLayout
        android:id="@+id/LinearLayout01"
         android:layout_width="fill_parent"
         android:layout_height="fill_parent"
```

```
        xmlns:android="http://schemas.android.com/apk/res/android"
        android:orientation="vertical">
    <EditText android:id="@+id/EditText01"
        android:layout_height="wrap_content"
        android:text="http://"
        android:layout_width="fill_parent"
        android:maxLines="1"></EditText>
    <WebView
        android:id="@+id/WebView01"//组件 ID
        android:layout_width="wrap_content"
        android:layout_height="wrap_content" />
</LinearLayout>
```

用户在编辑框中输入网址，加载自己需要的网页，下面是具体 Java 代码：

```
package com.android.study;
import android.app.Activity;
import android.os.Bundle;
import android.view.KeyEvent;
import android.view.View;
import android.view.View.OnKeyListener;
import android.webkit.WebView;
import android.webkit.WebViewClient;
import android.widget.EditText;
public class Example02 extends Activity
{  //Example02 程序
   @Override
   public void onCreate(Bundle savedInstanceState)
   {  super.onCreate(savedInstanceState);
      setContentView(R.layout.example02);
      //建立显示画面上 EditText，WebView 类的实例变量
      final WebView webView = (WebView)findViewById(R.id.WebView01);//找到网页视图组件
      webView.setWebViewClient(new WebViewClient());
      final EditText editText = (EditText)findViewById(R.id.EditText01); //找到输入框组件
      editText.setOnKeyListener(new OnKeyListener()
      { //设定 EditText 的监听功能，在 editText 编辑框按下 ENTER 时的处理程序，下载新的网页
         public boolean onKey(View v， int keyCode， KeyEvent event)
         {
            if (keyCode == KeyEvent.KEYCODE_ENTER)
            {     //判断 keyCode 是不是 ENTER 键
               webView.loadUrl(editText.getEditableText().toString()); //从组件 EditText01 字段
```

```
                        读取输入的网址，传给 webView.loadUrl()方法下载相关网页
                    return true;
                }
                return false;
            }
        });
    }
}
```

演示图如图 5.1 所示。

图 5.1　输入网址界面

5.1.2　网页直接加载

在 5.1.1 节中，使用在 xml 布局文件中定义 WebView 组件显示浏览网页，本节使用 Activity 定义组件并实现网页加载。

直接加载网页的步骤如下：

(1) 在 Activity 中实例化 WebView 组件：WebView webView = new WebView(this);

(2) 调用 WebView 的 loadUrl()方法，设置 WebView 要显示的网页：

互联网：webView. loadUrl("http://www.google.com");

本地文件：webView.loadUrl ("file:///android _asset/XX.html"); 本地文件存放在 assets 文件中。

(3) 调用 Activity 的 setContentView( )方法显示网页视图。

(4) 为了让 WebView 支持回退功能，需要覆盖覆盖 Activity 类的 onKeyDown()方法，如果不做任何处理，点击系统回退键，整个浏览器会调用 finish()而结束自身，不是回退到上一页面。

(5) 需要在 AndroidManifest.xml 文件中添加下面的权限，否则会出现 Web page not available 错误，权限如下：

```
<uses-permission android:name="android.permission.INTERNET" />
```

下面给出具体例子代码。

(1) main.xml 程序代码如下：

```
<?xml version="1.0" encoding="utf-8"?>
<ListView android:id="@+id/ListView01"
android:layout_width="fill_parent"
android:layout_height="fill_parent"
xmlns:android="http://schemas.android.com/apk/res/android" />
```

(2) 主程序代码如下：

```
package com.android.study;
import android.app.Activity;
import android.content.Intent;
import android.os.Bundle;
import android.view.View;
import android.widget.AdapterView;
import android.widget.ArrayAdapter;
import android.widget.ListView;
import android.widget.AdapterView.OnItemClickListener;
public class WebViewExample extends Activity
{   //6 个范例的菜单名称和应用程序 Class
    private Object[] activities =
    {   //定义 6 个范例的菜单名称和应用程序 Class 的名称。Activities[0]= "Baidu",
        Activities[1]= "Google"…..
                    "Baidu",                    Example01a.class,
                    "Google",                   Example01b.class,
                    "Load URL",                 Example02.class,
                    "Back and Forward",         Example03.class,
                    "Zoomin and Zoomout",       Example04.class,
                    "Gesture",                  Example05.class,
    };
    //WebViewExample 主程式
    @Override
    public void onCreate(Bundle savedInstanceState)
    {
        super.onCreate(savedInstanceState);
        setContentView(R.layout.main);
        CharSequence[] list = new CharSequence[activities.length / 2];
                        //从数组 activities[]抽取偶数号给 list，放置 6 个菜单名称
        for (int i = 0; i < list.length; i++)
        {
```

```
            list[i] = (String)activities[i * 2];
        }
        //将 6 个范例菜单名称放置在 listView
        ArrayAdapter<CharSequence> adapter = new ArrayAdapter<CharSequence>(this,
                android.R.layout.simple_list_item_1, list);
        ListView listView = (ListView)findViewById(R.id.ListView01);//取得 ListView01 布局组件
        listView.setAdapter(adapter);    //把 6 个菜单名称 list[]放置在窗体布局 ListView01
        //按下菜单名称指向相关的应用程序 Class
        listView.setOnItemClickListener(new OnItemClickListener()
        {        //设置单击菜单名称时的监听功能
            public void onItemClick(AdapterView<?> parent, View view, int position,  long id)
            {        //单击菜单名称时执行 onItemClick()方法，可以获得菜单项的 position
                Intent intent = new Intent(WebViewExample.this, (Class<?>) activities [position * 2
                        + 1]);  //根据 position 取得所指向相关应用程序 activities[position * 2 + 1]
                        //部分菜单名称需要传送 url 的内容
                if (position == 0) intent.putExtra("url", "http://www.baidu.com");
                        //菜单选项的 position==0 时，传递网址变量 url 为 http://www.baidu.com
                if (position == 1) intent.putExtra("url", "http://www.google.com");
                if (position == 5) intent.putExtra("url", "http://www.msn.com");
                startActivity(intent);
            }
        });
    }
}
```

上面代码实现的选择网页界面如图 5.2 所示。

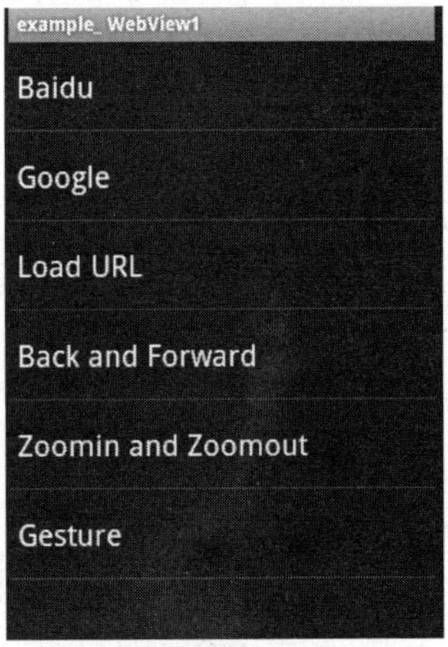

图 5.2　选择网址

(3) 加载百度网页功能的实现代码如下：

```
package com.android.study;
import android.app.Activity;
import android.os.Bundle;
import android.view.ViewGroup;
import android.view.ViewGroup.LayoutParams;
import android.webkit.WebView;
import android.webkit.WebViewClient;
public class Example01a extends Activity
{   //定义显示容器的长高特性
    private final int FP = ViewGroup.LayoutParams.FILL_PARENT;
    private final int WC = ViewGroup.LayoutParams.WRAP_CONTENT;
    //Example01 程序
    @Override
```

```
        public void onCreate(Bundle savedInstanceState)
        {
            super.onCreate(savedInstanceState);
            WebView webView = new WebView(this);
            webView.setWebViewClient(new WebViewClient());  //WebView 以 Client 角色来显示网页
                                                            //下载网页
            webView.loadUrl(getIntent().getCharSequenceExtra("url").toString());
            setContentView(webView, new LayoutParams(FP, FP));
        }
    }
```

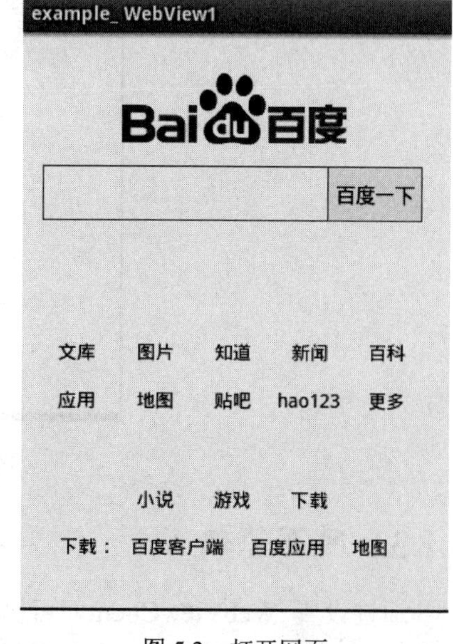

图 5.3　打开网页

本程序用 WebView 调用百度网页，本范例当 intent 到 Example01a 时，菜单主程序会传送百度网页网址给 Example01a，直接用这个网址传给 webView.loadUrl (http://www.baidu.com)，效果如图 5.3 所示。

(4) 加载 google 网页功能代码实现如下：

```
package com.android.study;
import android.app.Activity;
import android.os.Bundle;
import android.view.ViewGroup;
import android.view.ViewGroup.LayoutParams;
import android.webkit.WebView;
public class Example01b extends Activity
{
    //定义显示容器的长高特性
    private final int FP = ViewGroup.LayoutParams.FILL_PARENT;
    private final int WC = ViewGroup.LayoutParams.WRAP_CONTENT;
    //Example01 程序
    @Override
    public void onCreate(Bundle savedInstanceState)
    {
        super.onCreate(savedInstanceState);
        WebView webView = new WebView(this);
        //下载网页
        webView.loadUrl(getIntent().getCharSequenceExtra("url").toString());
        setContentView(webView, new LayoutParams(FP, FP));
    }
}
```

本程序用 WebView 调用 Google 网页，本范例当 intent 到 Example01b 时，菜单主程序

会传送 Google 网页网址给 Example01b，直接用这个网址传给 webView.loadUrl (http://www.google.com)，效果如图 5.4 所示。

图 5.4　打开谷歌网页

5.1.3　网页管理

通过设置 WebViewClient，可以指定在网页开始下载和下载完毕后要做的操作。如可以设置下载时显示的标题文字及下载后的网页标题，也可设置网页浏览历史管理和网页缩小或放大管理。下面程序中前进后退等按钮的可用属性是和 WebVeiw 可否前进后退同步的，同时 Activity 兼具事件监听器的功能。

1．实现网页浏览历史管理功能代码

窗体布局实现代码 example03.xml 如下：

```
<?xml version="1.0" encoding="utf-8"?>
<LinearLayout
        android:id="@+id/LinearLayout01"
        android:layout_width="fill_parent"
        android:layout_height="fill_parent"
        xmlns:android="http://schemas.android.com/apk/res/android"
        android:orientation="vertical">
    <LinearLayout
        android:id="@+id/LinearLayout02"
        android:layout_height="wrap_content"
        android:layout_width="fill_parent">
```

```
    <Button android:id="@+id/Button01" android:layout_width="wrap_content" android:
        layout_height= "wrap_content"  android: text =" 《《"/>
    <Button android:id="@+id/Button02" android:layout_width="wrap_content" android:
        layout_height="wrap_content" android:text=" 《"/>
    <Button android:id="@+id/Button03" android:layout_width="wrap_content" android:
        layout_height="wrap_content"
        android: text="》 "></Button>
    <Button android:id="@+id/Button04" android:layout_width="wrap_content" android:
        layout_height="wrap_content"
        android:text="》》 "></Button>
    <Button android:id="@+id/Button05" android:layout_width="wrap_content" android:
        layout_height="wrap_content"
        android:text="Clear History"></Button>
</LinearLayout><EditText android:id="@+id/EditText01" android:layout_height="wrap_content"
android: text="http://" android:layout_width="fill_parent" android:maxLines="1" />
    <WebView android:id="@+id/WebView01" android:layout_width="wrap_content" android:
layout_height="wrap_content" />
</LinearLayout>
```

Example03.java 代码如下：

```
package com.android.study;
import android.app.Activity;
import android.graphics.Bitmap;
import android.os.Bundle;
import android.view.KeyEvent;
import android.view.View;
import android.view.View.OnClickListener;
import android.view.View.OnKeyListener;
import android.webkit.WebView;
import android.webkit.WebViewClient;
import android.widget.Button;
import android.widget.EditText;

public class Example03 extends Activity implements OnClickListener,  OnKeyListener
{  //定义 Example03 类，同时声明 OnClickListener()和 OnKeyListener()监听功能
   class MyWebViewClient extends WebViewClient
   {      //设定 WebViewClient 的处理程序
      @Override
      public void doUpdateVisitedHistory(WebView view,  String url,  boolean isReload)
      {   //实现更新网页历史的方法
```

```
            back.setEnabled(webView.canGoBack());          //向后读入网页
            forward.setEnabled(webView.canGoForward());    //向前读入网页
        }
        @Override
        public void onPageFinished(WebView view，  String url)
        {       //实现网页读入完成的方法
            if (webView.getTitle() != null)
            {                   //当网页不是空白时
                Example03.this.setTitle(webView.getTitle());//会显示网页的标题在 Title 字段上
            }
        }
        @Override
        public void onPageStarted(WebView view, String url, Bitmap favicon)
        {   //实现网页读入时的方法
            Example03.this.setTitle("Loading...");          //在 Title 字段上显示 Loading...
            back.setEnabled(webView.canGoBack());          //可以向后读入网页
            forward.setEnabled(webView.canGoForward());    //可以向前读入网页
        }
    }
    Button back;
    Button forward;
    Button first;
    Button last;
    Button clear;
    EditText url;
    WebView webView;
    //Example03 程序
    @Override
    public void onCreate(Bundle savedInstanceState)
    {
        super.onCreate(savedInstanceState);
        setContentView(R.layout.example03);
        //建立显示画面上 Button，EditText，WebView 类的实例变量
        first = (Button)findViewById(R.id.Button01);
        back = (Button)findViewById(R.id.Button02);
        forward = (Button)findViewById(R.id.Button03);
        last = (Button)findViewById(R.id.Button04);
        clear = (Button)findViewById(R.id.Button05);
        url = (EditText)findViewById(R.id.EditText01);
```

```
        webView = (WebView)findViewById(R.id.WebView01);
        webView.setWebViewClient(new MyWebViewClient());
        //设定 Button 和 EditText 的监听功能
        back.setOnClickListener(this);
        forward.setOnClickListener(this);
        first.setOnClickListener(this);
        last.setOnClickListener(this);
        clear.setOnClickListener(this);
        url.setOnKeyListener(this);
    }
    //按下 Button 时的处理程序
    public void onClick(View v)
    {
        if (v == back)
        {
            if (webView.canGoBack())
            {
                webView.goBack();
            }
        } else if (v == forward)
        {
            if (webView.canGoForward())
            {
                webView.goForward();
            }
        } else if (v == first)
        {
            if (webView.canGoBackOrForward(-2))
            {
                webView.goBackOrForward(-2);
            }
        } else if (v == last)
        {
            if (webView.canGoBackOrForward(+2))
            {
                webView.goBackOrForward(+2);
            }
        } else if (v == clear)
        {
```

```
            webView.clearHistory();
        }
    }
    //于 url(EditText)编辑框按下 ENTER 时的处理程序，下载新的网页
    public boolean onKey(View v， int keyCode， KeyEvent event)
    {
        if (keyCode == KeyEvent.KEYCODE_ENTER)
        {
            webView.loadUrl(url.getText().toString());
            return true;
        }
        return false;
    }
}
```

以上代码实现打开百度网页如图 5.5 所示，实现打开“hao123”网页如图 5.6 所示。

图 5.5　打开百度网页

图 5.6　打开 hao123 网页

2．实现网页放大和缩小功能代码

窗体布局实现代码 example03.xml 如下：

```
package com.android.study;
import android.app.Activity;
import android.app.AlertDialog;
import android.os.Bundle;
import android.view.KeyEvent;
```

```
import android.view.View;
import android.view.View.OnClickListener;
import android.view.View.OnKeyListener;
import android.webkit.WebView;
import android.webkit.WebViewClient;
import android.widget.Button;
import android.widget.EditText;
import android.widget.Toast;
public class Example04 extends Activity implements OnClickListener， OnKeyListener
{
    Button zoomin;
    Button zoomout;
    Button info_title;
    Button info_url;
    EditText url;
    WebView webView;
    //Example04 程序
    @Override
    public void onCreate(Bundle savedInstanceState)
    {
        super.onCreate(savedInstanceState);
        setContentView(R.layout.example04);
        //建立显示画面上 Button，EditText，WebView 类别的实例变量
        zoomin = (Button)findViewById(R.id.Button01);
        zoomout = (Button)findViewById(R.id.Button02);
        info_title = (Button)findViewById(R.id.Button03);
        info_url = (Button)findViewById(R.id.Button04);
        url = (EditText)findViewById(R.id.EditText01);
        webView = (WebView)findViewById(R.id.WebView01);
        webView.setWebViewClient(new WebViewClient());
        //设定 Button 和 EditText 的监听功能
        zoomin.setOnClickListener(this);
        zoomout.setOnClickListener(this);
        info_title.setOnClickListener(this);
        info_url.setOnClickListener(this);
        url.setOnKeyListener(this);
    }
    //按下 Button 时的处理程序
    public void onClick(View v)
```

```
        {
            if (v == zoomin)
            {
                boolean ret = webView.zoomIn();
                Toast.makeText(this， "zoom in is "+ret， Toast.LENGTH_SHORT).show();
            } else if (v == zoomout)
            {
                boolean ret = webView.zoomOut();
                Toast.makeText(this， "zoom Out is "+ret， Toast.LENGTH_SHORT).show();
            } else if (v == info_title)
            {
                String title = webView.getTitle();
                new AlertDialog.Builder(this)
                    .setTitle("Title")
                    .setMessage(title)
                    .setPositiveButton("Ok"， null)
                    .show();
            } else if (v == info_url)
            {
                String url = webView.getUrl();
                new AlertDialog.Builder(this)
                    .setTitle("URL")
                    .setMessage(url)
                    .setPositiveButton("Ok"， null)
                    .show();
            }
        }
        //于 url(EditText)编辑框按下 ENTER 时的处理程序，下载載新的网页
        public boolean onKey(View v， int keyCode， KeyEvent event)
        {
            if (keyCode == KeyEvent.KEYCODE_ENTER)
            {
                webView.loadUrl(url.getText().toString());
                return true;
            }
            return false;
        }
    }
```

以上代码效果如图 5.7～5.10 所示。

图 5.7　网页放大

图 5.8　网页缩小

图 5.9　标题信息

图 5.10　URL 信息

5.2　Web 交换数据

移动互联的实现需要确保数据的可靠和有效传输。因此，数据通信是开发设计过程中必不可少的一个重要环节。Android 与服务器的通信方式主要有两种，一种是 Http 通信，另一种是 Socket 通信。两者的最大差异在于，Http 连接最显著的特点是客户端发送的每次请求都需要服务器回送回应，在请求结束后，会主动释放连接。从建立连接到关闭连接的过程称为“一次连接”。在 Http 1.0 中，客户端的每次请求都要求建立一次单独的连接，在处理完本次请求后，会自动释放连接。Socket 通信则是在双方建立起连接后就可以直接进行数据的传输，在连接时可实现信息的主动推送，不需要每次由客户端向服务器发送请求。本节使用 Http 实现了与 Web 通信。

5.2.1　基本概念和方法

1. HTTP

超文本传送协议(HTTP，Hypertext transfer protocol)是详细规定浏览器和万维网服务器之间互相通信的规则，它是通过因特网传送万维网文档的数据传送协议。HTTP 是分布式，协作式，超媒体系统应用之间的通信协议，同时也是万维网(World Wide Web)交换信息的基础。

HTTP 服务器至少应该实现 GET 和 HEAD 方法，其他方法应该是可选的。当然，所有的方法支持的实现都应当符合各自的语义定义。此外，除了上述方法，特定的 HTTP 服务器还能够扩展自定义的方法。如 HTTP/1.1 协议中共定义了以下八种方法(有时也叫“动作”)来表明 Request-URI 指定的资源的不同操作方式：

(1) OPTIONS 返回服务器针对特定资源所支持的 HTTP 请求方法，也可以利用向 Web 服务器发送“ * ”的请求来测试服务器的功能性。

(2) HEAD 向服务器索要与 GET 请求相一致的响应，只不过响应体将不会被返回。这一方法可在不必传输整个响应内容的情况下，获取包含在响应消息头中的元信息。

(3) GET 向特定的资源发出请求。注意：GET 方法不应当被用于产生“副作用”的操作中，例如在 web app.中。其中一个原因是 GET 可能会被网络蜘蛛等随意访问。

(4) POST 向指定资源提交数据进行处理请求(例如提交表单或者上传文件)，此时数据被包含在请求体中。POST 请求可能会导致新的资源的建立和/或已有资源的修改。

(5) PUT 向指定资源位置上传其最新内容。

(6) DELETE 请求服务器删除 Request-URI 所标识的资源。

(7) TRACE 回显服务器收到的请求，主要用于测试或诊断。

(8) CONNECT HTTP/1.1 协议中预留给能够将连接改为管道方式的代理服务器。

方法名称是区分大小写的。当某个请求所针对的资源不支持对应的请求方法的时候，服务器应当返回状态码 405(Method Not Allowed)；当服务器不认识或者不支持对应的请求方法的时候，应当返回状态码 501(Not Implemented)。

2. URL

统一资源定位符(URL)是用于完整地描述 Internet 上网页和其他资源地址的一种标识方法，Internet 上的每一个网页都具有一个唯一的名称标识，通常称之为 URL 地址，这种地址可以指向本地磁盘，也可以是局域网上的某一台计算机，更多的是 Internet 上的站点。简单地说，URL 就是 Web 地址，俗称“网址”。

超文本传输协议统一资源定位符将从因特网获取信息的四个基本元素包括在一个简单的地址中，这四个基本元素包括：① 传送协议；② 服务器；③ 端口号；④ 路径。

以下是一个典型的统一资源定位符：

http://zh.wikipedia.org:80/wiki/Special:Search?search=铁路&go=Go

其中：http 是协议名；zh.wikipedia.org 是服务器名；80 是服务器上的网络端口号；/wiki/Special:Search 是路径；?search=铁路&go=Go 是请求的内容。

大多数网页浏览器不要求用户输入网页中 http:// 的部分，因为绝大多数网页内容是超文本传输协议文件。同样，80 是超文本传输协议文件的常用端口号，一般不必写明。通常，用户只要键入统一资源定位符的一部分(如 zh.wikipedia.org/wiki/ 铁路)就可以了。由于超文本传输协议允许服务器将浏览器重定向到另一个网页地址，因此许多服务器允许用户省略网页地址中的内容部分，比如 www。从技术上来说这样省略后的网页地址实际上是一个不同的网页地址，浏览器本身无法决定这个新地址是否通，服务器必须完成重定向的任务。

5.2.2 向网络发送数据

图 5.11 是向网络发送数据文件示意图，图 5.12 是其文件根地址。

图 5.11 向网络发送数据

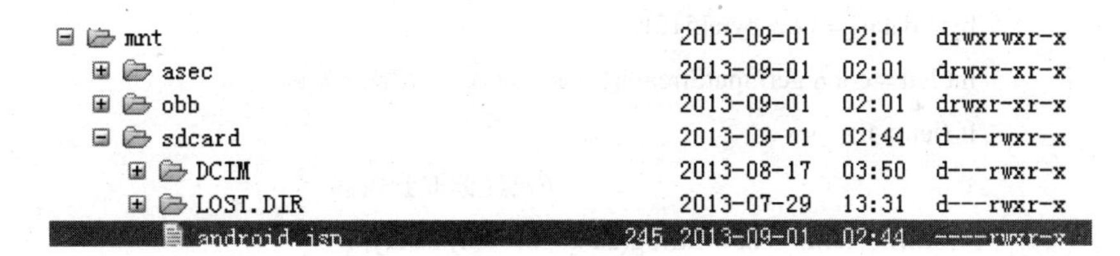

图 5.12 文件根地址

以下是源代码 example WebOperatel：

```
<?xml version="1.0" encoding="utf-8"?>
<LinearLayout
    xmlns:android="http://schemas.android.com/apk/res/android"
    android:orientation="vertical"
    android:layout_width="fill_parent"
    android:layout_height="fill_parent">
    <TextView
        android:id="@+id/info"
        android:layout_width="fill_parent"
        android:layout_height="wrap_content" />
</LinearLayout>
```

其 Java 代码如下：

```
package com.android.study;
import java.net.HttpURLConnection;
import java.net.URL;
import android.app.Activity;
import android.os.Bundle;
import android.widget.TextView;

public class MyWebDemo extends Activity
{   @Override
    public void onCreate(Bundle savedInstanceState)
    {
        super.onCreate(savedInstanceState);
        super.setContentView(R.layout.main);
        TextView info = (TextView) super.findViewById(R.id.info);
        boolean flag = true ;                          //成功与否的标记
        try {
            URL url = new URL("http"， "114.249.165.249"， 80，
                        "/mnt/sdcard/android.jsp?id=lixinghua&password=mldn");
            HttpURLConnection conn = (HttpURLConnection) url.openConnection();
            byte data[] = new byte[512];
            int len = conn.getInputStream().read(data);     //输入流读取
            if (len > 0)
            {                                   //已经读取到内容
                String temp = new String(data，0，len).trim();
                flag = Boolean.parseBoolean(temp) ; //取出里面的 boolean 型数据
            }
            conn.getInputStream().close() ;
        } catch (Exception e) {
            info.setText("WEB 服务器连接失败！") ;
        }
        if(flag){
            info.setText("用户登录成功！") ;
        } else {
            info.setText("用户登录失败！") ;
        }
    }
}
```

图 5.13　成功登录界面

上面代码实现如图 5.13 所示界面。

5.2.3　网络数据读取

下面演示一个读取网络图片并在 Android 手机上显示的操作。如果需要将 Web 上的图片在 Android 中显示，需要将读取的数据使用 Bitmap 类进行转换，然后将要显示的图片设置到 ImageView 组件中进行显示。

定义布局管理器——main.xml，其代码如下：

```
<?xml version="1.0" encoding="utf-8"?>
<LinearLayout
    xmlns:android="http://schemas.android.com/apk/res/android"
    android:orientation="vertical"
    android:layout_width="fill_parent"
    android:layout_height="fill_parent">
    <ImageView
      android:id="@+id/img"
      android:layout_width="fill_parent"
      android:layout_height="wrap_content" />
</LinearLayout>
```

定义 Activity 程序，读取网络图片，其代码如下：

```
package com.android.study;
import java.io.ByteArrayOutputStream;
import java.io.InputStream;
import java.net.HttpURLConnection;
import java.net.URL;
import android.app.Activity;
import android.graphics.Bitmap;
import android.graphics.BitmapFactory;
import android.os.Bundle;
import android.widget.ImageView;
public class MyWebDemo extends Activity
{
   private ImageView img = null;
   private static final String PATH = "http://ww2.sinaimg.cn/large/daaed158jw1e82qz45s7
                                  aj20m80ep79k.jpg";                  //请求地址
   @Override
   public void onCreate(Bundle savedInstanceState)
   {
      super.onCreate(savedInstanceState);
      super.setContentView(R.layout.main);
```

```
        this.img = (ImageView) super.findViewById(R.id.img);
        try {
            byte data [] = this.getUrlData() ;
            Bitmap bm = BitmapFactory.decodeByteArray(data, 0, data.length); //把二进制变为图片
            this.img.setImageBitmap(bm) ;
        } catch (Exception e)
        {
        }
    }
    public byte[] getUrlData() throws Exception
    {       //通过此操作读取指定地址上的信息
        ByteArrayOutputStream bos = null ;          //内存操作流完成
        try
        {
            URL url = new URL(PATH) ;
            bos = new ByteArrayOutputStream() ;
            byte data [] = new byte[1024] ;
            HttpURLConnection conn = (HttpURLConnection) url.openConnection() ;
            InputStream input = conn.getInputStream() ;
            int len = 0 ;
            while ((len = input.read(data)) != -1)
            {   bos.write(data, 0, len);
            }
            return bos.toByteArray() ;
        } catch (Exception e)
        {   throw e ;
        } finally
        {
            if(bos != null)
            {   bos.close() ;
            }
        }
    }
}
```

在 AndroidManifest.xml 文件中配置权限，代码如下：

```
<?xml version="1.0" encoding="utf-8"?>
<manifest xmlns:android="http://schemas.android.com/apk/res/android"
    package="com.android.study" android:versionCode="1" android:versionName="1.0">
    <uses-sdk android:minSdkVersion="10" />
```

```
    <application android:icon="@drawable/icon" android:label="@string/app_name">
        <activity android:name="com.android.study.MyWebDemo" android:label="@string/app_name">
            <intent-filter>
                <action android:name="android.intent.action.MAIN" />
                <category android:name="android.intent.category.LAUNCHER" />
            </intent-filter>
        </activity>

    </application>
    <uses-permission android:name="android.permission.INTERNET" />

</manifest>
```

本程序直接通过给定的 URL 地址(PATH 定义)读取图片资源，由于不确定要读取的图片大小，所以在程序中使用了 ByteArrayOutputStream 进行数据的接收，然后通过 BitamapFactory 将接收到的二进制数据变为图片数据，并设置到 ImageView 中显示，程序的运行效果如图 5.14 所示。

图 5.14　读取网络图片

5.3 Socket 通信

Socket 是套接口类之一，套接口是网络协议传输层提供的接口，也是进程之间通信的抽象连接点。套接口封装了端口、主机地址、传输层通信协议三方面内涵。两个网络进程采用套接口方式通信时，两进程扮演的角色不同，使用的套接口也不同。主动请求服务的一方叫客户，另一方叫服务器。客户建立套接口 Socket，并通过套接口主动与对方连接；服务器等待接收客户服务请求、提供服务和返回结果，它使用服务器套接口 ServerSocket。

在客户/服务器通信模式中，客户端需要主动创建与服务器连接的 Socket，服务器端收到了客户端的连接请求后，也会创建与客户连接的 Socket。Socket 可看做是通信连接两端的收发器，服务器与客户端都通过 Socket 来收发数据。Socket 是一种抽象层，应用程序通过它来发送和接收数据，使用 Socket 可以将应用程序添加到网络中，与处于同一网络中的其他应用程序进行通信。简单来说，Socket 提供了程序内部与外界通信的端口并为通信双方提供了数据传输信道。

5.3.1 建立 Socket 链接

客户端请求 Socket 步骤如下：

① 建立客户端 Socket；

② 得到 Socket 的读和写的流；

③ 利用流；

④ 关闭流；

⑤ 关闭 Socket。

使用一个服务器端的 Socket 请求比使用一个客户端 Socket 请求要麻烦一些，服务器端并不是主动的建立连接。服务器只是被动地监听客户端的连接请示，然后给他们服务。

服务器端 Socket 要完成以下的基本步骤：

① 建立一个服务器 Socket 并开始监听；

② 使用 accept()获得新的连接；

③ 在已有的协议上产生会话；

④ 关闭客户端流；

⑤ 关闭服务器。

图 5.15 是 Socket 实现通信的流程图。

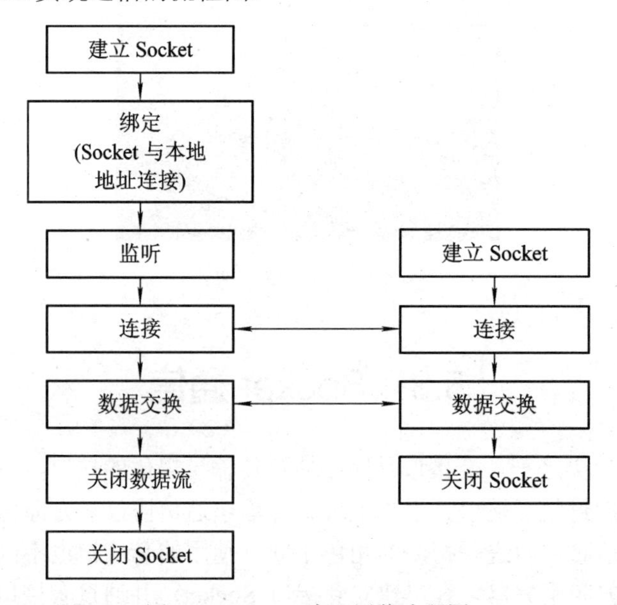

图 5.15　Socket 实现通信流程图

ServerSocket 类为服务器的通信套接字。用来侦听客户端请求的连接，并为每个新连接创建一个 Socket 对象，由此创建绑定此 Socket 的输入流和输出流，与客户端实现网络通信。

1．定义与构造函数

ServerSocket 构造函数均为 public 修饰类型，如果建立服务器套接字时发生 I/O 错误，则抛出 IOException 异常。定义和常用的构造函数如下：

定义：public class ServerSocket extends Object。

构造函数：

ServerSocket(int port)：在所给定的用来侦听的端口上建立一个服务器套接字。如果端口号为零，则在任意的空闲的端口上创建一个服务器套接字。外来连接请求的数量默认最大为 50。port 参数为在服务器上所指定的用来侦听的端口。

ServerSocket(int port，int backlog)：在所给定的用来侦听的端口上建立一个服务器套接字。如果端口号为零，则在任意的空闲的端口上创建一个服务器套接字。外来连接请求的最大连接数量由 backlog 指定。

2．常用成员方法

此类方法关键是侦听连接端口，建立与客户端的套接字连接。服务器套接字使用完需要用如下方法关闭：

public Socket accept() throws IOException：侦听并接收指向本套接字的连接，返回客户端连接套接字。本方法将造成阻塞直到连接成功。如果在等待连接时套接字发生 I/O 错误，则抛出异常 IOException。

public void close() throws IOException：关闭本 ServerSocket。如果在关闭本 ServerSocket 时发生 I/O 错误，则抛出异常 IOException。

public InetAddress getInetAddress()：获取此服务器端套接字的本地 IP 地址。

public int getLocalPort()：获取此套接字侦听的端口。

String toString()：作为 String 返回此套接字的实现 IP 地址和实现端口。

5.3.2 Echo 程序实现

Echo 程序是在 Socket 网络编程中使用最多的一个操作案例，下面使用 Android 和 Socket 完成 Echo 程序的开发。其功能是服务器端接收到用户发来的信息请求之后，在前面加上标头“接收到了来自客户端的：”，并将信息发送回 Android 端。

1．定义服务器程序——MyServer.java

定义服务器程序代码如下：

```
package com.android.study;
import java.io.BufferedReader;
import java.io.InputStreamReader;
import java.io.PrintStream;
import java.net.ServerSocket;
import java.net.Socket;
public class MyServer
{
```

```
public static void main(String[] args) throws Exception
{           //所以异常抛出
    ServerSocket server = new ServerSocket(8888);         //在 8888 端口上监听
    Socket client = server.accept(); //接收客户端请求
    PrintStream out = new PrintStream(client.getOutputStream());  //取得客户端输出流
    BufferedReader buf = new BufferedReader(new InputStreamReader(
                    client.getInputStream()));            //字符缓冲区读取
    StringBuffer info = new StringBuffer() ;              //接收客户端的信息
    info.append("接收到了来自客户端的: ") ;               //回应数据
    info.append(buf.readLine()) ;                         //接收数据
    out.print(info) ;                                     //发送信息
    out.close() ;                                         //关闭输出流
    buf.close() ;                                         //关闭输入流
    client.close() ;                                      //关闭客户端连接
    server.close() ;                                      //关闭服务器端连接
}
}
```

本程序将在 8888 端口上等待客户端的连接，再分别取得客户端的输入流和输出流对象，并将接收到的客户端信息处理之后发送给服务器端。以上程序运行之后将自动进入阻塞状态，并等待客户端进行连接，而本次的客户端将通过 Android 完成。

2．定义布局管理器——main.xml

定义布局管理器代码如下：

```
<?xml version="1.0" encoding="utf-8"?>
<LinearLayout                       //线性布局管理器
    xmlns:android="http://schemas.android.com/apk/res/android"
    android:orientation="vertical"
    android:layout_width="fill_parent"
    android:layout_height="fill_parent">
    <Button
        android:id="@+id/send"
        android:layout_width="fill_parent"
        android:layout_height="wrap_content"
        android:text="连接 SocketServer" />
    <TextView
        android:id="@+id/info"
        android:layout_width="fill_parent"
        android:layout_height="wrap_content"
        android:text="等待服务器端发送回的显示信息...." />
</LinearLayout>
```

本程序定义了一个按钮组件和一个文本组件，当用户单击按钮之后会发送信息到 Socket 服务器端，然后服务器端返回的数据在文本显示组件中显示。

3. 定义 Activity 程序，连接服务器

定义 Activity 程序代码如下：

```
package com.android.study;
import java.io.BufferedReader;
import java.io.InputStreamReader;
import java.io.PrintStream;
import java.net.Socket;
import android.app.Activity;
import android.os.Bundle;
import android.view.View;
import android.view.View.OnClickListener;
import android.widget.Button;
import android.widget.TextView;
public class MyClientDemo extends Activity
{   private Button send = null;
    private TextView info = null;
    @Override
    public void onCreate(Bundle savedInstanceState)
    {   super.onCreate(savedInstanceState);
        super.setContentView(R.layout.main);/
        this.send = (Button) super.findViewById(R.id.send);
        this.info = (TextView) super.findViewById(R.id.info);
        this.send.setOnClickListener(new SendOnClickListener());
    }
    private class SendOnClickListener implements OnClickListener
    {   @Override
        public void onClick(View v)
        {
            try {
                Socket client = new Socket("10.200.52.83"，8888);          //指定服务器
                PrintStream out = new PrintStream(client.getOutputStream());    //打印流输出
                BufferedReader buf = new BufferedReader(new InputStreamReader(
                                client.getInputStream()));        //缓冲区读取
                out.println("Android 学习网络通信之 Socket ") ;        //向服务器端发送数据
                MyClientDemo.this.info.setText(buf.readLine()) ;     //设置文本
                out.close() ;                                        //关闭输出流
```

```
            buf.close() ;                                         //关闭输入流
            client.close() ;                                      //关闭连接
        } catch (Exception e)
        {
            e.printStackTrace() ;
        }
      }
   }
}
```

在 Java 中，创建一个套接字，用它建立与其他机器的连接。从套接字可以得到InputStream 对象和 OutputStream 对象，以便将连接作为一个 I/O 流对象。基于 TCP 协议的套接字类有两个：一个是 ServerSocket，服务器用它"侦听"进入的连接；另一个是 Socket，客户用它初始一次连接。一旦客户(程序)申请建立一个套接字连接，ServerSocket 就会返回(通过 accept()方法)一个对应的服务器端的 Socket 对象。这样，客户端的 Socket 对象和服务器端的 Socket 对象之间便建立了连接，此时可以利用 getInputStream()和 getOutputStream()从每个套接字产生对应的 InputStream 和 OutputStream 对象。然后就可以像对待其他流对象那样进行处理。

对于 ServerSocket 对象来说，它必须知道在哪个端口进行"侦听"。对于客户端的 Socket 对象来说，它必须了解服务器的 IP 地址和端口号，这样才能建立连接。同时，它必须将客户端的 IP 地址和端口号传给服务器，这样服务器才能把数据传送给客户端。客户端的 IP 地址和端口号可以由系统自动生成，然后在请求建立连接时传递给服务器。

服务器的全部工作就是等候建立一个连接，然后用这个连接产生的 Socket 创建一个输入流和一个输出流，它把从输入流中读入的数据都回馈给输出流，直到接收到字符串"end"为止，最后关闭连接。

客户端的工作是连接服务器，然后创建一个输入流和一个输出流，它把数据通过输出流传给服务器，然后从输入流中接收服务器发送的数据。

4．在 AndroidManifest.xml 文件中配置权限

文件中配置权限如下：

```
<users-permission android:name="android.permission.INTERNET"/>
```

本程序的主要功能是在按钮中为其设置单击事件，这样当用户单击此按钮之后，会将信息直接发送给服务器端，并且在文本显示组件中显示从服务器端接收到的数据信息。发送数据之前的操作界面如图 5.16 所示，接收服务器端回应数据之后的界面如图 5.17 所示。

图 5.16　连接前的界面

图 5.17　连接后的界面

5.3.3　Socket 应用实例

在数据存储中了解了在基于 Android 掌上点菜系统中，若已经统计过用户所有的点菜信息，要实现智能点菜还需要利用 Socket 通信将已选定的点菜信息发送至厨房和收银台。可以以 PC 作为上位机来接收来自客户端的数据包，如图 5.18 所示，并实现对点菜情况的监控和管理。本节主要讲解 Socket 客户端在实际中的应用范例，为了测试方便，使用 SocketTool(该软件包含在附录中)接收数据，完成演示。

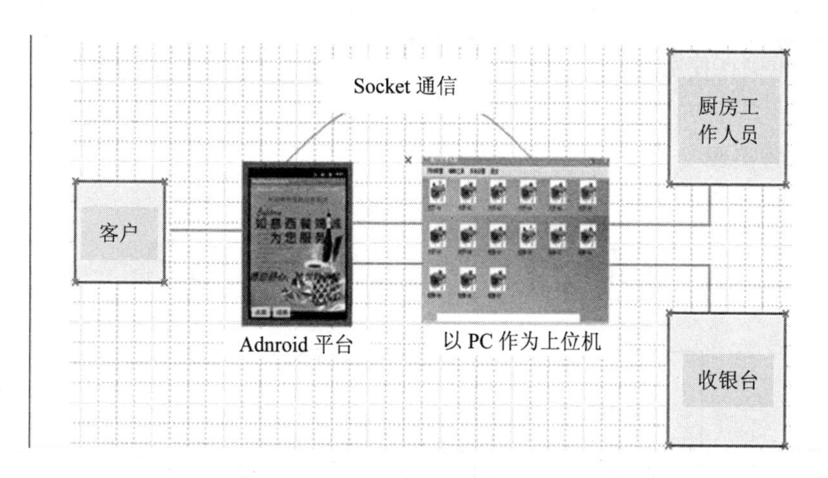

图 5.18　实例流程图

一般在使用 Socket 交换数据时，为了保证数据的可靠性，在 Socket 的字节流的基础之上，开发者会自己编制用户层的通信协议，即把一些数据"打包"发送。这实际上就是发送方与接收方商定一个数据格式，依据这个商定的数据格式(协议)来对要发送的数据加上包头、包名(有时包名并非必要)、包尾、校验方式等信息，在接收端收到这些信息后，再根据规定的格式来判断一个数据包的开始与结束，并校验是否正确，如果正确，就把需要的信息提取出来。

本范例中自定义的数据格式如表 5.1 所示。

表 5.1　自定义数据格式

数　据	定　　义
$	数据包头，说明此数据包开始传输
B	包名
02	数据字段，表示餐桌号为 02
02030412	数据字段，表示已点菜号为 02、03、04、12
#	包尾

1．数据包处理方法及流程图

在通信时处理数据包，就是要根据通信协议对数据进行"打包"，接收时根据协议对接收到的数据信息"拆包"，并取出自己想要的数据信息。

数据通信的基本过程如下：

(1) 通用网关在连接建立之后，将加密的字节流加上信息包头，组合成信息包，然后发送(Send)信息包，在上述的例子中，信息包如：$B05040609#，$B03042109#，$B12010609#；

(2) 服务端程序接收该信息包，根据包头信息截取对应的字节流，然后进行解密处理，得到加密前的业务字符串，另外还需要把其他的包头标识、两个包头保留字存储在本地；

(3) 应用服务程序根据流程开发人员协商好的格式对接收的字符串进行解析，然后进行响应的处理；

(4) 应用服务程序在发送之前，加上刚才发送过来的包头标识和版本号以及保留字等，组合成信息包。

说明：本范例在使用 SocketTool 工具接收时，只是完成了显示接收到的数据，并未进行数据包处理。

2. 通信过程实现

Android 点菜系统下的通信过程如图 5.19 所示。

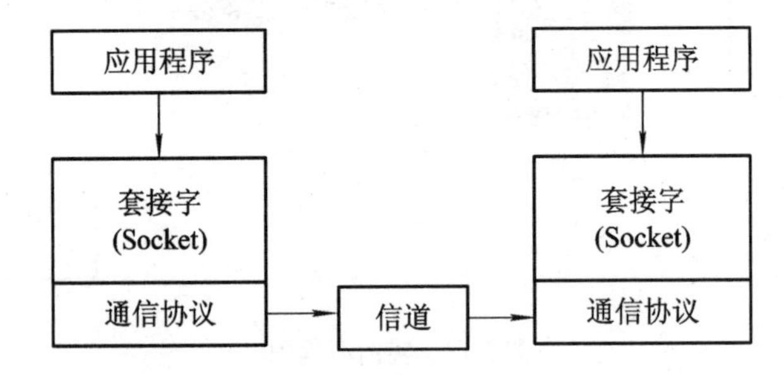

图 5.19 Android 点菜系统下的通信过程

若只点 16 号菜品，界面如图 5.20 所示。

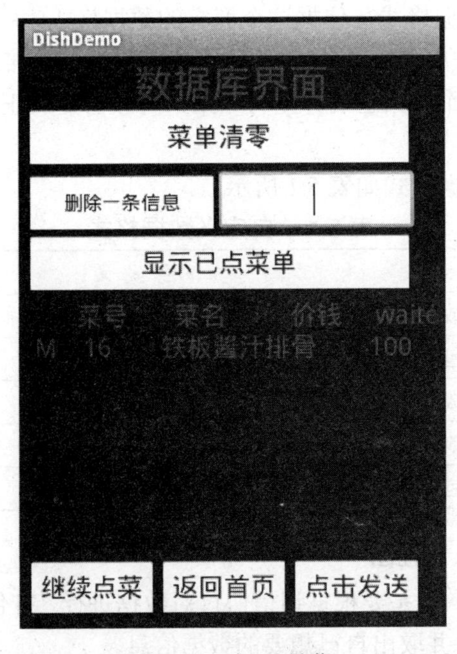

图 5.20 点 16 号菜

点击发送，进入下一个界面。

Socketsend.xml 代码如下：

```
<?xml version="1.0" encoding="UTF-8"?>
    <LinearLayout
    xmlns:android="http://schemas.android.com/apk/res/android"
    android:orientation="vertical"
    android:layout_width="fill_parent"
    android:gravity="center"
    android:layout_height="fill_parent">
    <TextView
        android:layout_width="fill_parent"
        android:layout_height="wrap_content"
        android:text=" 确认界面   "
        android:textSize="30sp"
        android:textColor="#ff0000"
        android:gravity="center" />
        <TextView
        android:text="温馨提示：在您确定菜单后，您已选菜品会在您按下确定发送键后发送
至厨房和收银台，请您确认。" android:textSize="20sp"
        android:layout_width="fill_parent"
        android:layout_height="wrap_content"
        android:gravity="center"
        android:textColor="#ffffff"/>

        <LinearLayout android:orientation="horizontal"
            android:layout_width="fill_parent"
            android:layout_height="wrap_content"
            android:gravity="center" android:weightSum="1">
        <TextView android:layout_height="wrap_content"
            android:text="您 的 餐 桌 号："
            android:textSize="30sp"
            android:textColor="#ff0000"
            android:gravity="left"
            android:layout_width="wrap_content"/>
        <EditText android:layout_width="180px"
            android:id="@+id/edittext"
            android:layout_height="wrap_content"
            android:gravity="center"
            android:hint="01"
```

```
                android:textSize="30sp"></EditText>
        </LinearLayout>
            <LinearLayout
            android:layout_width="fill_parent"
            android:layout_height="wrap_content"
            android:gravity="center"
            android:orientation="vertical">
                <Button android:textSize="30sp"
                  android:id="@+id/sendbtn"
                  android:gravity="center"
                  android:text="发          送"
                  android:layout_height="wrap_content"
                  android:layout_width="fill_parent"></Button>
                <Button android:id="@+id/backbtn"
                  android:text="返         回"
                  android:gravity="center"
                  android:textSize="30sp"
                  android:layout_height="wrap_content"
                  android:layout_width="fill_parent"/>
            </LinearLayout>
    </LinearLayout>
```

以上代码实现的界面如图 5.21 所示。

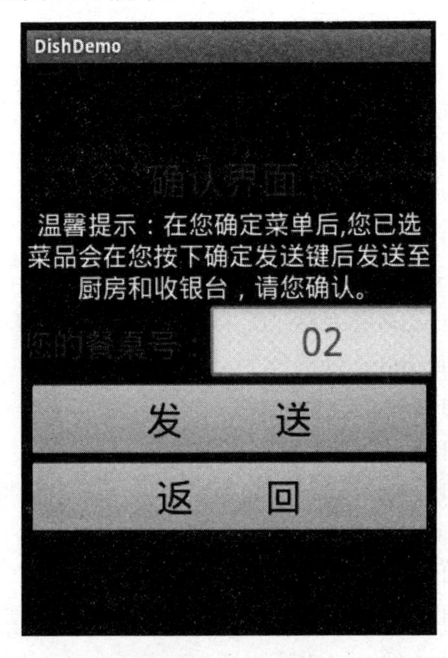

图 5.21　确认信息

客户端 socketsend.java 代码如下：

```
package com.android.study;
import java.io.BufferedWriter;
import java.io.OutputStreamWriter;
import java.net.Socket;
import android.app.Activity;
import android.content.Intent;
import android.os.Bundle;
import android.view.View;
import android.view.View.OnClickListener;
import android.widget.Button;
import android.widget.EditText;
import android.widget.Toast;

public class socketsend extends Activity
{
    Button sendbtn;
    Button backbtn;
    EditText edittext;
    String message = null;
    String[] str1 = { dish01.str01，dish02.str02，dish03.str03，dish04.str04，
                    dish05.str05，dish06.str06，dish07.str07，dish08.str08，
                    dish09.str09，dish10.str10，dish11.str11，dish12.str12，
                    dish13.str13，dish14.str14，dish15.str15，dish16.str16，
                    dish17.str17，dish18.str18，dish19.str19，dish20.str20，
                    dish21.str21，};
    protected void onCreate(Bundle savedInstanceState)
    {
        //TODO Auto-generated method stub
        super.onCreate(savedInstanceState);
        setContentView(R.layout.socketsend);

        //设定删除
        //获取编辑框中的文本、即上位机 IP、网口号以及餐桌号
        edittext = (EditText) findViewById(R.id.edittext);
        //设置按钮，监听点的所有的菜，点击此按钮将菜的编号发送出去
        sendbtn = (Button) findViewById(R.id.sendbtn);
        sendbtn.setOnClickListener(new OnClickListener()
        {
```

```
        @Override
        public void onClick(View v)
        {
            try
            {
                Socket socket=new Socket("10.200.4.19"，9700);

                String message =edittext.getText().toString();
                //for 循环获得点的菜的编号
                for (int i = 0; i < 41; i++)
                {
                    if (str1[i] != null)
                        message += str1[i];
                }
                String messageout = “$B”+message +“1005#”;  //定义数据协议
                BufferedWriter   writer=new BufferedWriter(new OutputStreamWriter
                                    (socket.getOutputStream()));

                writer.write(messageout);
                writer.flush();
                Toast.makeText(socketsend.this，"success"，Toast.LENGTH _SHORT).show();
                //socket.close();
            } catch (Exception e)                              //获得餐桌号
            {
                //TODO: handle exception
            }
        }

    });
    backbtn = (Button) findViewById(R.id.backbtn);
    backbtn.setOnClickListener(new OnClickListener()
    {
        @Override
        public void onClick(View v)
        {
            Intent intent = new Intent();
            intent.setClass(socketsend.this，DataBaseSystem.class);
            startActivity(intent);
            socketsend.this.finish();
```

```
                //TODO Auto-generated method stub
            }
        });
    }
}
```

图 5.22 为 SocketTool 数据接收图。

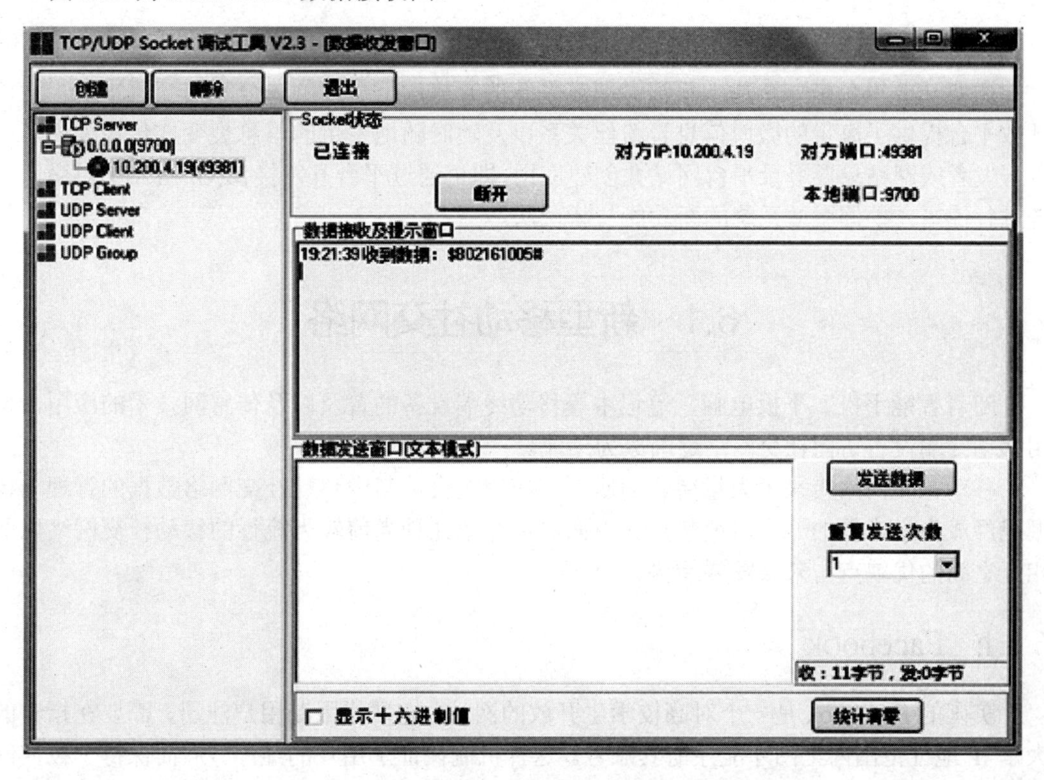

图 5.22 SocketTool 接收图

第 6 章　新浪微博开放平台

微博开放平台是一个基于新浪微博客系统的开放的信息订阅、分享与交流平台。微博开放平台提供了海量的微博信息、粉丝关系以及随时随地发生的信息裂变式传播渠道。广大开发者或网站只要登录平台网站并创建应用，即可通过平台开发接口(Open API)对微博系统进行读写，挖掘微博系统的新功能与新玩法。

6.1　新型移动社交网络

随着智能手机、平板电脑、笔记本等移动终端设备的普及以及传感网技术的应用，使用移动终端设备访问社交网络逐渐成为主流。

移动社交网络带来了大量崭新的研究和应用机会，其中移动社交网络数据的管理与挖掘已经成为学术界的一个研究热点。下面简单介绍几种当前较为流行的移动社交网络以及相互之间的优缺点与未来发展趋势。

6.1.1　Facebook

美国的 Facebook 是一个对高校学生开放的网站，它严格限制用户注册，需要在指定的大学 IP 地址范围内上网才能注册其账号。这种机制保证了用户的纯净，从而保持了校内网的特色——“真诚”和“信任”，多数用户都使用真实的姓名、信息和照片，图 6.1 是 Facebook 标识。

图 6.1　Facebook 标识

每个用户在 Facebook 上有自己的档案和个人页面。用户之间可以通过多种方式进行互动，如留言、发站内信和评论日志。Facebook 还提供了方便快捷的聚合功能，能帮用户找到和自己有共同点的人，同时还针对大学生提供其他特色功能。

Facebook 的应用程序接口是一种基于 REST 的接口，这意味着 Facebook 方法调用是通过 Internet 中使用的远程方法 HTTP、GET 和 POST 发送来响应用户的 REST 服务。通过这些接口，用户可以在使用个人信息、好友、相册和活动数据时添加社会环境信息到用户的应用中。Facebook 查询语言或称为 FQL，允许用户用一个接口来使用结构化查询语言风格进行更简单的数据查询，用户可以通过 Facebook 的 API 函数使用这个接口。

6.1.2 Twitter

Twitter(非官方中文惯称推特)是一个社交网络和微博客服务，它可以让用户更新不超过 140 个字符的消息，这些消息也被称做“推文(Tweet)”。它利用无线网络、有线网络和通信技术进行即时通信，是微博客的典型应用。它允许用户将自己的最新动态和想法以短信形式发送给手机和个性化网站群，而不仅仅是只发送给个人，其标识如图 6.2 所示。

图 6.2　Twitter 最新版的蓝色小鸟图标

Twitter 是由杰克·多西在 2006 年 3 月创办并在当年 7 月启动的。Twitter 在全世界都非常流行，被形容为“互联网的短信服务”。网站的未注册用户可以阅读公开的推文，而注册用户则可以通过 Twitter 网站、短信或者各种各样的应用软件来发布消息。

与用户数达 9 亿的 Facebook 相较，Twitter 还只是小规模的，但它却与 Facebook 截然不同。Twitter“降低了门槛”，它是现有博客网站的进一步合理发展，也是博客的初始阶段。多数网民认为，键入 140 个字并发送到网络上更为便捷，因此 Twitter 实现了信息的流程化。由于用户相对较少，因此 Twitter 的服务相当迅捷。Twitter 于 2007 年一亮相，就成为美国南部地区网民寻找聚会伙伴的最佳途径。

6.1.3 MSN

MSN 全称为 Microsoft Service Network(微软网络服务)，是微软公司推出的即时消息软件。MSN 具备了为用户提供在线调查、浏览和购买各种产品及服务的能力。MSN 始终致力于发掘用户的潜能，帮助他们与所关心的人及信息紧密相连。无论是基于手机、PDA 等移动智能终端，又或是应用 PC、家庭媒体中心及其他信息家电，用户均可遨游于网络世界，畅享全天候、全方位的互动与沟通。图 6.3 是 MSN 标识。

图 6.3　MSN 标识

6.1.4　新浪微博

新浪是一种“微型博客”或者说是“一句话博客”，又被网友戏称为“围脖”，写微博又被叫做“织围脖”。新浪微博可以将用户看到的、听到的、想到的事情写成一句话(不超过 140 个字)，或者发一张图片，通过电脑或者手机随时随地分享给朋友。朋友可以第一时间看到对方发表的信息，并一起分享、讨论。用户还可以关注自己的朋友，即时看到朋友们发布的信息。图 6.4 是新浪微博标识。

图 6.4　新浪微博标识

新浪微博是由新浪网推出的微博服务。全球使用最多的微博客的两家提供商分别为美国的 Twitter 和中国的新浪微博。用户可以通过网页、WAP 页面和手机短信/彩信发布 140 字以内的消息或上传图片，此外，用户还可通过 API(应用程序编程接口)用第三方软件或插件发布信息。新浪微博于 2009 年 8 月 14 日开始内测，2009 年 11 月 3 日，Sina App Engine Alpha 版上线，可通过 API 用第三方软件或插件发布信息。2010 年 10 月底，新浪微博用户数已达 5000 万，新浪微博用户平均每天发布超过 2500 万条微博内容。目前新浪微博是中国用户数最多的微博产品，公众名人用户众多是新浪微博的一大特色，它已经基本覆盖大部分知名文体明星、企业高管和媒体人士。

经过一年多的发展，在有一定的用户基础之后，新浪开放了 API。新浪微博 API 是完全开放的，任何开发组织或者个人只需通过简单的注册信息填写，就可以完全使用这套 API 的所有功能。新浪微博 API 覆盖了新浪微博的全部功能，可以通过 API 实现发微博、传照片、加关注甚至搜索等全部功能。基于这套微博全功能的 API 开发出来的应用和服务，用户完全可以在上面使用到新浪微博的所有功能，无需再去新浪微博的网站。并且新浪微博 API 还支持 OAuth 协议，当用户使用新浪微博 API 创建的应用和服务时，无需担心账号和密码泄密的问题。

6.2　新浪微博开放平台概述

新浪微博开放平台(Weibo Open Platform)使新浪微博通过公开(Application Programming Interface)、API 等方式更好地整合并利用外部资源。开发平台将服务打包成统一的、可识别的接口并开放出去，使得第三方的服务以相应形式接入到平台之上，同时第三方开发者与平台共享各种资源。

6.2.1　平台简介

新浪微博开放平台是基于新浪微博海量用户和强大的传播能力，同时接入第三方合作

伙伴服务，向用户提供丰富应用和完善服务的开放平台。它将用户的服务接入微博平台，有助于推广产品，增加网站/应用的流量、拓展新用户，从而获得收益。图 6.5 是其平台蓝图。

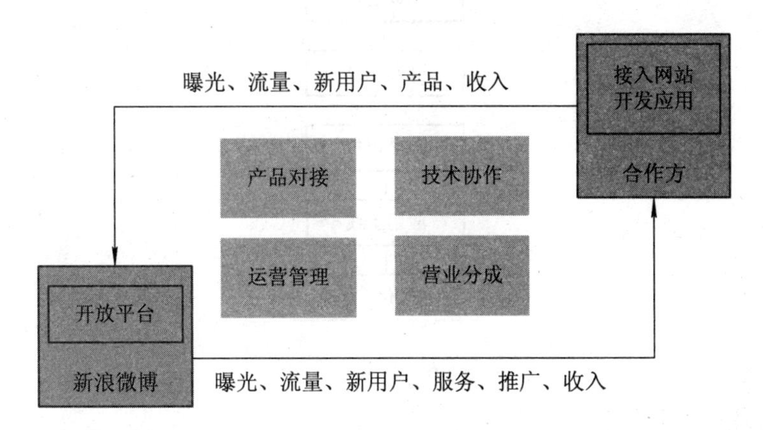

图 6.5　平台蓝图

新浪微博开放平台的优点如下：

(1) 海量用户资源。新浪微博用户数已达 3.65 亿(截至 2012 年 8 月底)，活跃用户数高达 1 亿。接入新浪微博，能实现用户的快速回流和拓展。

(2) 开放的接口。新浪微博开放平台的数据接口超过 200 个，包括微博内容、评论、用户、关系、话题等信息，API 日均调用量超过 250 亿次。新浪微博开放平台为用户提供了多种 SDK，其中包括 C++、PHP、Java、Action Script、Python、JS、iOS、Android、WP7 等流行语言的软件开发工具包，还提供了发微博、读取微博等功能实例代码，以帮助开发者快速掌握调用 API 方法，降低开发门槛。

(3) 完善的服务支持。为了更有效地曝光应用，新浪微博开放平台提供了丰富的推广渠道：应用卡片，即以图文结合的名片形式展示应用的概要信息，方便用户快速授权、使用应用；消息通道，即让用户有效地接收到消息的渠道，包括应用通知、应用的行为动态、用户邀请信息等；页面推荐位，即在新浪微博页面设置应用曝光的展示位，包括热门推荐、最新应用等；运营活动，即为了推广应用而运营的活动，包括以节日为主题的活动推广、应用积分商城活动等。

(4) 无限潜力。新浪微博开放平台应用频道的日活跃用户量正在快速上升，2012 年上半年就已超过 100%，开发者数量同期也增长了近 300%。新浪微博移动端的用户数增长迅猛，从移动端登录微博的用户比例已超过 50%。接入新浪微博开放平台，无线应用会获得更好的发展。随着影响力持续上升，新浪微博会逐渐成为全中国最大的社交生活化平台，为开发者提供无限的商业机会。

6.2.2　新浪微博开发

新浪微博开放平台基于微博强大的传播能力和海量的用户，为应用提供了展示平台与发展空间。下面介绍新浪微博开发的具体流程，希望能对读者有所帮助。其开发流程图如图 6.6 所示。

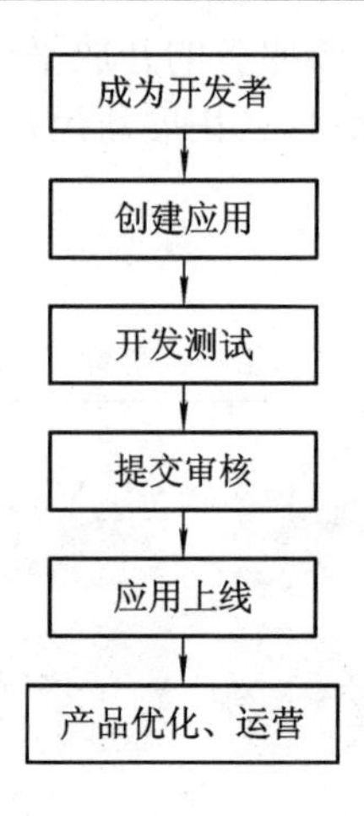

图 6.6　开发流程图

下面来讲述成为开发者的步骤。

(1) 创建微博账号。在开发者页面点击“登录”或者“创建应用”按钮，通过账号登录成为一名开发者，界面如图 6.7 所示。一个新浪微博账号可以管理十个不同的应用，建议开发人员使用官方微博的账号，以便统一管理。

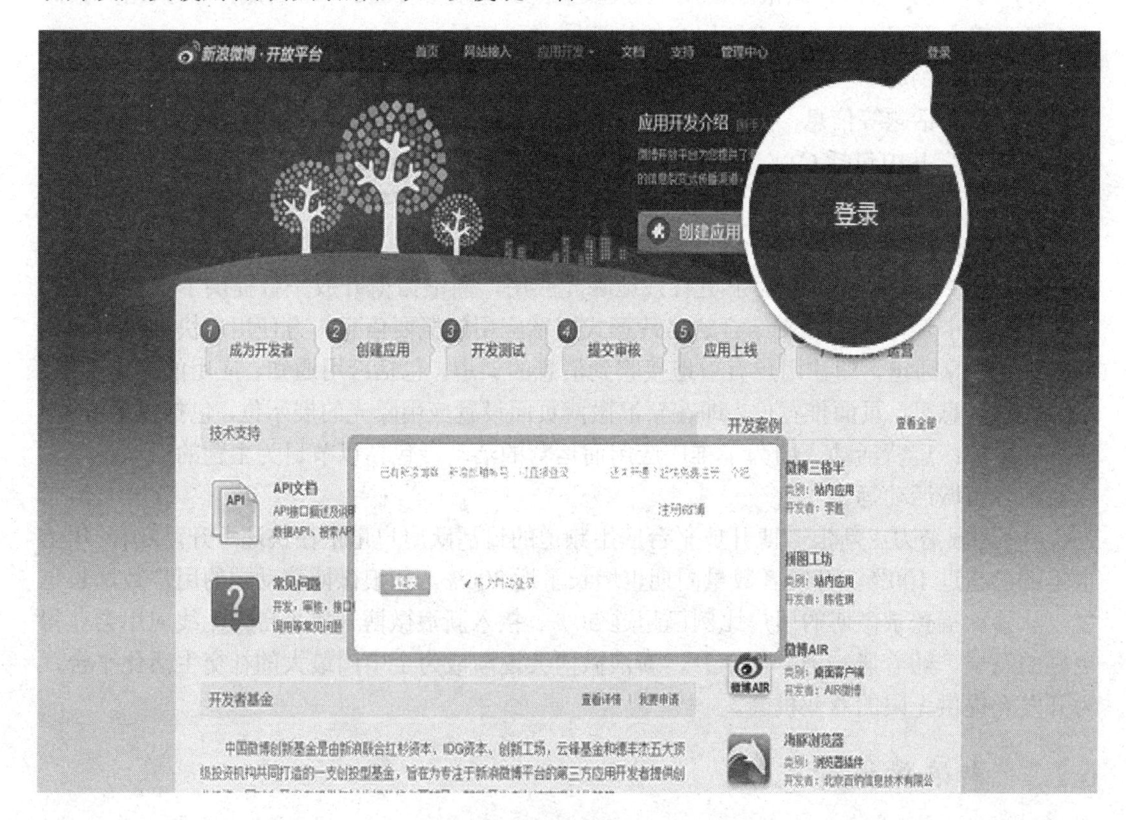

图 6.7　“登录”微博页面

(2) 选择应用类型。点击“创建应用”按钮，即进入目标应用的类型选择环节，如图 6.8 所示。开发者需根据应用类型的提示，选择相应的应用创建流程。

图 6.8　“创建应用”页面

(3) 设置开发者信息。开发者需要在信息设置页填写真实资料，并通过邮箱验证和手机验证，成为新浪微博认证的开发者，如图 6.9 所示。

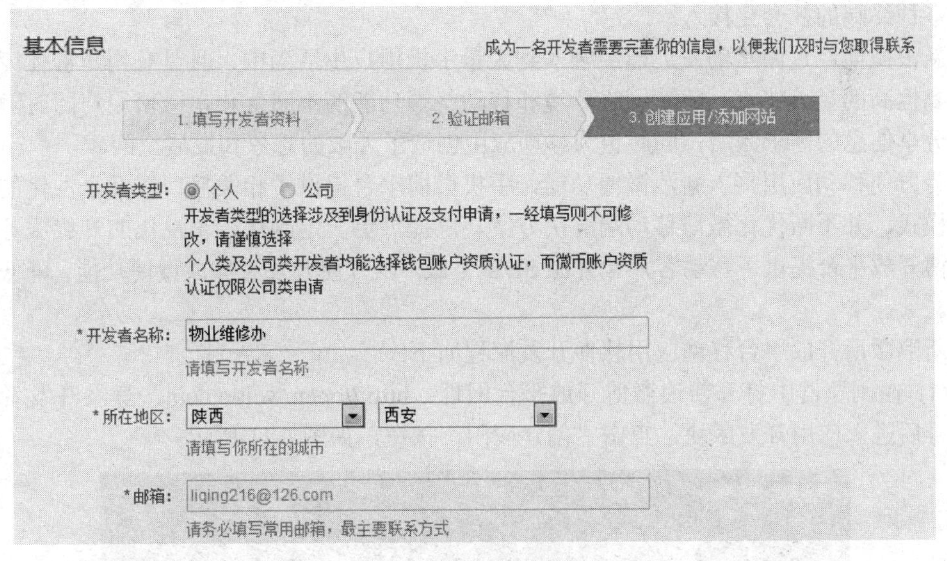

图 6.9　填写开发者信息

在“管理中心”可查看应用信息，如图 6.10 所示。App Key 是应用唯一的识别标志。新浪微博开放平台通过 App Key 鉴别应用的身份。App Secret 是给应用分配的密钥，开发者需要妥善保存这个密钥，从而保证应用来源的可靠性(防止被伪造)。开发者可通过这两个数据进行相关的技术开发工作。

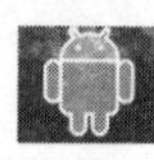

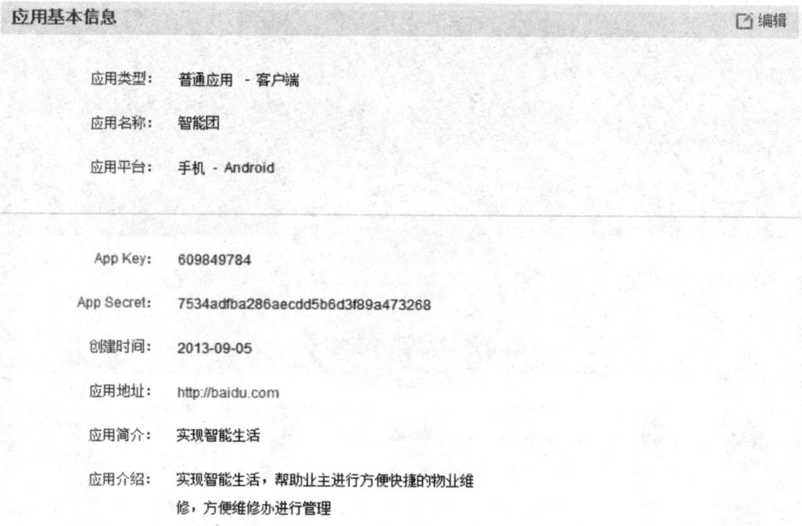

应用基本信息
编辑
应用类型：　普通应用 - 客户端
应用名称：　智能团
应用平台：　手机 - Android
App Key：　609849784
App Secret：　7534adfba286aecdd5b6d3f89a473268
创建时间：　2013-09-05
应用地址：　http://baidu.com
应用简介：　实现智能生活
应用介绍：　实现智能生活，帮助业主进行方便快捷的物业维修，方便维修办进行管理

图 6.10　应用信息界面

6.2.3　新浪微博平台移动应用软件开发流程

新浪微博平台上目前已有超过 20 万款应用，其中活跃应用约 2 万款，这一数据的持续迅猛增长，吸引着更多开发者通过平台实现与微博的合作。新浪微博移动应用开放平台为第三方提供了简便的合作模式，满足了多种移动终端用户随时随地分享信息的需求。移动应用开放平台能提供微博接口及组件，以实现第三方移动站点、客户端、机顶盒、车载设备等多种终端的社会化接入。

新浪微博经过两年的发展已经融入到大量手机用户生活当中，且具有用户群体庞大、用户黏性高的显著特点。随着网络环境和移动终端功能的不断优化，微博用户随时随地读取、分享信息的需求激增，同时也为移动应用创造了无限的想象和发展空间。

为方便移动应用接入新浪微博功能，手机微博平台提供了相关接口以及个性化的产品结合模式，并不断优化微博移动端解决方案，以提供更多定制化、个性化的升级服务。新浪微博开放平台提供了移动客户端开源 SDK 下载，以方便开发者集成微博功能，降低开发成本。

新浪微博开放平台移动应用软件开发流程如下：

(1) 在浏览器中打开新浪微博开放平台网址：http://open.weibo.com，登录开发者的微博账号后进入应用开发版块，点击“创建应用”按钮，如图 6.11 所示。

新浪微博·开放平台
首页
网站接入
应用开发
开发文档
论坛
我的应用
应用开发介绍
创建应用
管理应用

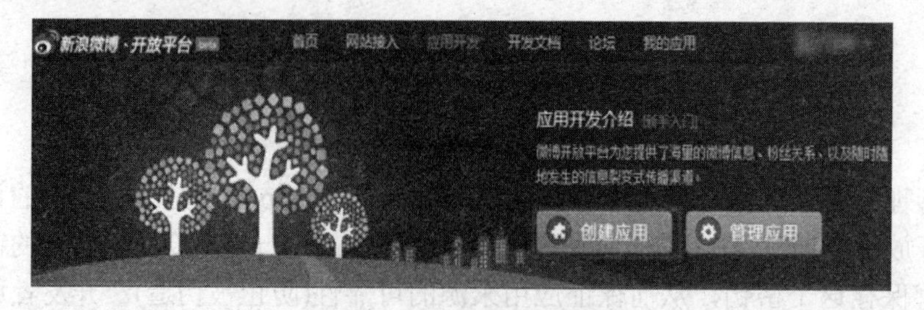

图 6.11　“创建应用”界面

(2) 在按下“创建应用”按钮后弹出的页面中，注意选择“客户端”类型，如图 6.12 所示。

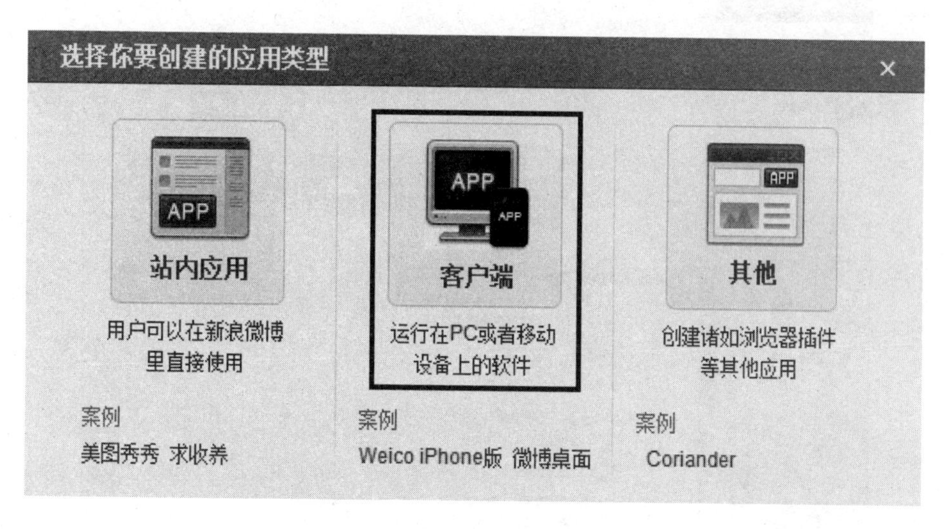

图 6.12　选择应用类型界面

(3) 选择客户端之后，在新打开的页面中输入所需创建应用的基本信息。注意选择正确的应用分类：客户端—手机，以便新浪微博开放平台提供给开发者更多针对性的服务，如图 6.13 所示。

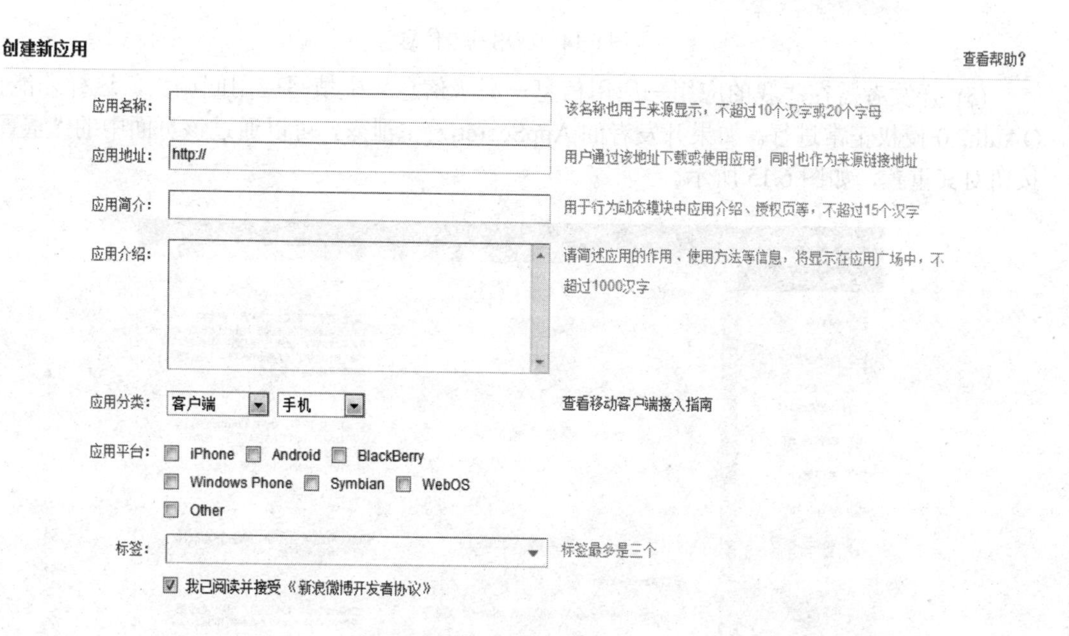

图 6.13　创建应用信息

(4) 创建应用完成后，可以在“我的应用—应用信息”中查看开发者所创建应用的 AppKey 及 AppSecret，这些信息应妥善保管，它将成为开发者调用新浪微博开放平台各 API 的身份标志，如图 6.14 所示。

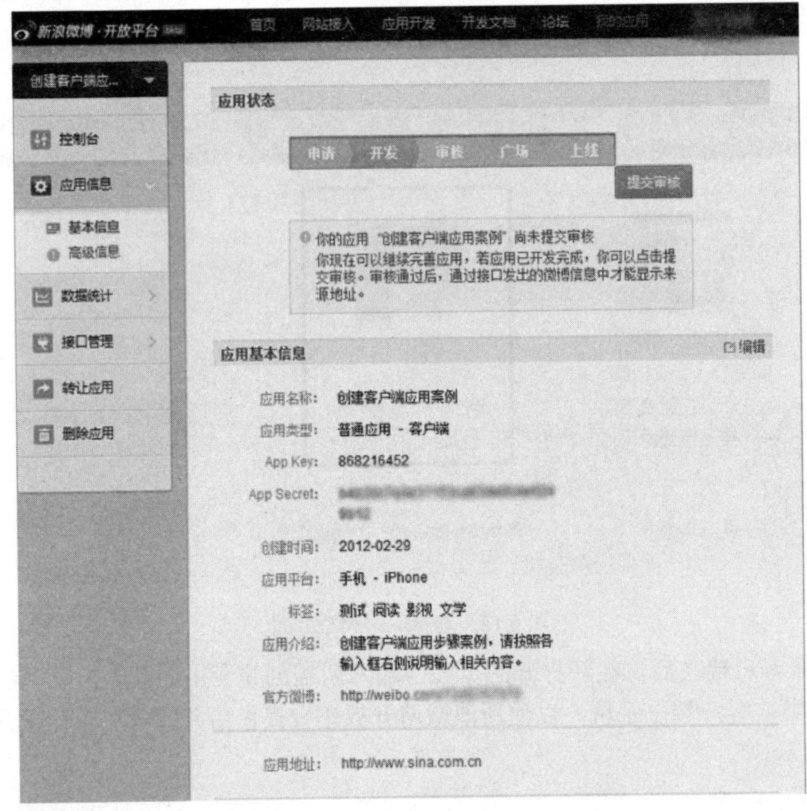

图 6.14　应用基本信息

(5) 开发者需在“我的应用—应用信息—高级信息”中填写应用回调页，这样才能使 OAuth2.0 授权正常进行。如果开发者的 AppSecret 发生泄露，可以通过该页面中的“重置”按钮对其重置，如图 6.15 所示。

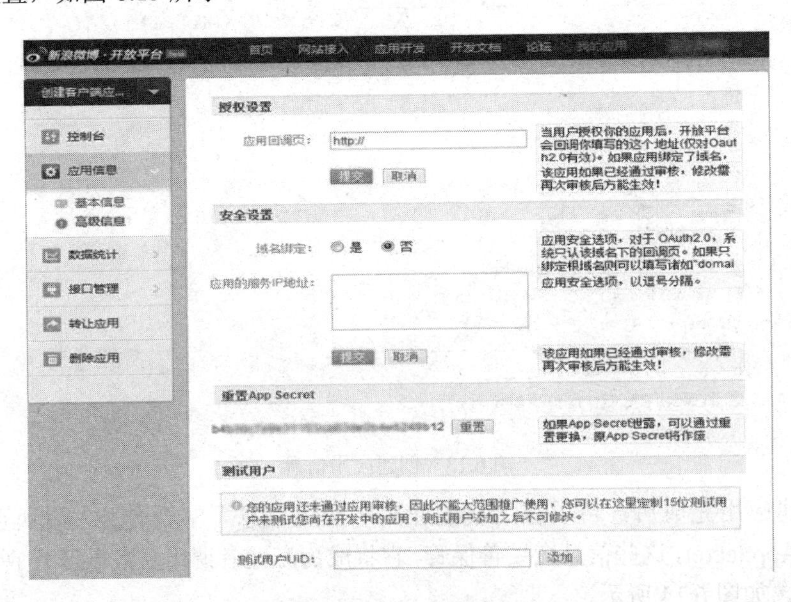

图 6.15　设置应用回调页

(6) 当开发者开发完自己的应用后，就可以通过“我的应用”页面提交审核了，提交审核页面如图 6.16 所示。只有当应用通过审核后，才能在微博中正确显示开发者的来源地址等。

图 6.16　提交审核页面

(7) 开发者可以通过“我的应用—数据统计”页面查看应用的相关统计数据，包括应用统计、接口统计、用户特征统计等信息，如图 6.17 所示。

时间	接口调用数	变化率
2012-02-22	0	-
2012-02-23	0	-
2012-02-24	0	-
2012-02-25	0	-
2012-02-26	0	-
2012-02-27	0	-
2012-02-28	0	-

图 6.17　接口调用信息

(8) 获取 Access Token。首先到新浪微博官方平台下载新浪微博 SDK 包，可以选择下载 Java SDK 的版本，下载完成后对其解压缩，将项目导入到 Eclipse 中。打开 Config.properties 文件(在 src 目录下)，开发者需要填写以下信息：

client_ID=

client_SERCRET=

redirect_URI=

这些信息一定要与开发者的应用相对应，不要加双引号，不要在结尾加分号。

如图 6.18 所示，打开 examples/ 的 weibo4j.examples.oauth2/OAuth4Code.java。

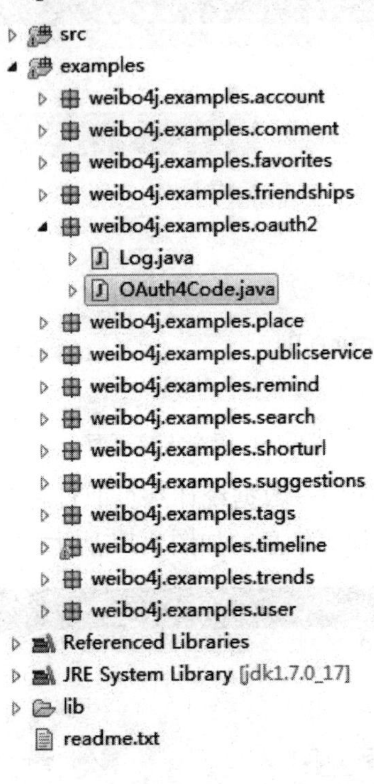

图 6.18　工程目录

选择 run as Java Application，打开浏览器，即打开的是开发者填写的回调地址，注意查看此时的 url，最后一部分是 code=XXXXXXXXXXXXX。复制这个 code 的值。查看 Eclipse 的控制台窗口，输入刚刚获得的 code 值，点击回车键即可获得 access_token。

(9) 接入 API。当开发者成功申请到 AppKey 和 AppSecret 后，就可以调用微博开放平台上的一系列接口了。

6.3　应用开发接口

新浪微博开放平台为开发者提供了几乎所有的 API，在调用这些接口的时候，开发者首先得得到新浪微博的授权认证，符合开发者条件的可以利用这些 API 开发自己的应用。下面介绍开发平台的授权机制以及新浪微博开放平台为开发者所提供的常用 API，开发者可以根据自己的需要来调用这些接口。

6.3.1　授权机制

1．OAuth2.0 概述

大部分 API 的访问如发表微博、获取私信及关注都需要用户身份，目前新浪微博开放

平台用户身份鉴权有 OAuth2.0 和 Basic Auth(仅用于应用所属开发者调试接口)，新版接口也仅支持这两种方式。

OAuth2.0 较 OAuth1.0 相比整个授权验证流程更简单、更安全，也是未来最主要的用户身份验证和授权方式。使用时需注意以下事项：

(1) OAuth2.0 授权无需申请，任何应用都可以使用。

(2) 如果开发者是站外网页应用或客户端应用，出于安全性考虑，需要在平台网站填写 redirect_url(授权回调页)才能使用 OAuth2.0，填写地址为 http://open.weibo.com/apps/应用APPKEY/privilege/oauth。对于客户端，微博平台也提供了默认的回调页地址。

2. 接口文档

OAuth2.0 接口及说明见表 6.1。

表 6.1 OAuth2.0 接口及说明

接 口	说 明
OAuth2/authorize	请求用户授权 Token
OAuth2/access_token	获取授权过的 Access Token
OAuth2/get_token_info	授权信息查询接口
OAuth2/revokeoauth2	授权回收接口
OAuth2/get_oauth2_token	OAuth1.0 的 Access Token 更换至 OAuth2.0 的 Access Token

3. 授权页

新版授权页改变了以前页面信息元素过多，对用户使用带来干扰的问题，登录和授权这两个行为已在新版中分离，用户能够更好地理解账号登录和授权的过程，也为未来更多的功能带来承载空间。新版授权页面如图 6.19 所示。

图 6.19 应用授权页面

当前一个最完整的授权可分为三个步骤：

① 登录；

② 普通授权；

③ 高级授权(SCOPE)。

但这三个步骤并不是必然出现的，当用户的新浪微博处于登录状态时，页面会自动跳转到普通授权页。“高级授权”同样也不是必须的，如果开发者不申请 SCOPE 权限，系统会自动跳过此步骤，再回调应用。新浪微博开放平台在灰度测试中统计发现，只要合理地使用高级授权，开发者完全不必担心增加操作所带来的页面流失率问题，相反，一个清晰的授权体验更能获取用户的信任。

与此同时，授权项会变得更加有条理，之前的普通权限将作为基础服务，用户不再有

感知，与用户隐私相关的会归到高级授权，用户在授权时有权利逐条取消，进一步增强了隐私控制。用户登录授权如图 6.20 所示。

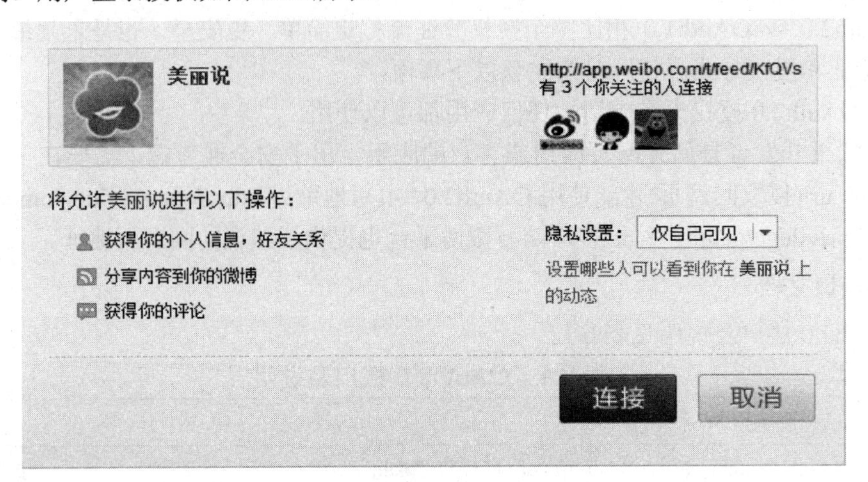

图 6.20　用户登录授权

4. 使用 OAuth2.0 调用 API

使用 OAuth2.0 调用 API 有两种方式：

(1) 直接使用 access_token 参数传递。

(2) 在 header 里传递。即在 header 里添加 Authorization：Oauth2 空格 abcd。这里的 abcd 假定为 Access Token 的值，其他接口参数正常传递即可。

注意：所有的资源 API 都部署在 weibo.com 域下，仅有移动端的授权接口在 open.weibo.cn 域。所以任何一种应用类型，调用的都是 weibo.com 上的资源 API。

5. 授权有效期

程序一定要具备足够的健壮性，调用接口时判断接口的返回值，如果用户的 access_token 失效，需要引导用户重新授权。失效原因有以下几个：

(1) 用户取消了对应用的授权。

(2) access_token 自然过期。

(3) 用户修改了密码，冻结了对应用的授权。

(4) 新浪发现用户账号被盗，冻结了用户对应用的授权。

授权级别和 OAuth2.0 access_token 有效期对应表见表 6.2。

表 6.2　授权级别及有效期

授权级别	测试	普通	中级	高级
授权有效期	1 天	7 天	30 天	90 天

注：① 只有未过文案审核的应用才处于测试级别。② 应用所属开发者授权应用时，有效期为 5 年。

6.3.2　新浪微博 API

API 是一些预先定义的函数，它的目的是提供应用程序与开发人员基于某软件或硬件的以访问一组例程的能力，无需访问源码，或理解内部工作机制的细节。简单来说，API

其实就是操作系统留给应用程序的一个调用接口，应用程序通过调用操作系统的 API 使操作系统执行应用程序的命令(动作)。

新浪微博 API 主要分为微博基础数据接口(Rest API)、微博搜索接口(Search API)、微博地理位置信息接口(Location API)和测试接口。其中，微博搜索接口仅对新浪合作开发者开放。开发者可以通过调用这些 API 实现微博的功能，也可以根据需要设计特定功能的应用。

表 6.3 列出了所有开放的新浪微博 API；表 6.4 是各种微博接口及其说明。

表 6.3　开放的新浪微博接口

微博接口	评论接口	用户接口	置顶微博接口	关系接口
好友分组接口	账号接口	收藏接口	话题接口	微博标签接口
用户标签接口	注册接口	搜索接口	推荐接口	提醒接口
短链接口	通知接口	公共服务接口	位置服务接口	地理信息接口
社交电视接口	视频上传	OAuth 2.0 授权接口	地图引擎接口	

表 6.4　微博接口及其说明

微博		
读取接口	statuses/public_timeline	获取最新的公共微博
	statuses/friends_timeline	获取当前登录用户及其所关注用户的最新微博
	statuses/home_timeline	获取当前登录用户及其所关注用户的最新微博
	statuses/friends_timeline/ids	获取当前登录用户及其所关注用户的最新微博的 ID
	statuses/user_timeline	获取用户发布的微博
	statuses/user_timeline/ids	获取用户发布的微博的 ID
	statuses/timeline_batch	批量获取指定的一批用户的微博列表
	statuses/repost_timeline	返回一条原创微博的最新转发微博
	statuses/repost_timeline/ids	获取一条原创微博的最新转发微博的 ID
	statuses/mentions	获取@当前用户的最新微博
	statuses/mentions/ids	获取@当前用户的最新微博的 ID
	statuses/bilateral_timeline	获取双向关注用户的最新微博
	statuses/show	根据 ID 获取单条微博信息
	statuses/show_batch	根据微博的 ID 批量获取微博信息
	statuses/querymid	通过 ID 获取 MID
	statuses/queryid	通过 MID 获取 ID
	statuses/count	批量获取指定微博的转发数及评论数
	statuses/to_me	获取当前登录用户关注的人发给其的定向微博
	statuses/to_me/ids	获取当前登录用户关注的人发给其的定向微博 ID 列表
	statuses/go	根据 ID 跳转到单条微博页
	emotions	获取官方表情

续表一

微博		
写入接口	statuses/repost	转发一条微博信息
	statuses/destroy	删除微博信息
	statuses/update	发布一条微博信息
	statuses/upload	上传图片并发布一条微博
	statuses/upload_url_text	发布一条微博同时指定上传的图片或图片 url
	statuses/filter/create	屏蔽某条微博
	statuses/mentions/shield	屏蔽某个@我的微博及后续由其转发引起的@提及
评论		
读取接口	comments/show	获取某条微博的评论列表
	comments/by_me	我发出的评论列表
	comments/to_me	我收到的评论列表
	comments/timeline	获取用户发送及收到的评论列表
	comments/mentions	获取@到我的评论
	comments/show_batch	批量获取评论内容
写入接口	comments/create	评论一条微博
	comments/destroy	删除一条评论
	comments/destroy_batch	批量删除评论
	comments/reply	回复一条评论
用户		
读取接口	users/show	获取用户信息
	users/domain_show	通过个性域名获取用户信息
	users/counts	批量获取用户的粉丝数、关注数、微博数
置顶微博		
读取接口	users/get_top_status	获取用户主页置顶微博
写入接口	users/set_top_status	设置用户主页置顶微博
	users/cancel_top_status	取消用户主页置顶微博
关系		
关注读取接口	friendships/friends	获取用户的关注列表
	friendships/friends/remark_batch	批量获取当前登录用户的关注人的备注信息
	friendships/friends/in_common	获取共同关注人列表
	friendships/friends/bilateral	获取双向关注列表
	friendships/friends/bilateral/ids	获取双向关注 UID 列表
	friendships/friends/ids	获取用户关注对象 UID 列表
粉丝读取接口	friendships/followers	获取用户粉丝列表
	friendships/followers/ids	获取用户粉丝 UID 列表
	friendships/followers/active	获取用户优质粉丝列表

续表二

置顶微博		
关系链读取接口	friendships/friends_chain/followers	获取我的关注人中关注了指定用户的人
关系读取接口	friendships/show	获取两个用户关系的详细情况
写入接口	friendships/create	关注某用户
	friendships/destroy	取消关注某用户
	friendships/followers/destroy	移除当前登录用户的粉丝
	friendships/remark/update	更新关注人备注
好友分组		
读取接口	friendships/groups	获取当前登录用户好友分组列表
	friendships/groups/timeline	获取某一好友分组的微博列表
	friendships/groups/timeline/ids	获取某一好友分组的微博 ID 列表
	friendships/groups/members	获取某一好友分组下的成员列表
	friendships/groups/members/ids	获取某一好友分组下的成员列表的 ID
	friendships/groups/members/description	批量获取好友分组成员的分组说明
	friendships/groups/is_member	判断某个用户是否是指定好友分组内的成员
	friendships/groups/listed	批量获取某些用户在指定用户的好友分组中的收录信息
	friendships/groups/show	获取某个分组的详细信息
	friendships/groups/show_batch	批量获取好友分组的详细信息
写入接口	friendships/groups/create	创建好友分组
	friendships/groups/update	更新好友分组
	friendships/groups/destroy	删除好友分组
	friendships/groups/members/add	添加关注用户到好友分组
	friendships/groups/members/add_batch	批量添加用户到好友分组
	friendships/groups/members/update	更新好友分组中成员的分组说明
	friendships/groups/members/destroy	删除好友分组内的关注用户
	friendships/groups/order	调整当前登录用户的好友分组顺序
账号		
读取接口	account/get_privacy	获取隐私设置信息
	account/profile/school_list	获取所有学校列表
	account/rate_limit_status	获取当前用户 API 访问频率限制
	account/profile/email	获取用户的联系邮箱
	account/get_uid	OAuth 授权之后获取用户 UID(作用相当于旧版接口的 account/verify_credentials)
写入接口	account/end_session	退出登录

续表三

收藏		
读取接口	favorites	获取当前用户的收藏列表
	favorites/ids	获取当前用户的收藏列表的 ID
	favorites/show	获取单条收藏信息
	favorites/by_tags	获取当前用户某个标签下的收藏列表
	favorites/tags	获取当前登录用户的收藏标签列表
	favorites/by_tags/ids	获取当前用户某个标签下的收藏列表的 ID
写入接口	favorites/create	添加收藏
	favorites/destroy	删除收藏
	favorites/destroy_batch	批量删除收藏
	favorites/tags/update	更新收藏标签
	favorites/tags/update_batch	更新当前用户所有收藏下的指定标签
	favorites/tags/destroy_batch	删除当前用户所有收藏下的指定标签
话题		
读取接口	trends	获取某人话题
	trends/is_follow	是否关注某话题
	trends/hourly	返回最近一小时内的热门话题
	trends/daily	返回最近一天内的热门话题
	trends/weekly	返回最近一周内的热门话题
写入接口	trends/follow	关注某话题
	trends/destroy	取消关注的某一个话题
微博标签		
读取接口	statuses/tags	获取用户的微博标签列表
	statuses/tags/show_batch	批量获取微博标签
	statuses/tag_timeline/ids	获取用户某个标签的微博 ID 列表
写入接口	statuses/tags/create	创建标签
	statuses/tags/destroy	删除标签
	statuses/tags/update	更新标签
	statuses/update_tags	更新某个微博的标签
用户标签		
读取接口	tags	返回指定用户的标签列表
	tags/tags_batch	批量获取用户标签
	tags/suggestions	返回系统推荐的标签列表
写入接口	tags/create	添加用户标签
	tags/destroy	删除用户标签
	tags/destroy_batch	批量删除用户标签

续表四

注册		
读取接口	register/verify_nickname	验证昵称是否可用
搜索		
搜索联想接口	search/suggestions/users	搜用户搜索建议
	search/suggestions/schools	搜学校搜索建议
	search/suggestions/companies	搜公司搜索建议
	search/suggestions/apps	搜应用搜索建议
	search/suggestions/at_users	@联想搜索
搜索话题接口	search/topics	搜索某一话题下的微博
推荐		
读取接口	suggestions/users/hot	获取系统推荐用户
	suggestions/users/may_interested	获取用户可能感兴趣的人
	suggestions/users/by_status	根据微博内容推荐用户
	suggestions/statuses/reorder	主 Feed 微博按兴趣推荐排序
	suggestions/statuses/reorder/ids	主 Feed 微博按兴趣推荐排序的微博 ID
	suggestions/favorites/hot	热门收藏
写入接口	suggestions/users/not_interested	不感兴趣的人
提醒		
读取接口	remind/unread_count	获取某个用户的各种消息未读数
写入接口	remind/set_count	对当前登录用户某一种消息未读数进行清零
短链		
转换接口	short_url/shorten	长链转短链
	short_url/expand	短链转长链
数据接口	short_url/share/counts	获取短链接在微博上的微博分享数
	short_url/share/statuses	获取包含指定单个短链接的最新微博内容
	short_url/comment/counts	获取短链接在微博上的微博评论数
	short_url/comment/comments	获取包含指定单个短链接的最新微博评论
通知		
发送接口	notification/send	给一个或多个用户发送一条新的状态通知
公共服务		
读取接口	common/code_to_location	通过地址编码获取地址名称
	common/get_city	获取城市列表
	common/get_province	获取省份列表
	common/get_country	获取国家列表
	common/get_timezone	获取时区配置表

续表五

位置服务(开发指南)		
动态读取接口	place/public_timeline	获取公共的位置动态
	place/friends_timeline	获取用户好友的位置动态
	place/user_timeline	获取某个用户的位置动态
	place/poi_timeline	获取某个位置地点的动态
	place/nearby_timeline	获取某个位置周边的动态
	place/statuses/show	获取动态的详情
用户读取接口	place/users/show	获取 LBS 位置服务内的用户信息
	place/users/checkins	获取用户签到过的地点列表
	place/users/photos	获取用户的照片列表
	place/users/tips	获取用户的点评列表
	place/users/todos	获取用户的 todo 列表
地点读取接口	place/pois/show	获取地点详情
	place/pois/users	获取在某个地点签到的人的列表
	place/pois/tips	获取地点点评列表
	place/pois/photos	获取地点照片列表
	place/pois/search	按省市查询地点
	place/pois/category	获取地点分类
附近读取接口	place/nearby/pois	获取附近地点
	place/nearby/users	获取附近发位置微博的人
	place/nearby/photos	获取附近照片
	place/nearby_users/list	获取附近的人
地点写入接口	place/pois/create	添加地点
	place/pois/add_checkin	签到
	place/pois/add_photo	添加照片
	place/pois/add_tip	添加点评
	place/pois/add_todo	添加 todo
附近写入接口	place/nearby_users/create	用户添加自己的位置
	place/nearby_users/destroy	用户删除自己的位置
地理信息		
基础位置读取接口	location/base/get_map_image	生成一张静态的地图图片
坐标转换接口	location/geo/ip_to_geo	根据 IP 地址返回地理信息坐标
	location/geo/address_to_geo	根据实际地址返回地理信息坐标
	location/geo/geo_to_address	根据地理信息坐标返回实际地址
	location/geo/gps_to_offset	根据 GPS 坐标获取偏移后的坐标
	location/geo/is_domestic	判断地理信息坐标是否是国内坐标

续表六

地理信息		
POI 数据搜索接口	location/pois/search/by_location	根据关键词按地理位置获取 POI 点的信息
	location/pois/search/by_geo	根据关键词按坐标点范围获取 POI 点的信息
	location/pois/search/by_area	根据关键词按矩形区域获取 POI 点的信息
POI 数据读写接口	location/pois/show_batch	批量获取 POI 点的信息
	location/pois/add	提交一个新增的 POI 点信息
移动服务读取接口	location/mobile/get_location	根据移动基站 WiFi 等数据获取当前位置信息
交通路线读取接口	location/line/drive_route	根据起点与终点数据查询自驾车路线信息
	location/line/bus_route	根据起点与终点数据查询公交乘坐路线信息
	location/line/bus_line	根据关键词查询公交线路信息
	location/line/bus_station	根据关键词查询公交站点信息
地理信息字段说明	location/citycode	城市代码对应表
	location/citycode_bus	公交城市代码表
	location/category	分类代码对应表
	location/error2	地理位置信息接口错误代码及解释

下面详细介绍几个最常用的 API。

1．微博读取接口

1) statuses/public_timeline

返回最新的 200 条公共微博，返回结果非完全实时，其相关内容如下：

(1) URL:https://api.weibo.com/2/statuses/public_timeline.json。

(2) 支持格式：JSON。

(3) HTTP 请求方式：GET。

(4) 访问授权限制。

(5) 访问级别：普通接口。

(6) 频次限制：是。

请求参数见表 6.5。

表 6.5 请 求 参 数

参数名	必选	类型及范围	说 明
source	false	string	采用 OAuth 授权方式不需要此参数，其他授权方式为必填参数，数值为应用的 AppKey
access_token	false	string	采用 OAuth 授权方式为必填参数，其他授权方式不需要此参数，OAuth 授权后获得
count	false	int	单页返回的记录条数，最大不超过 200，默认为 20

JSON 示例代码如下：

```
{   "statuses": [
        {
            "created_at": "Tue May 31 17:46:55 +0800 2011",
```

```
"id": 11488058246，
"text": "求关注。"，
"source": "<a href="http://weibo.com" rel="nofollow">新浪微博</a>"，
"favorited": false，
"truncated": false，
"in_reply_to_status_id": ""，
"in_reply_to_user_id": ""，
"in_reply_to_screen_name": ""，
"geo": null，
"mid": "5612814510546515491"，
"reposts_count": 8，
"comments_count": 9，
"annotations": []，
"user":
{    "id": 1404376560，
     "screen_name": "zaku"，
     "name": "zaku"，
     "province": "11"，
     "city": "5"，
     "location": "北京 朝阳区"，
     "description": "人生五十年，乃如梦如幻；有生斯有死，壮士复何憾。"，
     "url": "http://blog.sina.com.cn/zaku"，
     "profile_image_url": "http://tp1.sinaimg.cn/1404376560/50/0/1"，
     "domain": "zaku"，
     "gender": "m"，
     "followers_count": 1204，
     "friends_count": 447，
     "statuses_count": 2908，
     "favourites_count": 0，
     "created_at": "Fri Aug 28 00:00:00 +0800 2009"，
     "following": false，
     "allow_all_act_msg": false，
     "remark": ""，
     "geo_enabled": true，
     "verified": false，
     "allow_all_comment": true，
     "avatar_large": "http://tp1.sinaimg.cn/1404376560/180/0/1"，
     "verified_reason": ""，
     "follow_me": false，
```

```
                "online_status": 0,
                "bi_followers_count": 215
            }
        },
        ...
    ],
    "previous_cursor": 0,                              //暂未支持
    "next_cursor": 11488013766,                        //暂未支持
    "total_number": 81655
}
```

上述代码返回字段说明见表 6.6。

表 6.6　返回字段说明

返回值字段	字段类型	字 段 说 明
created_at	string	微博创建时间
id	int64	微博 ID
mid	int64	微博 MID
idstr	string	字符串型的微博 ID
text	string	微博信息内容
source	string	微博来源
favorited	boolean	是否已收藏，true 为是，false 为否
truncated	boolean	是否被截断，true 为是，false 为否
in_reply_to_status_id	string	(暂未支持)回复 ID
in_reply_to_user_id	string	(暂未支持)回复人 UID
in_reply_to_screen_name	string	(暂未支持)回复人昵称
thumbnail_pic	string	缩略图片地址，没有时不返回此字段
bmiddle_pic	string	中等尺寸图片地址，没有时不返回此字段
original_pic	string	原始图片地址，没有时不返回此字段
geo	object	地理信息字段
user	object	微博作者的用户信息字段
retweeted_status	object	被转发的原微博信息字段，当该微博为转发微博时返回
reposts_count	int	转发数
comments_count	int	评论数
attitudes_count	int	表态数
mlevel	int	暂未支持
visible	object	微博的可见性及指定可见分组信息。该 object 中 type 的取值：0 为普通微博，1 为私密微博，3 为指定分组微博，4 为密友微博；list_id 为分组的组号
pic_urls	object	微博配图地址。多图时返回多图链接。无配图，则返回“[]”

2) statuses/friends_timeline

获取当前登录用户及其所关注用户的最新微博，其相关内容如下：

(1) URL：https://api.weibo.com/2/statuses/friends_timeline.json。

(2) 支持格式：JSON。

(3) HTTP 请求方式：GET。

(4) 访问授权限制。

(5) 访问级别：普通接口。

(6) 频次限制：是。

请求参数见表 6.7。

表 6.7 请 求 参 数

参数名	必选	类型及范围	说 明
source	false	string	采用 OAuth 授权方式不需要此参数，其他授权方式为必填参数，数值为应用的 AppKey
access_token	false	string	采用 OAuth 授权方式为必填参数，其他授权方式不需要此参数，OAuth 授权后获得
since_id	false	int64	若指定此参数，则返回 ID 比 since_id 大的微博(即比 since_id 时间晚的微博)，默认为 0
max_id	false	int64	若指定此参数，则返回 ID 小于或等于 max_id 的微博，默认为 0
count	false	int	单页返回的记录条数，最大不超过 100，默认为 20
page	false	int	返回结果的页码，默认为 1
base_app	false	int	是否只获取当前应用的数据。0 为否(所有数据)，1 为是(仅当前应用)，默认为 0
feature	false	int	过滤类型 ID，0 为全部，1 为原创，2 为图片，3 为视频，4 为音乐，默认为 0
trim_user	false	int	返回值中 user 字段开关，0 为返回完整 user 字段，1 为 user 字段仅返回 user_id，默认为 0

JSON 示例代码如下：

```
{
    "statuses": [
        {
            "created_at": "Tue May 31 17:46:55 +0800 2011",
            "id": 11488058246,
            "text": "求关注。",
            "source": "<a href="http://weibo.com" rel="nofollow">新浪微博</a>",
            "favorited": false,
            "truncated": false,
            "in_reply_to_status_id": "",
            "in_reply_to_user_id": "",
```

```
            "in_reply_to_screen_name": ""，
            "geo": null，
            "mid": "5612814510546515491"，
            "reposts_count": 8，
            "comments_count": 9，
            "annotations": []，
            "user": {
                "id": 1404376560，
                "screen_name": "zaku"，
                "name": "zaku"，
                "province": "11"，
                "city": "5"，
                "location": "北京 朝阳区"，
                "description": "人生五十年，乃如梦如幻；有生斯有死，壮士复何憾。"，
                "url": "http://blog.sina.com.cn/zaku"，
                "profile_image_url": "http://tp1.sinaimg.cn/1404376560/50/0/1"，
                "domain": "zaku"，
                "gender": "m"，
                "followers_count": 1204，
                "friends_count": 447，
                "statuses_count": 2908，
                "favourites_count": 0，
                "created_at": "Fri Aug 28 00:00:00 +0800 2009"，
                "following": false，
                "allow_all_act_msg": false，
                "remark": ""，
                "geo_enabled": true，
                "verified": false，
                "allow_all_comment": true，
                "avatar_large": "http://tp1.sinaimg.cn/1404376560/180/0/1"，
                "verified_reason": ""，
                "follow_me": false，
                "online_status": 0，
                "bi_followers_count": 215
            }
        }，
        ...
    ]，
    "previous_cursor": 0，                    //暂未支持
```

```
        "next_cursor": 11488013766，                //暂未支持
        "total_number": 81655
    }
```

上述代码返回字段说明见表 6.8。

表 6.8　返回字段说明

返回值字段	字段类型	字 段 说 明
created_at	string	微博创建时间
id	int64	微博 ID
mid	int64	微博 MID
idstr	string	字符串型的微博 ID
text	string	微博信息内容
source	string	微博来源
favorited	boolean	是否已收藏，true 为是，false 为否
truncated	boolean	是否被截断，true 为是，false 为否
in_reply_to_status_id	string	(暂未支持)回复 ID
in_reply_to_user_id	string	(暂未支持)回复人 UID
in_reply_to_screen_name	string	(暂未支持)回复人昵称
thumbnail_pic	string	缩略图片地址，没有时不返回此字段
bmiddle_pic	string	中等尺寸图片地址，没有时不返回此字段
original_pic	string	原始图片地址，没有时不返回此字段
geo	object	地理信息字段
user	object	微博作者的用户信息字段
retweeted_status	object	被转发的原微博信息字段，当该微博为转发微博时返回
reposts_count	int	转发数
comments_count	int	评论数
attitudes_count	int	表态数
mlevel	int	暂未支持
visible	object	微博的可见性及指定可见分组信息。该 object 中 type 的取值：0 为普通微博，1 为私密微博，3 为指定分组微博，4 为密友微博；list_id 为分组的组号
pic_urls	object	微博配图地址。多图时返回多图链接。无配图，则返回“[]”

3) statuses/friends_timeline/ids

获取当前登录用户及其所关注用户的最新微博的 ID，其相关内容如下：

(1) URL：https://api.weibo.com/2/statuses/friends_timeline/ids.json。

(2) 支持格式：JSON。

(3) HTTP 请求方式：GET。

(4) 访问授权限制。

(5) 访问级别：普通接口。

(6) 频次限制：是。

请求参数见表 6.9。

表 6.9　请 求 参 数

参数名	必选	类型及范围	说　　明
source	false	string	采用 OAuth 授权方式不需要此参数，其他授权方式为必填参数，数值为应用的 AppKey
access_token	false	string	采用 OAuth 授权方式为必填参数，其他授权方式不需要此参数，OAuth 授权后获得
since_id	false	int64	若指定此参数，则返回 ID 比 since_id 大的微博(即比 since_id 时间晚的微博)，默认为 0
max_id	false	int64	若指定此参数，则返回 ID 小于或等于 max_id 的微博，默认为 0
count	false	int	单页返回的记录条数，最大不超过 100，默认为 20
page	false	int	返回结果的页码，默认为 1
base_app	false	int	是否只获取当前应用的数据。0 为否(所有数据)，1 为是(仅当前应用)，默认为 0
feature	false	int	过滤类型 ID，0 为全部，1 为原创，2 为图片，3 为视频，4 为音乐，默认为 0

JSON 示例代码如下：

```
{
    "statuses": [
        "3382905382185354",
        "3382905252160340",
        "3382905235630562",
        ...
    ],
    "previous_cursor": 0,                        //暂未支持
    "next_cursor": 0,                            //暂未支持
    "total_number": 16
}
```

4) statuses/user_timeline

获取某个用户最新发表的微博列表，其相关内容如下：

(1) URL：https://api.weibo.com/2/statuses/user_timeline.json。

(2) 支持格式：JSON。

(3) HTTP 请求方式：GET。

(4) 访问授权限制。

(5) 访问级别：普通接口。

(6) 频次限制：是。

请求参数见表 6.10。

表 6.10 请 求 参 数

参数名	必选	类型及范围	说 明
source	false	string	采用 OAuth 授权方式不需要此参数，其他授权方式为必填参数，数值为应用的 AppKey
access_token	false	string	采用 OAuth 授权方式为必填参数，其他授权方式不需要此参数，OAuth 授权后获得
uid	false	int64	需要查询的用户 ID
screen_name	false	string	需要查询的用户昵称
since_id	false	int64	若指定此参数，则返回 ID 比 since_id 大的微博(即比 since_id 时间晚的微博)，默认为 0
max_id	false	int64	若指定此参数，则返回 ID 小于或等于 max_id 的微博，默认为 0
count	false	int	单页返回的记录条数，最大不超过 100，超过 100 以 100 处理，默认为 20
page	false	int	返回结果的页码，默认为 1
base_app	false	int	是否只获取当前应用的数据。0 为否(所有数据)，1 为是(仅当前应用)，默认为 0
feature	false	int	过滤类型 ID，0 为全部，1 为原创，2 为图片，3 为视频，4 为音乐，默认为 0
trim_user	false	int	返回值中 user 字段开关，0 为返回完整 user 字段，1 为 user 字段仅返回 user_id，默认为 0

注意事项：

- 参数 uid 与 screen_name 二者必选其一，且只能选其一。
- 接口升级后，uid 与 screen_name 只能为当前授权用户，第三方微博类客户端不受影响。
- 读取当前授权用户所有关注人最新微博列表，可使用获取当前授权用户及其所关注用户的最新微博接口(statuses/home_timeline)。
- 接口最多只返回最新的 2000 条数据。

JSON 示例代码如下：

```
{
    "statuses": [
        {
            "created_at": "Tue May 31 17:46:55 +0800 2011",
            "id": 11488058246,
            "text": "求关注。",
            "source": "<a href="http://weibo.com" rel="nofollow">新浪微博</a>",
            "favorited": false,
            "truncated": false,
```

```
        "in_reply_to_status_id": "",
        "in_reply_to_user_id": "",
        "in_reply_to_screen_name": "",
        "geo": null,
        "mid": "5612814510546515491",
        "reposts_count": 8,
        "comments_count": 9,
        "annotations": [],
        "user": {
            "id": 1404376560,
            "screen_name": "zaku",
            "name": "zaku",
            "province": "11",
            "city": "5",
            "location": "北京 朝阳区",
            "description": "人生五十年，乃如梦如幻；有生斯有死，壮士复何憾。",
            "url": "http://blog.sina.com.cn/zaku",
            "profile_image_url": "http://tp1.sinaimg.cn/1404376560/50/0/1",
            "domain": "zaku",
            "gender": "m",
            "followers_count": 1204,
            "friends_count": 447,
            "statuses_count": 2908,
            "favourites_count": 0,
            "created_at": "Fri Aug 28 00:00:00 +0800 2009",
            "following": false,
            "allow_all_act_msg": false,
            "remark": "",
            "geo_enabled": true,
            "verified": false,
            "allow_all_comment": true,
            "avatar_large": "http://tp1.sinaimg.cn/1404376560/180/0/1",
            "verified_reason": "",
            "follow_me": false,
            "online_status": 0,
            "bi_followers_count": 215
        }
    },
    ...
```

```
    ],
    "previous_cursor": 0,                         //暂未支持
    "next_cursor": 11488013766,                   //暂未支持
    "total_number": 81655
}
```

上述代码返回字段说明见表 6.11。

表 6.11　返回字段说明

返回值字段	字段类型	字 段 说 明
created_at	string	微博创建时间
id	int64	微博 ID
mid	int64	微博 MID
idstr	string	字符串型的微博 ID
text	string	微博信息内容
source	string	微博来源
favorited	boolean	是否已收藏，true：是，false：否
truncated	boolean	是否被截断，true：是，false：否
in_reply_to_status_id	string	(暂未支持)回复 ID
in_reply_to_user_id	string	(暂未支持)回复人 UID
in_reply_to_screen_name	string	(暂未支持)回复人昵称
thumbnail_pic	string	缩略图片地址，没有时不返回此字段
bmiddle_pic	string	中等尺寸图片地址，没有时不返回此字段
original_pic	string	原始图片地址，没有时不返回此字段
geo	object	地理信息字段
user	object	微博作者的用户信息字段
retweeted_status	object	被转发的原微博信息字段，当该微博为转发微博时返回
reposts_count	int	转发数
comments_count	int	评论数
attitudes_count	int	表态数
mlevel	int	暂未支持
visible	object	微博的可见性及指定可见分组信息。该 object 中 type 取值，0：普通微博，1：私密微博，3：指定分组微博，4：密友微博；list_id 为分组的组号
pic_urls	object	微博配图地址。多图时返回多图链接。无配图返回“[]”

5) statuses/mentions

获取最新的提到登录用户的微博列表，即@我的微博，其相关内容如下：

(1) URL：https://api.weibo.com/2/statuses/mentions.json。

(2) 支持格式：JSON。

(3) HTTP 请求方式：GET。

(4) 访问授权限制。

(5) 访问级别：普通接口。

(6) 频次限制：是。

请求参数见表 6.12。

表 6.12　请 求 参 数

参数名	必选	类型及范围	说　　明
source	false	string	采用 OAuth 授权方式不需要此参数，其他授权方式为必填参数，数值为应用的 AppKey
access_token	false	string	采用 OAuth 授权方式为必填参数，其他授权方式不需要此参数，OAuth 授权后获得
since_id	false	int64	若指定此参数，则返回 ID 比 since_id 大的微博(即比 since_id 时间晚的微博)，默认为 0
max_id	false	int64	若指定此参数，则返回 ID 小于或等于 max_id 的微博，默认为 0
count	false	int	单页返回的记录条数，最大不超过 200，默认为 20
page	false	int	返回结果的页码，默认为 1
filter_by_author	false	int	作者筛选类型，0 为全部，1 为我关注的人，2 为陌生人，默认为 0
filter_by_source	false	int	来源筛选类型，0 为全部，1 为来自微博，2 为来自微群，默认为 0
filter_by_type	false	int	原创筛选类型，0 为全部微博，1 为原创的微博，默认为 0

JSON 示例代码如下：

```
{
    "statuses": [
        {
            "created_at": "Tue May 31 17:46:55 +0800 2011",
            "id": 11488058246,
            "text": "求关注。",
            "source": "<a href="http://weibo.com" rel="nofollow">新浪微博</a>",
            "favorited": false,
            "truncated": false,
            "in_reply_to_status_id": "",
            "in_reply_to_user_id": "",
            "in_reply_to_screen_name": "",
            "geo": null,
            "mid": "5612814510546515491",
            "reposts_count": 8,
```

```
            "comments_count": 9,
            "annotations": [],
            "user": {
                "id": 1404376560,
                "screen_name": "zaku",
                "name": "zaku",
                "province": "11",
                "city": "5",
                "location": "北京 朝阳区",
                "description": "人生五十年，乃如梦如幻；有生斯有死，壮士复何憾。",
                "url": "http://blog.sina.com.cn/zaku",
                "profile_image_url": "http://tp1.sinaimg.cn/1404376560/50/0/1",
                "domain": "zaku",
                "gender": "m",
                "followers_count": 1204,
                "friends_count": 447,
                "statuses_count": 2908,
                "favourites_count": 0,
                "created_at": "Fri Aug 28 00:00:00 +0800 2009",
                "following": false,
                "allow_all_act_msg": false,
                "remark": "",
                "geo_enabled": true,
                "verified": false,
                "allow_all_comment": true,
                "avatar_large": "http://tp1.sinaimg.cn/1404376560/180/0/1",
                "verified_reason": "",
                "follow_me": false,
                "online_status": 0,
                "bi_followers_count": 215
            }
        },
        ...
    ],
    "previous_cursor": 0,                        //暂未支持
    "next_cursor": 11488013766,                  //暂未支持
    "total_number": 81655
}
```


上述代码返回字段说明见表 6.13。

表 6.13　返回字段说明

返回值字段	字段类型	字 段 说 明
created_at	string	微博创建时间
id	int64	微博 ID
mid	int64	微博 MID
idstr	string	字符串型的微博 ID
text	string	微博信息内容
source	string	微博来源
favorited	boolean	是否已收藏，true：是，false：否
truncated	boolean	是否被截断，true：是，false：否
in_reply_to_status_id	string	(暂未支持)回复 ID
in_reply_to_user_id	string	(暂未支持)回复人 UID
in_reply_to_screen_name	string	(暂未支持)回复人昵称
thumbnail_pic	string	缩略图片地址，没有时不返回此字段
bmiddle_pic	string	中等尺寸图片地址，没有时不返回此字段
original_pic	string	原始图片地址，没有时不返回此字段
geo	object	地理信息字段
user	object	微博作者的用户信息字段
retweeted_status	object	被转发的原微博信息字段，当该微博为转发微博时返回
reposts_count	int	转发数
comments_count	int	评论数
attitudes_count	int	表态数
mlevel	int	暂未支持
visible	object	微博的可见性及指定可见分组信息。该 object 中 type 取值，0：普通微博，1：私密微博，3：指定分组微博，4：密友微博；list_id 为分组的组号
pic_urls	object	微博配图地址。多图时返回多图链接。无配图返回“[]”

2. 微博写入接口

1) statuses/update

发布一条新微博，其相关内容如下：

(1) URL：https://api.weibo.com/2/statuses/update.json。

(2) 支持格式：JSON。

(3) HTTP 请求方式：POST。

(4) 访问授权限制。

(5) 访问级别：普通接口。

(6) 频次限制：是。

请求参数见表 6.14。

表 6.14 请 求 参 数

参数名	必选	类型及范围	说　　明
source	false	string	采用 OAuth 授权方式不需要此参数，其他授权方式为必填参数，数值为应用的 AppKey
access_token	false	string	采用 OAuth 授权方式为必填参数，其他授权方式不需要此参数，OAuth 授权后获得
status	true	string	要发布的微博文本内容，必须做 URLencode，内容不超过 140 个汉字
visible	false	int	微博的可见性，0 为所有人能看，1 为仅自己可见，2 为密友可见，3 为指定分组可见，默认为 0
list_id	false	string	微博的保护投递指定分组 ID，只有当 visible 参数为 3 时生效且必选
lat	false	float	纬度，有效范围为-90.0～+90.0，+表示北纬，默认为 0.0
long	false	float	经度，有效范围为-180.0～+180.0，+表示东经，默认为 0.0
annotations	false	string	元数据，主要是为了方便第三方应用记录一些适合于自己使用的信息，每条微博可以包含一个或者多个元数据，必须以 json 字串的形式提交，字串长度不超过 512 个字符，具体内容可以自定

注意事项：

- 连续两次发布的微博不可以重复。
- 非会员发表定向微博，分组成员数最多 200。

JSON 示例代码如下：

```
{
    "created_at": "Wed Oct 24 23:39:10 +0800 2012",
    "id": 3504801050130000,
    "mid": "3504801050130827",
    "idstr": "3504801050130827",
    "text": "定向分组内容。",
    "source": "新浪微博</a>",
    "favorited": false,
    "truncated": false,
    "in_reply_to_status_id": "",
    "in_reply_to_user_id": "",
    "in_reply_to_screen_name": "",
    "geo": {
        "type": "Point",
        "coordinates": [
            40.413467,
            116.646439
```

```
        ]
    },
    "user": {
        "id": 1902538057,
        "idstr": "1902538057",
        "screen_name": "张三",
        "name": "张三",
        "province": "11",
        "city": "8",
        "location": "北京 海淀区",
        "description": "做最受尊敬的互联网产品经理…",
        "url": "",
        "profile_image_url": "http://tp2.sinaimg.cn/1902538057/50/22817372040/1",
        "profile_url": "304270168",
        "domain": "shenbinzhu",
        "weihao": "304270168",
        "gender": "m",
        "followers_count": 337,
        "friends_count": 534,
        "statuses_count": 516,
        "favourites_count": 60,
        "created_at": "Sat Dec 25 14:12:35 +0800 2010",
        "following": false,
        "allow_all_act_msg": true,
        "geo_enabled": true,
        "verified": false,
        "verified_type": 220,
        "allow_all_comment": true,
        "avatar_large": "http://tp2.sinaimg.cn/1902538057/180/22817372040/1",
        "verified_reason": "",
        "follow_me": false,
        "online_status": 0,
        "bi_followers_count": 185,
        "lang": "zh-cn",
        "level": 7,
        "type": 1,
        "ulevel": 0,
        "badge": {
            "kuainv": {
```

```
                "level": 0
            },
            "uc_domain": 0,
            "enterprise": 0,
            "anniversary": 0
        }
    },
    "annotations": [
        {
            "aa": "cc"
        }
    ],
    "reposts_count": 0,
    "comments_count": 0,
    "attitudes_count": 0,
    "mlevel": 0,
    "visible": {
        "type": 3,
        "list_id": 3469454702570000
    }
}
```


上述代码返回字段说明见表6.15。

表6.15　返回字段说明

返回值字段	字段类型	字 段 说 明
created_at	string	微博创建时间
id	int64	微博ID
mid	int64	微博MID
idstr	string	字符串型的微博ID
text	string	微博信息内容
source	string	微博来源
favorited	boolean	是否已收藏，true为是，false为否
truncated	boolean	是否被截断，true为是，false为否
in_reply_to_status_id	string	(暂未支持)回复ID
in_reply_to_user_id	string	(暂未支持)回复人UID
in_reply_to_screen_name	string	(暂未支持)回复人昵称
thumbnail_pic	string	缩略图片地址，没有时不返回此字段
bmiddle_pic	string	中等尺寸图片地址，没有时不返回此字段
original_pic	string	原始图片地址，没有时不返回此字段

续表

返回值字段	字段类型	字 段 说 明
geo	object	地理信息字段
user	object	微博作者的用户信息字段
retweeted_status	object	被转发的原微博信息字段，当该微博为转发微博时返回
reposts_count	int	转发数
comments_count	int	评论数
attitudes_count	int	表态数
mlevel	int	暂未支持
visible	object	微博的可见性及指定可见分组信息。该 object 中 type 的取值：0 为普通微博，1 为私密微博，3 为指定分组微博，4 为密友微博；list_id 为分组的组号
pic_urls	object	微博配图地址。多图时返回多图链接。无配图，则返回“[]”

2) statuses/upload

上传图片并发布一条新微博，其相关内容如下：

(1) URL：https://upload.api.weibo.com/2/statuses/upload.json。

(2) 支持格式：JSON。

(3) HTTP 请求方式：POST。

(4) 访问授权限制。

(5) 访问级别：普通接口。

(6) 频次限制：是。

请求参数见表 6.16。

表 6.16　请 求 参 数

参数名	必选	类型及范围	说　　明
source	false	string	采用 OAuth 授权方式不需要此参数，其他授权方式为必填参数，数值为应用的 AppKey
access_token	false	string	采用 OAuth 授权方式为必填参数，其他授权方式不需要此参数，OAuth 授权后获得
status	true	string	要发布的微博文本内容，必须做 URLencode，内容不超过 140 个汉字
visible	false	int	微博的可见性，0 为所有人能看，1 为仅自己可见，2 为密友可见，3 为指定分组可见，默认为 0
list_id	false	string	微博的保护投递指定分组 ID，只有当 visible 参数为 3 时生效且必选
pic	true	binary	要上传的图片，仅支持 JPEG、GIF、PNG 格式，图片大小小于 5M
lat	false	float	纬度，有效范围为-90.0～+90.0，+表示北纬，默认为 0.0
long	false	float	经度，有效范围为-180.0～+180.0，+表示东经，默认为 0.0
annotations	false	string	元数据，主要是为了方便第三方应用记录一些适合于自己使用的信息，每条微博可以包含一个或者多个元数据，必须以 json 字串的形式提交，字串长度不超过 512 个字符，具体内容可以自定

注意事项：

- 请求必须用 POST 方式提交，并且注意采用 multipart/form-data 编码方式。
- 非会员发表定向微博，分组成员数最多 200。

JSON 示例代码如下：

```
{   "created_at": "Wed Oct 24 23:49:17 +0800 2012",
    "id": 3504803600500000,
    "mid": "3504803600502730",
    "idstr": "3504803600502730",
    "text": "分组定向图片微博",
    "source": "新浪微博</a>",
    "favorited": false,
    "truncated": false,
    "in_reply_to_status_id": "",
    "in_reply_to_user_id": "",
    "in_reply_to_screen_name": "",
    "thumbnail_pic": "http://ww2.sinaimg.cn/thumbnail/71666d49jw1dy6q8t3p0rj.jpg",
    "bmiddle_pic": "http://ww2.sinaimg.cn/bmiddle/71666d49jw1dy6q8t3p0rj.jpg",
    "original_pic": "http://ww2.sinaimg.cn/large/71666d49jw1dy6q8t3p0rj.jpg",
    "geo": {
        "type": "Point",
        "coordinates": [
            40.413467,
            116.646439
        ]
    },
    "user": {
        "id": 1902538057,
        "idstr": "1902538057",
        "screen_name": "张三",
        "name": "张三",
        "province": "11",
        "city": "8",
        "location": "北京 海淀区",
        "description": "做最受尊敬的互联网产品经理…",
        "url": "",
        "profile_image_url": "http://tp2.sinaimg.cn/1902538057/50/22817372040/1",
        "profile_url": "304270168",
        "domain": "shenbinzhu",
        "weihao": "304270168",
```

```
        "gender": "m",
        "followers_count": 337,
        "friends_count": 534,
        "statuses_count": 516,
        "favourites_count": 60,
        "created_at": "Sat Dec 25 14:12:35 +0800 2010",
        "following": false,
        "allow_all_act_msg": true,
        "geo_enabled": true,
        "verified": false,
        "verified_type": 220,
        "allow_all_comment": true,
        "avatar_large": "http://tp2.sinaimg.cn/1902538057/180/22817372040/1",
        "verified_reason": "",
        "follow_me": false,
        "online_status": 0,
        "bi_followers_count": 185,
        "lang": "zh-cn",
        "level": 7,
        "type": 1,
        "ulevel": 0,
        "badge": {
            "kuainv": {
                "level": 0
            },
            "uc_domain": 0,
            "enterprise": 0,
            "anniversary": 0
        }
    },
    "reposts_count": 0,
    "comments_count": 0,
    "attitudes_count": 0,
    "mlevel": 0,
    "visible": {
        "type": 3,
        "list_id": 3469454702570000
    }
}
```

上述代码返回字段说明见表 6.17。

表 6.17　返回字段说明

返回值字段	字段类型	字 段 说 明
created_at	string	微博创建时间
id	int64	微博 ID
mid	int64	微博 MID
idstr	string	字符串型的微博 ID
text	string	微博信息内容
source	string	微博来源
favorited	boolean	是否已收藏，true 为是，false 为否
truncated	boolean	是否被截断，true 为是，false 为否
in_reply_to_status_id	string	(暂未支持)回复 ID
in_reply_to_user_id	string	(暂未支持)回复人 UID
in_reply_to_screen_name	string	(暂未支持)回复人昵称
thumbnail_pic	string	缩略图片地址，没有时不返回此字段
bmiddle_pic	string	中等尺寸图片地址，没有时不返回此字段
original_pic	string	原始图片地址，没有时不返回此字段
geo	object	地理信息字段
user	object	微博作者的用户信息字段
retweeted_status	object	被转发的原微博信息字段，当该微博为转发微博时返回
reposts_count	int	转发数
comments_count	int	评论数
attitudes_count	int	表态数
mlevel	int	暂未支持
visible	object	微博的可见性及指定可见分组信息。该 object 中 type 的取值：0 为普通微博，1 为私密微博，3 为指定分组微博，4 为密友微博；list_id 为分组的组号
pic_urls	object	微博配图地址。多图时返回多图链接。无配图，则返回“[]”

3．授权接口

OAuth2 授权接口见表 6.18。

表 6.18　授 权 接 口

请求授权	oauth2/authorize	请求用户授权	Token
获取授权	oauth2/access_token	获取授权过的	Access Token

1) oauth2/authorize

OAuth2 的 authorize 接口的相关内容如下：

(1) URL：https://api.weibo.com/oauth2/authorize。

(2) HTTP 请求方式：GET/POST。

请求参数见表 6.19。

表 6.19　请 求 参 数

参数名	必选	类型及范围	说　明
client_id	true	string	申请应用时分配的 AppKey
redirect_uri	true	string	授权回调地址，站外应用需与设置的回调地址一致，站内应用需填写 canvas page 的地址
scope	false	string	申请 scope 权限所需参数，可一次申请多个 scope 权限，用逗号分隔
state	false	string	用于保持请求和回调的状态，在回调时，会在 Query Parameter 中回传该参数。开发者可以用这个参数验证请求有效性，也可以记录用户请求授权页前的位置。这个参数可用于防止跨站请求伪造(CSRF)攻击
display	false	string	授权页面的终端类型，取值见表 6.20
forcelogin	false	boolean	是否强制用户重新登录，true 为是，false 为否，默认为 false
language	false	string	授权页语言，缺省为中文简体版，en 为英文版。英文版测试中，开发者任何意见可反馈至@微博 API

display 说明和返回数据分别见表 6.20 和表 6.21。

表 6.20　display 说明

参数取值	类 型 说 明
default	默认的授权页面，适用于 Web 浏览器
mobile	移动终端的授权页面，适用于支持 html5 的手机。注：使用此版授权页应采用 https://open.weibo.cn/oauth2/authorize 授权接口
wap	wap 版授权页面，适用于非智能手机
client	客户端版本授权页面，适用于 PC 桌面应用
apponweibo	默认的站内应用授权页，授权后不返回 access_token，只刷新站内应用父框架

表 6.21　返 回 数 据

返回值字段	字段类型	字 段 说 明
code	string	用于调用 access_token，接口获取授权后的 access token
state	string	如果传递参数，会回传该参数

示例代码如下：

```
//请求
https://api.weibo.com/oauth2/authorize?client_id=123050457758183&redirect_uri=http://www.example.com/response&response_type=code

//同意授权后会重定向
http://www.example.com/response&code=CODE
```

2) oauth2/access_token

OAuth2 的 access_token 接口的相关内容如下：

(1) URL：https://api.weibo.com/oauth2/access_token。

(2) HTTP 请求方式：POST。

请求参数见表 6.22 与表 6.23。

表 6.22　请 求 参 数

参数名	必选	类型及范围	说　　明
client_id	true	string	申请应用时分配的 AppKey
client_secret	true	string	申请应用时分配的 AppSecret
grant_type	true	string	请求的类型，填写 authorization_code

表 6.23　grant_type 为 authorization_code 时的请求参数

参数名	必选	类型及范围	说　　明
code	true	string	调用 authorize 获得的 code 值
redirect_uri	true	string	回调地址，需与注册应用里的回调地址一致

返回数据代码如下：

```
{
    "access_token": "ACCESS_TOKEN",
    "expires_in": 1234,
    "remind_in":"798114",
    "uid":"12341234"
}
```

上述代码返回字段说明见表 6.24。

表 6.24　返回字段说明

返回值字段	字段类型	字 段 说 明
access_token	string	用于调用 access_token，接口获取授权后的 access token
expires_in	string	access_token 的生命周期，单位是秒数
remind_in	string	access_token 的生命周期(该参数即将废弃，开发者可使用 expires_in)
uid	string	当前授权用户的 UID

第 7 章　基于新浪微博的维修办公自动化系统

本章主要介绍基于新浪微博的维修办公自动化系统的开发。针对地产社区维修服务，可采用通用智能手机软件系统平台——Android 作为服务客户端应用 APP 运行平台，通过基于公众网络的移动数据网络通道(公众数据网 + WiFi)的社交网络平台——微博实现地产社区维修业务流程和分级查询，并能实现业务流程的实时处理和实时跟踪，以满足维修服务过程可控、可即时查询、历史可追溯的业务需求。新浪微博开放平台提供的一系列 API 接口使开发满足用户自身需求的管理系统成为可能。

7.1　系统开发环境及相关技术

本系统基于 Android 移动开发平台，使用 Java 语言开发，具有良好的平台移植性和可扩展性。新浪微博 Android SDK 为第三方微博应用提供了易用的微博 API 调用服务，使第三方微博客户端无需了解复杂的验证和 API 调用过程，就可以分享文字或者多媒体信息到新浪微博。本系统利用新浪微博开放平台向第三方开发者开放的 API 接口实现了自定义的物业维修请求及处理，为用户提供了方便快捷的物业维修服务。

Android 的上层应用程序是使用 Java 语言开发的，同时还需要基于 Dalvik 虚拟机开发，针对这种共型的开发，Google 公司推荐使用主流的 Java 开发环境 Eclipse。因为使用 Java 语言进行开发，故还应该具备由 SUN 公司提供的 JavaSDK(其中包括 JRE：Java Runtime Environment)。此外，Android 的应用程序开发与 Java 开发有较大区别，所以还需要有 Google 提供的 AndroidSDK。同时，还需要在 Eclipse 中安装 ADT，开发工具的升级下载工具为 Android 开发提供开发工具的升级或者变更。

1．JSON 数据解析

前文中，我们都是使用 XML 风格的文件来保存一些操作数据，但是通过 XML 文件完成数据的保存本身却存在着一些问题。比如存在很多相同的标签，即除了真正的数据之外，还要传递一系列的非主要数据。

JSON 采用了完全独立于语言平台的文本格式(这点与 XML 类似)，使用 JSON 可以将对象中表示的一组数据转换为字符串，然后在各个应用程序之间传递，或者在异步系统中进行服务器和客户端之间的数据传递。

JSON 操作本身有其自己的数据格式，针对这些数据格式，用户可以使用字符串来构

成，也可以直接利用 JSON 给出的操作类完成。在 Android 系统中，JSON 操作所需要的数据包已经默认集成过了，所以用户不需要额外的导包进行开发。

在 Android 应用开发中，常用的数据交换格式有 JSON 和 XML，JSON 和 XML 的数据可读性基本相同，同样拥有丰富的解析手段，但 JSON 相对于 XML 来讲，数据的体积小，与 JavaScript 的交互更加方便，速度要远远快于 XML，所以本书只对 JSON 进行讲解。

JSON 是一种轻量级的数据交换格式，具有良好的可读和便于快速编写的特性。业内主流技术为其提供了完整的解决方案(有点类似于正则表达式 ，获得了当今大部分语言的支持)，从而可以在不同平台间进行数据交换。JSON 采用兼容性很高的文本格式，同时也具备类似于 C 语言体系的行为。

Android 的 JSON 解析部分都在包 org.json 下，主要有以下几个类：

(1) JSONObject：可以看做是一个 JSON 对象，是系统中有关 JSON 定义的基本单元，包含一对 Key/Value 数值。对外部(External：应用 toString()方法输出的数值)调用的响应体现为一个标准的字符串(例如：{"JSON": "Hello， World"}，该字符串被大括号包裹，其中的 Key 和 Value 用冒号:分隔)。其对于内部(Internal)行为的操作格式，例如，初始化一个 JSONObject 实例，引用内部的 put()方法添加数值：new JSONObject().put("JSON"， "Hello，World!")，在 Key 和 Value 之间是以逗号“，”分隔。Value 的类型包括：Boolean、JSONArray、JSONObject、Number、String 或者默认值 JSONObject.NULL object 。

(2) JSONStringer：JSON 文本构建类，这个类可以帮助快速和便捷的创建 JSON text。其最大的优点在于可以减少由于格式的错误导致程序异常。引用这个类可以自动严格按照 JSON 语法规则创建 JSON 文本。每个 JSONStringer 实体只能对应创建一个 JSON text。

(3) JSONArray：代表一组有序的数值。将其转换为 String 输出(toString)所表现的形式是用方括号包裹，数值以逗号“，”分隔(例如：[value1，value2，value3]，大家可以亲自利用简短的代码更加直观的了解其格式)。这个类的内部同样具有查询行为，get()和 opt()两种方法都可以通过 index 索引返回指定的数值，put()方法用来添加或者替换数值。同样这个类的 value 类型可以包括：Boolean、JSONArray、JSONObject、Number、String 或者默认值 JSONObject.NULL object。

2. 保存 JSON 数据

本程序使用 JSONObject 和 JSONArray 类进行操作，在一个 JSONArray 中保存了多个数据(每个数据使用 JSONObject 封装)，而最后一起将多个数据保存在 JSONObject 中，程序输出后的 JSON 文档如图 7.1 所示。

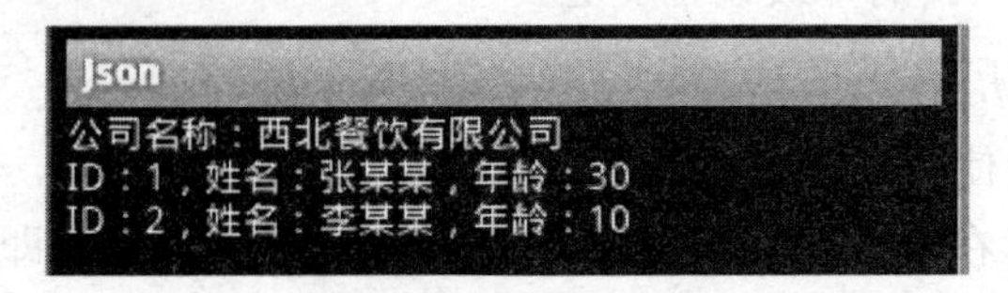

图 7.1 JSON 解析结果

生成后的 JSON 数据需要 JSON 工具进行解析，下面演示 JSON 数据解析操作。实现代码如下：

```
package com.android.study;
```

```
import java.util.ArrayList;
import java.util.HashMap;
import java.util.Iterator;
import java.util.List;
import java.util.Map;
import org.json.JSONArray;
import org.json.JSONObject;
import android.app.Activity;
import android.os.Bundle;
import android.widget.TextView;

public class JsonActivity extends Activity
{
    private TextView msg = null ;
    @SuppressWarnings("unchecked")
    @Override
    public void onCreate(Bundle savedInstanceState)
    {
        super.onCreate(savedInstanceState);
        super.setContentView(R.layout.show);
        this.msg = (TextView) super.findViewById(R.id.msg) ;
        String str = "{\"memberdata\":[{\"id\":1，\"name\":\"张某某\"，\"age\":30}，"
                + "{\"id\":2，\"name\":\"李某某\"，\"age\":10}]，\"company\":
                  \"西北餐饮有限公司\"}";
        StringBuffer buf = new StringBuffer() ;
        try {
            Map<String，Object> result = this.parseJson(str) ;          //解析文本
            buf.append("公司名称：" + result.get("company") + "\n");
            List<Map<String，Object>>all=(List<Map<String，Object>>)result.get("memberdata");
            Iterator<Map<String，Object>> iter = all.iterator() ;
            while(iter.hasNext())
            {
                Map<String，Object> map = iter.next() ;
                buf.append("ID：" + map.get("id") + "，姓名：" + map.get("name")
                            + "，年龄：" + map.get("age") + "\n");
            }
        } catch (Exception e)
        {
            e.printStackTrace();
```

```
        }
        this.msg.setText(buf) ;
    }
    private Map<String，Object> parseJson(String data) throws Exception
    {
        Map<String，Object> allMap = new HashMap<String，Object>();
        JSONObject allData = new JSONObject(data) ;                //全部的内容变为一个项
        allMap.put("company"，  allData.getString("company"));     //取出项
        JSONArray jsonArr = allData.getJSONArray("memberdata");        //取出数组
        List<Map<String，Object>> all = new ArrayList<Map<String，Object>>() ;
        for (int x = 0; x < jsonArr.length(); x++)
        {   Map<String，  Object> map = new HashMap<String，  Object>();
            JSONObject jsonObj = jsonArr.getJSONObject(x);
            map.put("id"，  jsonObj.getInt("id"));
            map.put("name"，  jsonObj.getString("name"));
            map.put("age"，  jsonObj.getInt("age"));
            all.add(map);
        }
        allMap.put("memberdata"，  all) ;
        return allMap;
    }
}
```

7.2　系统概要设计

本系统主要针对物业维修业务，维修业务流程中的基本参与者包括：业主、维修办和维修工。维修业务是基于安卓平台来完成的，主要有三个 APP 软件：业主 APP 软件，维修办 APP 软件和维修工 APP 软件。

其中，业主 APP 主要实现功能是：在房屋建筑出现问题时，业主发布微博，通过“@”维修办的方式来向其发出维修请求，并在微博中声明维修地点和维修类型，以便维修办生成工单。工单生成后业主可以查询维修信息，包括维修状态和维修工信息等。在维修完成后，业主可以对本次维修进行服务评价。

维修办 APP 主要实现功能是：在业主发布维修后进行确认，查看所有维修工当前任务，合理调派维修工并生成工单，发布微博并分别“@”业主和指派的维修工。维修办可以进行各工单维修状态的查询。

维修工 APP 主要实现功能是：维修工在收到维修办下达的工单后发布微博，同时“@”维修办和业主确认工单。到达维修现场后，将维修状态和原始故障信息拍照上传，再次“@”维修办和业主。维修完成后，发布微博“@”维修办和业主确认维修完成。

与传统的物业维修服务相比，基于新浪微博平台的维修系统实现了办公自动化，维修信息传递和处理更加及时，业务统计和查询也更加方便，不管是业主还是物业工作人员都可以即时的了解到维修的状态。较之建立服务器和基站进行信息传输的方式，基于新浪微博的客服端不必考虑通道问题，节省了资金。

维修业务基本流程如图 7.2 所示。

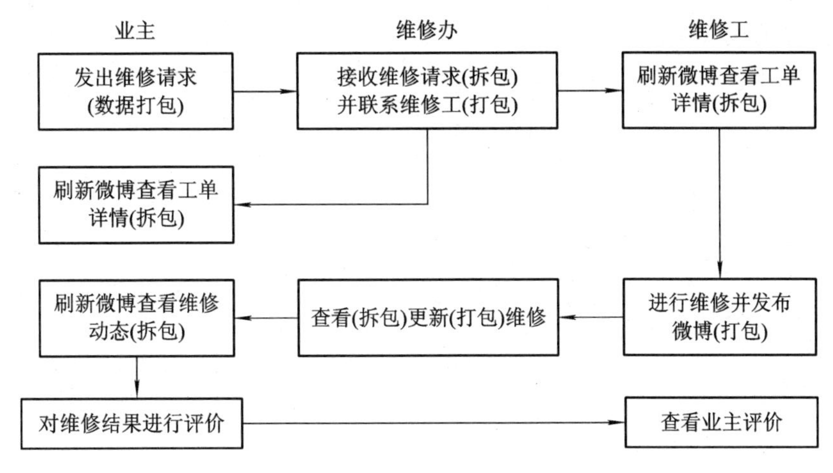

图 7.2　维修业务流程图

7.2.1　系统设计目标

系统设计目标主要有：

(1) 通过系统给业主提供更加方便快捷的物业维修服务，节省维修的时间与精力。

(2) 维修办能够较方便的进行物业的管理，对业主所发出的维修请求做出及时的处理，从而对维修工进行更好的管理。

7.2.2　系统各客户端的设计

本系统总共包含三个客户端，即业主客户端、维修工客户端和维修办客户端。

业主客户端包括客户端登录、微博认证授权、维修请求、发布微博、查看已发微博、状态刷新及服务评价等功能。

维修工客户端主要包括客户端登录、微博认证授权、查看发送微博历史记录、发布微博、状态刷新及查看服务评价等功能。

维修办客户端主要实现更新微博查看是否有维修请求、生成工单并发布微博同时“@”业主与维修工，并对工单进行管理。

7.3　系统具体功能的实现

7.3.1　业主 APP 设计

在基于新浪微博的维修办公自动化系统中，业主首先通过自己的客户端发布维修请求

然后“@”维修办，维修办收到维修请求后安排维修工进行上门维修服务，维修办生成工单并发布微博“@”业主和维修工，业主客户端刷新微博会有微博更新，并能实时了解到物业维修动态，待维修结束后业主可以对此次维修业务做出评价并发送至微博。

下面详细介绍业主 APP 各个功能的实现，各个界面的设计在前面章节中已经做过详细介绍，在此只对实现各功能的 Java 程序做详细介绍。

1. 新浪微博授权认证

用户登录和授权流程如图 7.3 所示。

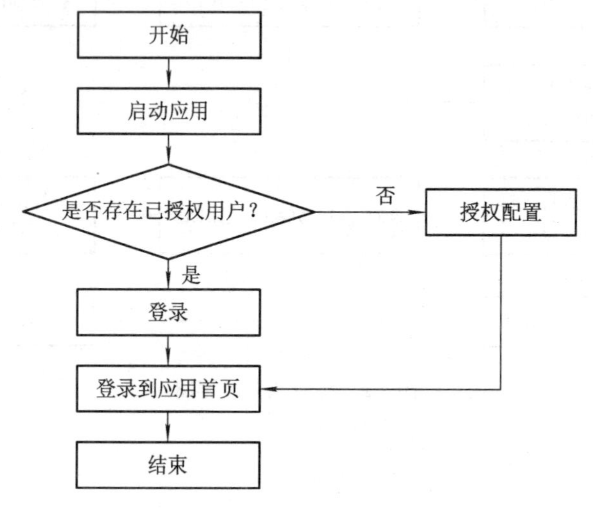

图 7.3　用户登录授权流程图

业主启动 APP 时首先进行微博认证，如图 7.4～图 7.6 所示，业主点击微博认证按钮后提示业主登录微博进行登录授权。

图 7.4　客户端认证界面

图 7.5　用户登录界面

图 7.6　登录认证成功界面

获取 accesstoken 的 Java 程序代码如下：

```
package zlj.xinlang;
import android.content.Context;
import android.content.SharedPreferences;
import android.content.SharedPreferences.Editor;
import com.weibo.sdk.android.Oauth2AccessToken;
public class AccessTokenKeeper
{
    private static final String PREFERENCES_NAME = "com_weibo_sdk_android";
    //保存 accesstoken 到 SharedPreferences
    //参数  context Activity  上下文环境
    //参数  token Oauth2AccessToken
    public static void keepAccessToken(Context context，Oauth2AccessToken token)
    {
        SharedPreferences pref = context.getSharedPreferences(PREFERENCES_NAME，
                                    Context.MODE_APPEND);
        Editor editor = pref.edit();
        editor.putString("token"，  token.getToken());
        editor.putLong("expiresTime"，  token.getExpiresTime());
        editor.commit();
    }
    //清空 sharepreference
```

```
        //参数 context
        public static void clear(Context context)
        {
            SharedPreferences pref = context.getSharedPreferences(PREFERENCES_NAME,
                                        Context.MODE_APPEND);
            Editor editor = pref.edit();
            editor.clear();
            editor.commit();
        }

        //从 SharedPreferences 读取 accessstoken
        //@param context
        //@return Oauth2AccessToken
        public static Oauth2AccessToken readAccessToken(Context context)
        {
            Oauth2AccessToken token = new Oauth2AccessToken();
            SharedPreferences pref = context.getSharedPreferences(PREFERENCES_NAME,
                                        Context.MODE_APPEND);
            token.setToken(pref.getString("token", ""));
            token.setExpiresTime(pref.getLong("expiresTime", 0));
            return token;
        }
    }
```

微博登录授权认证 Java 程序代码如下：

```
    public class MainActivity extends Activity
    {   /** Called when the activity is first created. */
        private Weibo mWeibo;
        private static final String CONSUMER_KEY = "396565345";  //替换为开发者的 appkey，
                                                                  //例如"3389033089";
        private static final String REDIRECT_URL = "http://www.sina.com"; //设置回调页面
        private Button authBtn, viewbtn, tuichu;
        private TextView mText;
        public static Oauth2AccessToken accessToken;
        public static final String TAG = "sinasdk";
        private long mExitTime;
        private Handler handler = new Handler();
        private boolean isExit = false;
        private TextView showName;
        private UsersAPI uapi;
```

```
AccountAPI account;
ImageView image;
@Override
public void onCreate(Bundle savedInstanceState)
{
    super.onCreate(savedInstanceState);
    setContentView(R.layout.main);
    mWeibo = Weibo.getInstance(CONSUMER_KEY， REDIRECT_URL);
    showName =(TextView)findViewById(R.id.showName);
    image = (ImageView)findViewById(R.id.image);
    tuichu = (Button) findViewById(R.id.tuichu);
    tuichu.setOnClickListener(new OnClickListener()
    {
        @Override
        public void onClick(View v)
        {  //TODO Auto-generated method stub
            Intent intent = new Intent();
            intent.setClass(MainActivity.this， ExitActivity.class);
            startActivity(intent);
        }
    });
    viewbtn = (Button) findViewById(R.id.goview);
    viewbtn.setOnClickListener(new OnClickListener()
    {
        @Override
        public void onClick(View v)
        {  //TODO Auto-generated method stub
            Intent intent = new Intent();
            intent.setClass(MainActivity.this， FunctionKeyActivity.class);
            startActivity(intent);
        }
    });
    authBtn = (Button) findViewById(R.id.auth);
    authBtn.setOnClickListener(new OnClickListener()
    {
        @Override
        public void onClick(View v)
        {
            mWeibo.authorize(MainActivity.this， new AuthDialogListener());
```

```
        }
    });
    MainActivity.accessToken = AccessTokenKeeper.readAccessToken(this);
    if (MainActivity.accessToken.isSessionValid())
    {
        authBtn.setVisibility(View.INVISIBLE);
        getInfo();
        String date = new java.text.SimpleDateFormat("yyyy/MM/dd hh:mm:ss")
                .format(new java.util.Date(MainActivity.accessToken
                .getExpiresTime()));
        viewbtn.setVisibility(View.VISIBLE);
        tuichu.setVisibility(View.VISIBLE);
    } else
    {
    }
}

@Override
public boolean onCreateOptionsMenu(Menu menu)
{
    getMenuInflater().inflate(R.menu.activity_main，  menu);
    return true;
}

class AuthDialogListener implements WeiboAuthListener
{
    @Override
    public void onComplete(Bundle values)
    {
        String token = values.getString("access_token");
        String expires_in = values.getString("expires_in");
        MainActivity.accessToken = new Oauth2AccessToken(token， expires_in);
        if (MainActivity.accessToken.isSessionValid())
        {
            String date = new SimpleDateFormat("yyyy/MM/dd HH:mm:ss")
                    .format(new java.util.Date(MainActivity.accessToken
                    .getExpiresTime()));
            getInfo();
            AccessTokenKeeper.keepAccessToken(MainActivity.this， accessToken);
```

```
                Toast.makeText(MainActivity.this， "认证成功"， Toast.LENGTH_SHORT)
                        .show();
                viewbtn.setVisibility(View.VISIBLE);
                tuichu.setVisibility(View.VISIBLE);
            }
        }

        @Override
        public void onError(WeiboDialogError e)
        {
            Toast.makeText(getApplicationContext()，"Auth error : "
                        + e.getMessage()， Toast.LENGTH_LONG).show();
        }
        @Override
        public void onCancel()
        {
            Toast.makeText(getApplicationContext()， "Auth cancel"，
                        Toast.LENGTH_LONG).show();
        }
        @Override
        public void onWeiboException(WeiboException e)
        {
            Toast.makeText(getApplicationContext(),
                        "Auth exception : " + e.getMessage(), Toast.LENGTH_LONG)
                        .show();
        }
    }

    @Override
    protected void onActivityResult(int requestCode， int resultCode， Intent data)
    {
        super.onActivityResult(requestCode， resultCode， data);
    }
    @Override
    public boolean onKeyDown(int keyCode， KeyEvent event)
    {
        if (keyCode == KeyEvent.KEYCODE_BACK)
        {           //当 keyCode 等于退出事件值时
            ToQuitTheApp();
```

```
            return false;
        } else
        {
            return super.onKeyDown(keyCode， event);
        }
    }
    //封装 ToQuitTheApp 方法
    private void ToQuitTheApp()
    {
        if (isExit)
        {   //ACTION_MAIN with category CATEGORY_HOME 启动主屏幕
            Intent intent = new Intent(Intent.ACTION_MAIN);
            intent.addCategory(Intent.CATEGORY_HOME);
            startActivity(intent);
            System.exit(0);//虚拟机停止运行并退出程序
        } else
        {
            isExit = true;
            Toast.makeText(MainActivity.this, "再按一次返回键退出程序",
                        Toast.LENGTH_SHORT).show();
            mHandler.sendEmptyMessageDelayed(0, 3000);         //3 秒后发送消息
        }
    }
    //创建 Handler 对象，用来处理消息
    Handler mHandler = new Handler()
    {
        public void handleMessage(Message msg)
        {   //处理消息
            super.handleMessage(msg);
            isExit = false;
        }
    };
    public void getInfo()
    {
        uapi=new UsersAPI(MainActivity.accessToken);
        account =new AccountAPI( MainActivity.accessToken);
        account.getUid(new RequestListener()
        {
            @Override
```

```
public void onComplete(String arg0)
{
    Log.i("",  " 获得成功：" + arg0);
    try
    {
        JSONObject jsonObjs =new JSONObject(arg0);
        long uid =jsonObjs.getLong("uid");
        UsersAPI user = new UsersAPI( MainActivity.accessToken);
        user.show(uid,  new RequestListener()
        {
            @Override
            public void onComplete(String arg0)
            {
                Log.i("",  " 获得成功了：" + arg0);
                try
                {
                    JSONObject jsonObjs =new JSONObject(arg0);;
                    final String screen_name =jsonObjs.getString("screen_name");
                    Log.i("",  " 获得成功：" + screen_name);
                    final String profile_image_url =jsonObjs.getString("profile_image_url");
                    Log.i("",  " 获得成功：" +profile_image_url );
                    handler.post(new Runnable()
                    {
                        @Override
                        public void run()
                        {
                            try
                            {
                                showName.setText(screen_name);
                                URL url = new URL(profile_image_url);
                                try
                                {
                                    URLConnection conn = url.openConnection();
                                    conn.connect();
                                    InputStream is = conn.getInputStream();
                                    BufferedInputStream bis = new BufferedInputStream(is);
                                    Bitmap bm = BitmapFactory.decodeStream(bis);
                                    image.setImageBitmap(bm);
                                    bis.close();
```

```
                                    is.close();
                                } catch (IOException e)
                                {   //TODO Auto-generated catch block
                                    e.printStackTrace();
                                }
                            }catch (MalformedURLException e1)
                            {
                                e1.printStackTrace();
                            }
                        }
                    });
                } catch (JSONException e)
                {
                    e.printStackTrace();
                }
            }
            @Override
            public void onError(WeiboException arg0)
            {   }
            @Override
            public void onIOException(IOException arg0)
            {   }
        });
    } catch (JSONException e)
    {
        e.printStackTrace();
    }
}
@Override
public void onError(WeiboException arg0)
{
    arg0.printStackTrace();
}
@Override
public void onIOException(IOException arg0)
{   }
});
}
}
```

2．APP 主界面

在 Activity.java 中包括了业主的所有操作，该界面中分布有 6 个按钮，每个按钮都监听对应的事件，如图 7.7 所示，下面通过 Java 程序来介绍每个部分的功能及应用。

图 7.7　客户端主界面

以下为对各个按钮进行监听操作的 Java 程序代码：

```
package zlj.xinlang;
import android.app.Activity;
import android.content.Intent;
import android.os.Bundle;
import android.view.View;
import android.widget.Button;
import android.widget.ImageButton;

public class FunctionKeyActivity extends Activity
{
    private ImageButton lookgd，gopost，lookpj，myselfweibo，qingqiu，jieshao;
    private Button backdly;

    protected void onCreate(Bundle savedInstanceState)
    {
        //TODO Auto-generated method stub
```

```
super.onCreate(savedInstanceState);
setContentView(R.layout.functionkey);
//发起维修请求的按钮监听，当点击“维修请求”时会跳转到发送微博页面
qingqiu=(ImageButton)findViewById(R.id.qingqiu);
qingqiu.setOnClickListener(new Button.OnClickListener()
{
    @Override
    public void onClick(View v)
    {
        //TODO Auto-generated method stub
        Intent intent = new Intent();
        intent.setClass(FunctionKeyActivity.this，  Postinfo.class);
        startActivity(intent);
    }
});
//进行服务评价的按钮监听，当点击此按钮时会跳转至评价界面
lookpj=(ImageButton)findViewById(R.id.lookpj);
lookpj.setOnClickListener(new Button.OnClickListener()
{
    @Override
    public void onClick(View v)
    {
        //TODO Auto-generated method stub
        Intent intent = new Intent();
        intent.setClass(FunctionKeyActivity.this，  Evaluateactivity.class);
        startActivity(intent);
    }
});
//查看工单的按钮监听，当点击此按钮时会查看最新工单信息
lookgd=(ImageButton)findViewById(R.id.lookgd);
lookgd.setOnClickListener(new Button.OnClickListener()
{
    @Override
    public void onClick(View v)
    {
        //TODO Auto-generated method stub
        Intent intent = new Intent();
        intent.setClass(FunctionKeyActivity.this，  Myactivity.class);
        startActivity(intent);
```

```
    }
});
//查看维修工发布的维修状况的按钮监听，点击此按钮会查看房屋维修状况
gopost=(ImageButton)findViewById(R.id.gopost);
gopost.setOnClickListener(new Button.OnClickListener()
{
    @Override
    public void onClick(View v)
    {
        //TODO Auto-generated method stub
        Intent intent = new Intent();
        intent.setClass(FunctionKeyActivity.this, ConditionActivity.class);
        startActivity(intent);
    }
});
//查看已发微博的按钮监听，点击此按钮会查看自己已发的微博
myselfweibo=(ImageButton)findViewById(R.id.myselfweibo);
myselfweibo.setOnClickListener(new Button.OnClickListener()
{
    @Override
    public void onClick(View v)
    {
        //TODO Auto-generated method stub
        Intent intent = new Intent();
        intent.setClass(FunctionKeyActivity.this, MyselfpostActivity.class);
        startActivity(intent);
    }
});
//返回登录页面的按钮监听，点击此按钮会返回到登录页面
backdly=(Button)findViewById(R.id.backdly);
backdly.setOnClickListener(new Button.OnClickListener()
{
    @Override
    public void onClick(View v)
    {
        //TODO Auto-generated method stub
        Intent intent = new Intent();
        intent.setClass(FunctionKeyActivity.this, MainActivity.class);
        startActivity(intent);
```

```
            }
        });
        //查看软件介绍和帮助的按钮监听，单击此按钮会跳转到软件介绍界面
        jieshao=(ImageButton)findViewById(R.id.jieshao);
        jieshao.setOnClickListener(new Button.OnClickListener()
        {
            @Override
            public void onClick(View v)
            {
                //TODO Auto-generated method stub
                Intent intent = new Intent();
                intent.setClass(FunctionKeyActivity.this, jieshaoactivity.class);
                startActivity(intent);
            }
        });
    }
}
```

3. 维修请求功能实现

业主在自己客户端选择需要维修的地点和类型，通过“@”维修办，并等待维修工进行维修。发送维修请求界面如图 7.8 所示。

图 7.8　发送维修请求界面

其实现代码如下：

```
public class Postinfo extends Activity
{
    private Spinner spinner1;                          //维修地点下拉列表
    private ArrayAdapter adapter1;
    private Spinner spinner2;                          //维修类型下拉列表
    private ArrayAdapter adapter2;
    private String str1， str2;
    private Button postbtn， backbtn;
    private AutoCompleteTextView auto;
    String[] str = {" @维修办"};
    @Override
    protected void onCreate(Bundle savedInstanceState)
    {
        //TODO Auto-generated method stub
        super.onCreate(savedInstanceState);
        setContentView(R.layout.postinfo);
        spinner1 = (Spinner) findViewById(R.id.spinner1);
        //将可选内容与 ArrayAdapter 连接起来
        adapter1 = ArrayAdapter.createFromResource(this， R.array.adr_arry，
                android.R.layout.simple_spinner_item);
        adapter1
        .setDropDownViewResource(android.R.layout.simple_spinner_dropdown_item);
                                                       //设置下拉列表的风格
        spinner1.setAdapter(adapter1);                 //将 adapter2 添加到 spinner 中
        spinner1.setVisibility(View.VISIBLE);          //设置默认值
        spinner2 = (Spinner) findViewById(R.id.spinner2);
        adapter2 = ArrayAdapter.createFromResource(this， R.array.type_arry，
                android.R.layout.simple_spinner_item);
        adapter2
        .setDropDownViewResource(android.R.layout.simple_spinner_dropdown_item);
        spinner2.setAdapter(adapter2);
        spinner2.setVisibility(View.VISIBLE);
        spinner1.setOnItemSelectedListener(new OnItemSelectedListener()
        {
            @Override
            public void onItemSelected(AdapterView<?> arg0, View arg1,
                                int arg2, long arg3)
            {
```

```
        //TODO Auto-generated method stub
        //获得某一行的数据
        str1 = (String) spinner1.getItemAtPosition(arg2);        //地址
    }
    @Override
    public void onNothingSelected(AdapterView<?> arg0)
    {
        //TODO Auto-generated method stub
    }
});
spinner2.setOnItemSelectedListener(new OnItemSelectedListener()
{
    @Override
    public void onItemSelected(AdapterView<?> arg0, View arg1,
                                int arg2, long arg3)
    {
        //TODO Auto-generated method stub
        str2 = (String) spinner2.getItemAtPosition(arg2);
    }
    @Override
    public void onNothingSelected(AdapterView<?> arg0)
    {
        //TODO Auto-generated method stub
    }
});
auto = (AutoCompleteTextView ) findViewById(R.id.auto);
ArrayAdapter<String> adapter=new ArrayAdapter<String>(Postinfo.this,
                                android.R.layout.simple_dropdown_item_1line， str);
auto.setAdapter(adapter);
postbtn = (Button) findViewById(R.id.postinfo);
postbtn.setOnClickListener(new OnClickListener()
{
    @Override
    public void onClick(View v)
    {
        //TODO Auto-generated method stub
        String str = "#" + str1 + ";" + str2 + "*" + auto.getText();
        StatusesAPI status = new StatusesAPI(MainActivity.accessToken);
        status.update(str，  ""，  ""，  new RequestListener()
```

```
                {
                    @Override
                    public void onIOException(IOException arg0)
                    {
                        //TODO Auto-generated method stub
                    }
                    @Override
                    public void onError(WeiboException arg0)
                    {
                        //TODO Auto-generated method stub
                    }
                    //@Override
                    public void onComplete(String arg0)
                    {
                        //TODO Auto-generated method stub
                    }
                });
                Intent intent = new Intent();
                intent.setClass(Postinfo.this, Postinfo.class);
                startActivity(intent);
            }
        });
        backbtn = (Button) findViewById(R.id.back);
        backbtn.setOnClickListener(new OnClickListener()
        {
            @Override
            public void onClick(View v)
            {
                //TODO Auto-generated method stub
                Intent intent = new Intent();
                intent.setClass(Postinfo.this, FunctionKeyActivity.class);
                startActivity(intent);
            }
        });
    }
}
```

图 7.9 显示的是当用户选择维修地点时出现的下拉列表，图 7.10 显示的是当用户选择维修类型时出现的下拉列表。

图 7.9　维修地点列表框

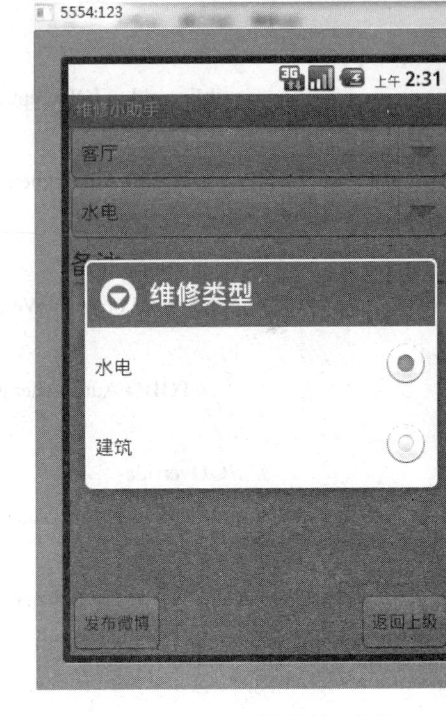

图 7.10　维修类型列表框

4．查询工单信息

业主发出维修请求后，维修办会对维修请求进行处理，即安排维修工上门维修，此过程即生成工单并“@”业主和维修工，业主通过刷新微博获取最新的维修信息，如图 7.11 所示。

图 7.11　生成维修工单

以下为刷新微博及返回的事件处理的实现代码：

```
public class ConditionActivity extends Activity
{
    StringBuilder stringBuilder = new StringBuilder("");
    Handler handler = new Handler();
    TextView textview1;
    UsersAPI uapi ;
    AccountAPI account;
    int j=1;
    String date， screen_name;
    protected void onCreate(Bundle savedInstanceState)
    {
        super.onCreate(savedInstanceState);
        setContentView(R.layout.condition);
        textview1 = (TextView) findViewById(R.id.infotext);
        textview1.setMovementMethod(ScrollingMovementMethod.getInstance());

        Button backbtn = (Button) findViewById(R.id.backmain);
        backbtn.setOnClickListener(new OnClickListener()
        {
            @Override
            public void onClick(View v)
            {
                Intent intent = new Intent();
                intent.setClass(ConditionActivity.this， FunctionKeyActivity.class);
                startActivity(intent);
            }
        });
        Button refreshbtn = (Button) findViewById(R.id.refreshBtn);
        refreshbtn.setOnClickListener(new OnClickListener()
        {
            @Override
            public void onClick(View v)
            {
                StatusesAPI status = new StatusesAPI(MainActivity.accessToken);
                status.mentions(0l， 0l， 10， 1， AUTHOR_FILTER.ALL，
                SRC_FILTER.ALL， TYPE_FILTER.ALL， false，
                new RequestListener()
                {
```

```
@Override
public void onIOException(IOException arg0)
{

}
@Override
public void onError(WeiboException arg0)
{

}
@Override
public void onComplete(String arg0)
{
    Log.i("", " 获得成功: " + arg0);
    try
    {
        JSONArray jsonObjs = new JSONObject(arg0)
                            .getJSONArray("statuses");
        for (int i = 0; i < jsonObjs.length(); i++)
        {
            JSONObject jsonObj = jsonObjs.getJSONObject(i);
            final String text = jsonObj.getString("text");

            final String date1 = jsonObj.getString("created_at");
            Date dates;
            try
            {
                dates = new SimpleDateFormat("EEE MMM d HH:mm:ss Z
                        yyyy", Locale.ENGLISH).parse(date1);
                date= new SimpleDateFormat("yyyy 年 MM 月 dd 日
                        hh:mm:ss").format(dates);
            } catch (ParseException e)
            {
                e.printStackTrace();
            }
            JSONObject user = (JSONObject) jsonObj.get("user");
                                            //user 是 object 格式
            Log.i("", " 获得成功了: " + user);
            try
```

```
{
    // final String screen_name=user.getString("screen_name");
    //不能在前面加 final String，定义了所有的，返回时是 null
    screen_name=user.getString("screen_name");
    Log.i("",  " 获得成功，昵称：" + screen_name);
}finally{}
handler.post(new Runnable()
{
    @Override
    public void run()
    {
        Log.i("", "获得成功："+ text);
        char[] cha = text.toCharArray();
        int len = cha.length;
        String[] str;
        String text1;
        if (cha[0] == '&' )
        {
            text1 = "";
            for (int i = 1; i < len - 1; i++)
            {
                if(cha[i]=='*')
                {
                    break;
                }
                text1 += cha[i];
            }

            str = text1.split(";");
            len = str.length;
            switch (len)
            {
                case 1:
                    stringBuilder. append(String.valueOf(j++)
                    +"时间："+date+ "\r\n"+"昵称："+screen_name
                    + "\r\n"+ " "+"\r\n"+"工单号：" + "\r\n" + str[0]
                    +"\r\n"+"------------------------------------"+ "\r\n");
                    break;
                case 2:
```

```
                stringBuilder. append(String.valueOf(j++)
                +"时间："+date+ "\r\n"+"昵称："+screen_name
                + "\r\n"+ " "+"\r\n"+"工单号：" + str[0] + "\r\n"
                +"维修状态："+ str[1] +"\r\n "+"
                ------------------------------------"+ "\r\n");
                break;
            case 3:
                stringBuilder. append(String.valueOf(j++)
                +"时间："+date+ "\r\n"+" 昵称："+screen_name
                + "\r\n"+ " "+"\r\n"+"工单号：" + str[0] + "\r\n"
                + "业主信息："+ str[1]+ "\r\n" + "维修状态："
                +str[2] + "\r\n"+ "------------------------------------"
                + "\r\n");
                break;
            case 4:
                stringBuilder. append(String.valueOf(j++)
                +"时间："+date+ "\r\n"+" 昵称："+screen_name
                + "\r\n"+ " "+"\r\n"+"工单号：" + str[0] + "\r\n"
                + "业主信息："+str[1] + "\r\n" + "维修类型："
                + str[2] + "\r\n"+ "维修工信息：" + str[3] + "\r\n"
                + "------------------------------------" + "\r\n");
                break;
            case 5:
                stringBuilder. append(String.valueOf(j++)
                +"时间："+date+ "\r\n"+" 昵称："+screen_name
                + "\r\n"+ " "+"\r\n"+"工单号：" + str[0] + "\r\n"
                + "业主信息："+ str[1]+ "\r\n" + "维修类型："
                + str[2] + "\r\n"+ "维修状态：" + str[3] + "\r\n"
                + "维修工信息：" + str[4]+ "\r\n"
                + "------------------------------------"
                + "\r\n");
                break;
            default:
                break;
        }
    }
    textview1.setText(stringBuilder);
  }
});
```

```
                    }
                } catch (JSONException e)
                {
                    System.out.println("Jsons parse error !");
                    e.printStackTrace();
                }
            }
        });
    }
    });
  }
}
```

5．服务评价

维修工完成维修业务之后业主要对其维修的结果做评价并“@”维修工与维修办，维修工可以查看业主对自己的服务评价，维修办也可以根据此评价对维修工的业绩进行考核，评价界面如图 7.12 所示。

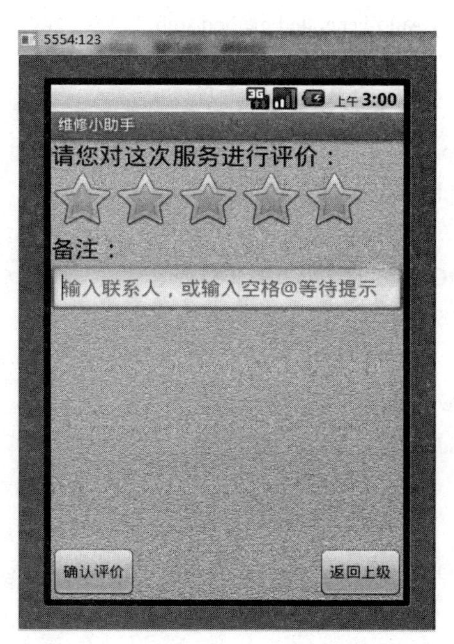

图 7.12　评价界面

业主点击确认评价后就会以微博的形式发送出去。实现代码如下：

```
public class Evaluateactivity extends Activity
{
    private AutoCompleteTextView auto;
    private String text1;
    Handler handler =new Handler();
```

```
@Override
protected void onCreate(Bundle savedInstanceState)
{   //TODO Auto-generated method stub
    super.onCreate(savedInstanceState);
    setContentView(R.layout.evaluateactivity);

    final RatingBar rb = (RatingBar) findViewById(R.id.ratingBar1);
    auto = (AutoCompleteTextView) findViewById(R.id.auto);
    StatusesAPI status = new StatusesAPI(MainActivity.accessToken);
    status.mentions(0l, 0l, 10, 1, AUTHOR_FILTER.ALL,
                SRC_FILTER.ALL, TYPE_FILTER.ALL, false,
                new RequestListener()
    {
        @Override
        public void onIOException(IOException arg0)
        {
            //TODO Auto-generated method stub
        }

        @Override
        public void onError(WeiboException arg0)
        {
            //TODO Auto-generated method stub
        }

        @Override
        public void onComplete(String arg0)
        {
            try {
                JSONArray jsonObjs = new JSONObject(arg0). getJSONArray("statuses");
                for (int i = 0; i < jsonObjs.length(); i++)
                {
                    JSONObject jsonObj=jsonObjs.getJSONObject(i);
                    final String text = jsonObj.getString("text");
                    final JSONObject jsonObj1 = jsonObj. getJSONObject("user");
                    text1 = jsonObj1.getString("screen_name");
                    handler.post( new Runnable()
                    {
                        @Override
```

```
                    public void run()
                    {
                        int n=0, k=0;
                        String[]str=new String[100];
                        str[n]=text1;
                        Log.i("", "陕西省: "+ str[n]);
                        n++;
                        for(int m=0;m<str.length; m++)
                        {
                            if(str[m]!=null)
                            {
                                k++;
                            }
                        }
                        String[] strB= new String[k];
                        for(int m=0;m<k;m++)
                        {
                            strB[m]=" @维修办@".concat(str[m]);
                        }
                        ArrayAdapter<String> adapter=new ArrayAdapter<String>
                                    (Evaluateactivity.this,android.R.layout.
                                    simple_dropdown_item_1line, strB);
                        auto.setAdapter(adapter);
                    }
                });
            }
        } catch (JSONException e)
        {
            System.out.println("Jsons parse error !");
            e.printStackTrace();
        }
    }
});
Button goback = (Button) findViewById(R.id.backk);
goback.setOnClickListener(new OnClickListener()
{
    @Override
    public void onClick(View v)
    {
```

```
                //TODO Auto-generated method stub
                Intent intent = new Intent();
                intent.setClass(Evaluateactivity.this, FunctionKeyActivity.class);
                startActivity(intent);
            }
        });
        Button evaluatebtn = (Button) findViewById(R.id.evaluate);
        evaluatebtn.setOnClickListener(new OnClickListener()
        {
            @Override
            public void onClick(View v)
            {   //TODO Auto-generated method stub
                float eva = rb.getRating();
                String str = "$"+ Float.toString(eva)+ "星" + ";" +auto.getText()+"*";
                StatusesAPI status = new StatusesAPI(MainActivity.accessToken);
                status.update(str， "", "", new RequestListener()
                {
                    @Override
                    public void onIOException(IOException arg0)
                    {
                        //TODO Auto-generated method stub
                    }

                    @Override
                    public void onError(WeiboException arg0)
                    {
                        //TODO Auto-generated method stub
                    }

                    @Override
                    public void onComplete(String arg0)
                    {
                    //TODO Auto-generated method stub
                    }
                });
            }
        });
    }
}
```

6．维修状况

维修办接收物业的维修请求后进行处理，调派合理的维修工并生成工单，发布微博并分别“@”维修工和业主。在维修过程中，维修工可将当前维修状态通过发布微博的形式来告知维修办和业主，业主可以通过查看微博来获取当前房屋维修情况。查看维修状态界面如图 7.13 所示。

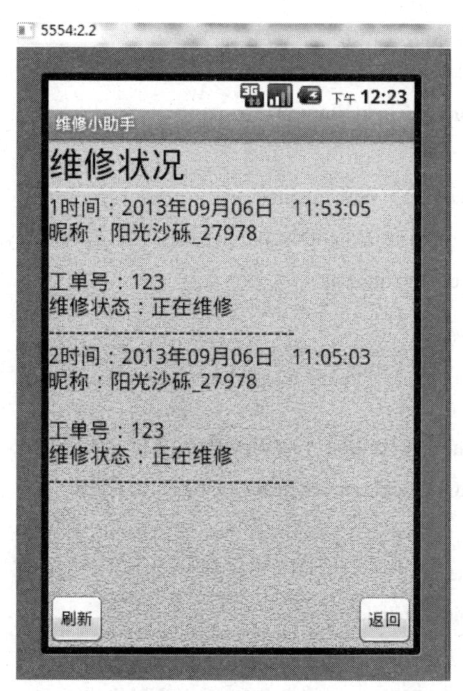

图 7.13　查看维修状态界面

业主查看最新维修状况的 Java 程序如下：

```
public class ConditionActivity extends Activity
{
    StringBuilder stringBuilder = new StringBuilder("");
    Handler handler = new Handler();
    TextView textview1;
    // ImageView imageView1;
    UsersAPI uapi ;
    AccountAPI account;
    int j=1;
    String date，screen_name;
    protected void onCreate(Bundle savedInstanceState)
    {
        super.onCreate(savedInstanceState);
        setContentView(R.layout.condition);
```

```
textview1 = (TextView) findViewById(R.id.infotext);
textview1.setMovementMethod(ScrollingMovementMethod.getInstance());

Button backbtn = (Button) findViewById(R.id.backmain);
backbtn.setOnClickListener(new OnClickListener()
{
    @Override
    public void onClick(View v)
    {
        Intent intent = new Intent();
        intent.setClass(ConditionActivity.this，  FunctionKeyActivity.class);
        startActivity(intent);
    }
});

Button refreshbtn = (Button) findViewById(R.id.refreshBtn);
refreshbtn.setOnClickListener(new OnClickListener()
{
    @Override
    public void onClick(View v)
    {
        StatusesAPI status = new StatusesAPI(MainActivity.accessToken);
        status.mentions(0l, 0l, 10, 1, AUTHOR_FILTER.ALL,
                    SRC_FILTER.ALL, TYPE_FILTER.ALL, false,
                    new RequestListener()
        {
            @Override
            public void onIOException(IOException arg0)
            {

            }

            @Override
            public void onError(WeiboException arg0)
            {

            }

            @Override
```

```
public void onComplete(String arg0)
{
    Log.i("",  " 获得成功：" + arg0);
    try {
        JSONArray jsonObjs = new JSONObject(arg0)
                             .getJSONArray("statuses");
        for (int i = 0; i < jsonObjs.length(); i++)
        {
            JSONObject jsonObj = jsonObjs.getJSONObject(i);
            final String text = jsonObj.getString("text");
            final String date1 = jsonObj.getString("created_at");
            Date dates;
            try {
                dates = new SimpleDateFormat("EEE MMM d HH:mm:ss Z yyyy",
                Locale.ENGLISH).parse(date1);
                date= new SimpleDateFormat("yyyy 年 MM 月 dd 日
                hh:mm:ss").format(dates);
            } catch (ParseException e)
            {
                e.printStackTrace();
            }
            JSONObject user = (JSONObject) jsonObj.get("user");
                                                   // user 是 object 格式
            Log.i(""," 获得成功了：" + user);
            try{
                screen_name=user.getString("screen_name");

                Log.i("",  " 获得成功昵称：" + screen_name);
            }finally{}
            handler.post(new Runnable()
            {

                @Override
                public void run()
                {
                    Log.i("", "获得成功二："+ text);
                    char[]cha = text.toCharArray();
                    int len = cha.length;
                    String[] str;
```

```
String text1;
if (cha[0] == '&' )
{
    text1 = "";
    for(int i=1;i<len-1 i++)
    {
        if(cha[i]=='*')
        {
            break;
        }

        text1 += cha[i];
    }

    str = text1.split(";");
    len = str.length;
    switch (len)
    {
        case 1:
            stringBuilder. append(String.valueOf(j++)
              +"时间："+date+ "\r\n"+"昵称："
              +screen_name+ "\r\n"+ " "+"\r\n"+"工单号："
              + "\r\n" + str[0]+"\r\n"
              +" ------------------------------------" + "\r\n");
            break;
        case 2:
            stringBuilder. append(String.valueOf(j++)
              +"时间："+date+ "\r\n"+"昵称："
              +screen_name+ "\r\n"+ " "+"\r\n"+"工单号："
              + str[0] + "\r\n"+"维修状态："+str[1]+"\r\n"
              +"------------------------------------"+ "\r\n");
            break;
        case 3:
            stringBuilder. append(String.valueOf(j++)
              +"时间："+date+ "\r\n"+" 昵称："
              +screen_name+ "\r\n"+ " "+"\r\n"+"工单号："
              + str[0] + "\r\n" + "业主信息："
              +str[1] + "\r\n" + "维修状态:" + str[2]
              +"\r\n"+ "------------------------------------" + "\r\n");
```

```
                                    break;
                                case 4:
                                    stringBuilder. append(String.valueOf(j++)
                                      +"时间："+date+ "\r\n"+" 昵称："
                                      +screen_name+ "\r\n"+ " "+"\r\n"+"工单号："
                                      + str[0] + "\r\n" + "业主信息："+str[1]
                                      + "\r\n" + "维修类型：" + str[2] + "\r\n"
                                      + "维修工信息：" + str[3] + "\r\n"
                                      + "------------------------------------" + "\r\n");
                                    break;
                                case 5:
                                    stringBuilder. append(String.valueOf(j++)
                                      +"时间："+date+ "\r\n"+" 昵称："
                                      +screen_name+ "\r\n"+ " "+"\r\n"+"工单号："
                                      + str[0] + "\r\n" + "业主信息："+str[1]
                                      + "\r\n" + "维修类型：" + str[2] + "\r\n"
                                      + "维修状态：" + str[3] + "\r\n"
                                      + "维修工信息：" + str[4] + "\r\n"
                                       + "-----------------------------------" + "\r\n");
                                    break;
                                default:
                                    break;
                            }
                        }
                        textview1.setText(stringBuilder);
                    }
                });
            }
        } catch (JSONException e)
        {
            System.out.println("Jsons parse error !");
            e.printStackTrace();
        }
    }
  });
 }
});
}
}
```

7. 已发微博

业主可以通过此功能查询自己所发微博，界面如图 7.14 所示。

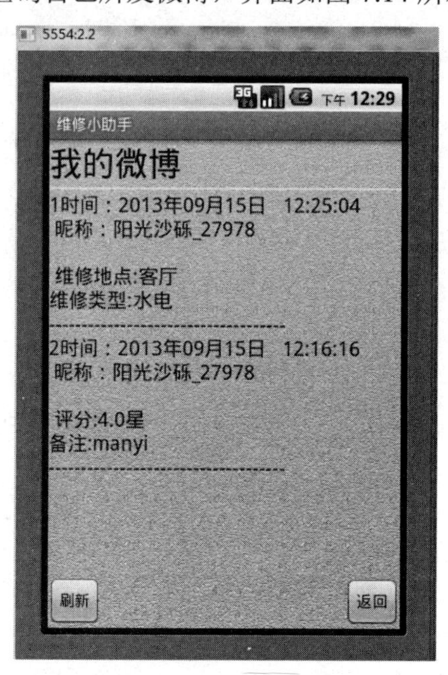

图 7.14 查看已发微博界面

以下为查看已发微博的主要程序代码：

```
public class MyselfpostActivity extends Activity
{
    StringBuilder stringBuilder = new StringBuilder();
    Handler handlereva = new Handler();
    TextView textviewself;
    String textself, nameself, timeself, picself, screen_name;
    Object user;
    String date;
    int j=1;

    protected void onCreate(Bundle savedInstanceState)
    {
        //TODO Auto-generated method stub
        super.onCreate(savedInstanceState);
        setContentView(R.layout.myselfpost);
        textviewself = (TextView) findViewById(R.id.infotextmyself);
        textviewself.setMovementMethod(ScrollingMovementMethod.getInstance());

        Button backmaineva = (Button) findViewById(R.id.backmainmyself);
```

```
backmaineva.setOnClickListener(new OnClickListener()
{

    @Override
    public void onClick(View v)
    {
        //TODO Auto-generated method stub
        Intent intent = new Intent();
        intent.setClass(MyselfpostActivity.this， FunctionKeyActivity.class);
        startActivity(intent);
    }
});

Button refreshbtneva = (Button) findViewById(R.id.refreshBtnmyself);
refreshbtneva.setOnClickListener(new OnClickListener()
{
    @Override
    public void onClick(View v)
    {
        //TODO Auto-generated method stub
        StatusesAPI status = new StatusesAPI(MainActivity.accessToken);
        status.userTimeline(01, 01, 1, 1, false，
                    FEATURE.ALL, false,     //调用微博 API 获取用户已发微博
                    new RequestListener()
        {
            @Override
            public void onIOException(IOException arg0)
            {
                //TODO Auto-generated method stub

            }

            @Override
            public void onError(WeiboException arg0)
            {
                //TODO Auto-generated method stub

            }
```

```
@Override
public void onComplete(String arg0)
{
    //TODO Auto-generated method stub
    Log.i("",  " 获得成功: " + arg0);
    try
    {
        JSONArray jsonObjs = new JSONObject(arg0)
                                .getJSONArray("statuses");
        for (int i = 0; i < jsonObjs.length(); i++)
        {
            JSONObject jsonObj = jsonObjs
                                .getJSONObject(i);
            textself = jsonObj.getString("text");
            timeself = jsonObj.getString("created_at");
            Log.i("内容: ",  textself);

            Date dates;
            try
            {
                dates = new SimpleDateFormat("EEE MMM d HH:mm:ss Z yyyy",
                                    Locale.ENGLISH).parse(timeself);
                date= new SimpleDateFormat("yyyy 年 MM 月 dd 日
                                    hh:mm:ss").format(dates);
            } catch (ParseException e)
            {
                e.printStackTrace();
            }

            JSONObject user = (JSONObject) jsonObj. get("user");
                                            // user 是 object 格式
            Log.i("", " 获得成功了: " + user);
            try
            {
                //不能在前面加 final String, 定义了所有的, 返回时是 null
                screen_name=user.getString ("screen_name");
                decode();
                handlereva.post(runnableUi);
            }
```

```
                    }.start();
                }finally{}
            }


        } catch (JSONException e)
        {
            System.out.println("Jsons parse error !");
            e.printStackTrace();
        }
    }
  });//
}

//构建 Runnable 对象，在 runnable 中更新界面
Runnable runnableUi = new Runnable()
{   //线程中更新 UI
    @Override
    public void run()
    {
        //更新界面
        textviewself.setText(stringBuilder);
    }
};

public StringBuilder decode()
{
    Log.i("",  " 获得成功了：" + textself);
    String[] textstr = textself.split("@");
    for (int i = 0; i < textstr.length; i++)
    {
        char[] cha = null;
        cha = textstr[i].toCharArray();
        int len = cha.length;
        String[] str;
        if (cha[0] == '#' && cha[len - 1] == '*')
        {
            textself = "";
            for (int j = 1; j < len - 1; j++)
```

```
        {
            textself += cha[j];
        }
        str = textself.split(";");
        Log.i("", " 获得成功一：" + str[0]);
        len = str.length;
        switch (len)
        {
            case 1:
                stringBuilder.append(String.valueOf(j++)+"时间："+date+ "\r\n"+" 昵称："
                    +screen_name+ "\r\n"+ " "+"\r\n"+" 评分:" + "\r\n" + str[0]+ "\r\n"
                    + "------------------------------------" + "\r\n");
                break;
            case 2:
                stringBuilder.append(String.valueOf(j++)+"时间："+date+ "\r\n"+" 昵称："
                    +screen_name+ "\r\n"+ " "+"\r\n"+" 评分:" + str[0] + "\r\n"+"备注:"
                    + str[1] +"\r\n" +"------------------------------------" + "\r\n");
                break;

            default:
                break;
        }
    }
    // if 语句加在这句下面
    if (cha[0] == '$' && cha[len - 1] == '*')
    {
        textself = "";
        for (int j = 1; j < len - 1; j++)
        {
            textself += cha[j];
        }
        str = textself.split(";");
        Log.i("", " 获得成功服务评价：" + str[0]);
        len = str.length;
        switch (len)
        {
            case 1:
                stringBuilder.append(String.valueOf(j++)+"时间："+date+ "\r\n"+" 昵称："
                  +screen_name+ "\r\n"+ " "+"\r\n"+" 评分:" + "\r\n" + str[0]+ "\r\n"
```

```
                + "------------------------------------" + "\r\n");
            break;
        case 2:
            stringBuilder.append(String.valueOf(j++)+"时间："+date+ "\r\n"+" 昵称："
                +screen_name+ "\r\n"+ " "+"\r\n"+" 评分:" + str[0] + "\r\n"+"备注:"
                + str[1] +"\r\n" +"------------------------------------" + "\r\n");
            break;
        default:
            break;
        }
      }
    }
    return stringBuilder;
  }
}
```

以上几部分为业主客户端实现的主要功能，主要是对软件进行了简单的介绍，其实现比较简单，在此不做单独介绍。

7.3.2　维修办 APP 设计

业主发出维修请求后，维修办生成工单并指派维修工前去进行维修。维修办可对维修工和业主进行数据库的管理，并将所有工单存入数据库，这极大的方便了维修办对于小区的物业管理。下面详细介绍维修办 APP 的功能设计。

维修办 APP 是在 Eclipse 中创建 Java 工程，这与业主与维修工 APP 的设计有所不同，用户可利用新浪微博开放平台向第三方开发者提供的 API 进行自己所需的功能实现。

实现主界面的主要程序如下：

```
public MainDialog(User user)
{
    setTitle("基于移动社交网络的维修服务平台管理中心");
    try
    {
        UIManager.setLookAndFeel("com.sun.java.swing.plaf.nimbus.NimbusLookAndFeel");
    } catch (Exception e)
    {
        e.printStackTrace();
    }
    setIconImage(Toolkit.getDefaultToolkit().getImage(WeiboConstants.LOGO));
    setDefaultCloseOperation(JDialog.HIDE_ON_CLOSE);
    setLayout(null);
    setSize(800, 500);
```

```
getContentPane().setBackground(Color.white);
tabbedPane.addTab("新消息", null, new MyScrollPane(), "新消息" );
tabbedPane.addTab("工单管理", null, new MyScrollPane(), "工单管理");
tabbedPane.addTab("维修人员管理", null, new MyScrollPane(),  "维修人员管理");
tabbedPane.addTab("业主管理", null, new MyScrollPane(),  "业主管理");
tabbedPane.setBounds(0, 36, 800, 464);
tabbedPane.addChangeListener(new ChangeListener()
{
    public void stateChanged(ChangeEvent e)
    {
        int index = tabbedPane.getSelectedIndex();    //用于判断是否是第一次点击
        FirstClick thread = new FirstClick((MyScrollPane) tabbedPane
                        .getSelectedComponent(),  index);
        thread.start();
    }
});
```

以上代码实现界面如图 7.15 所示。

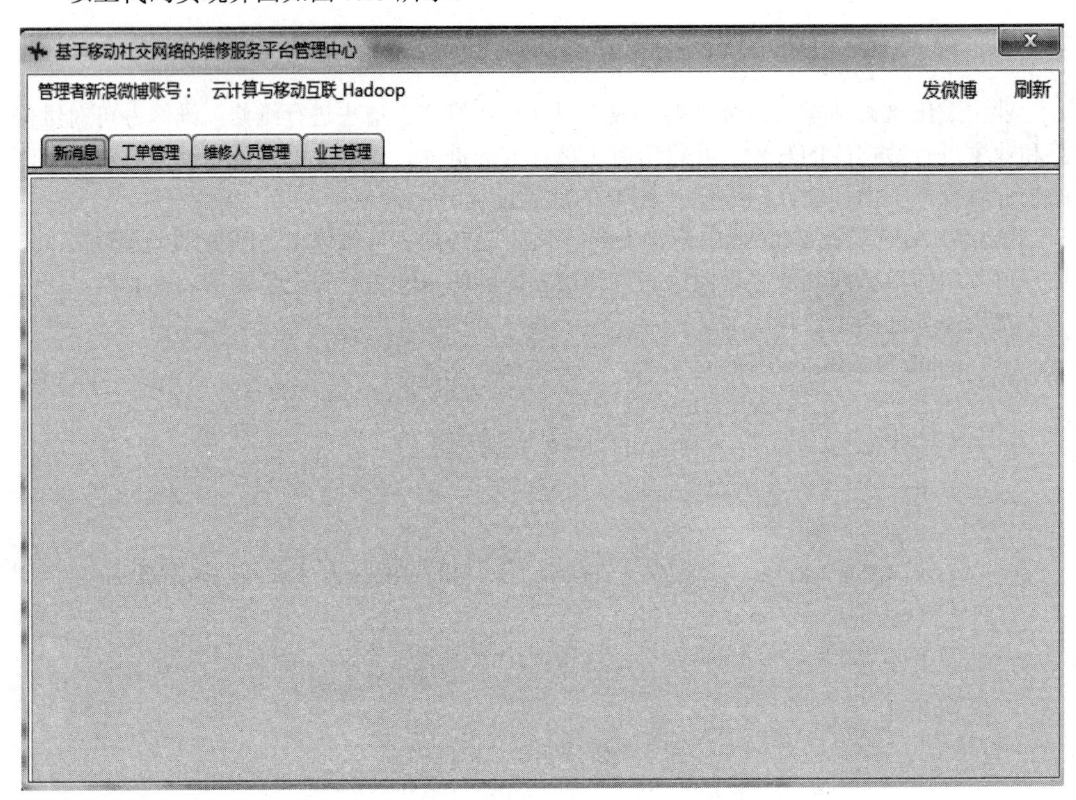

图 7.15　维修办客户端主界面

点击新消息之后就会出现最近“@”他的微博，即维修请求，如图 7.16 所示。

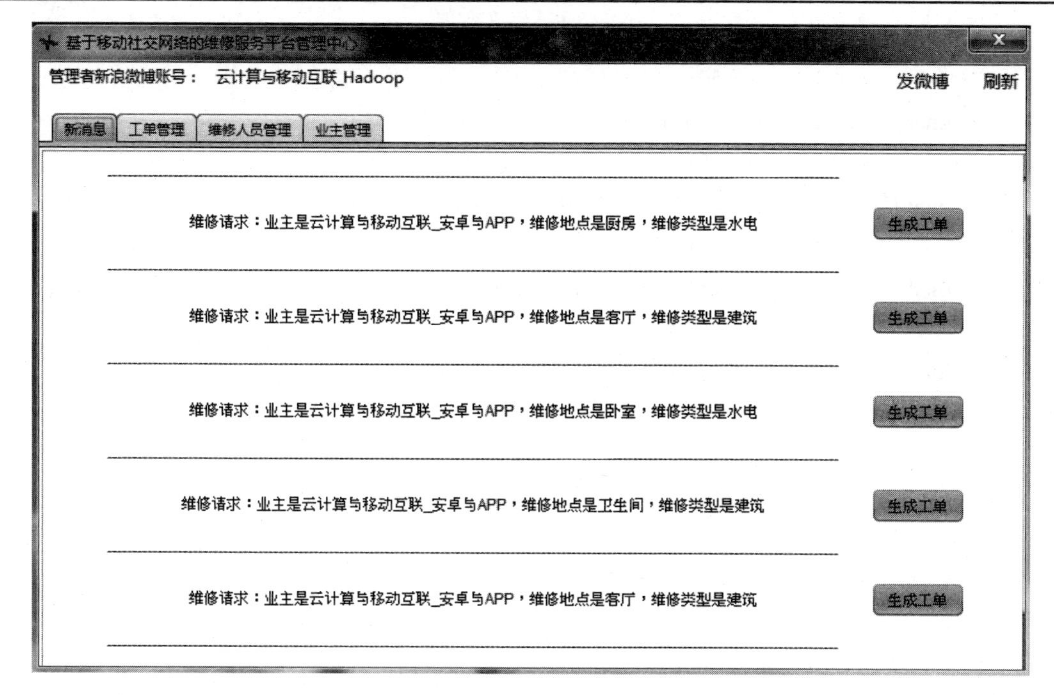

图 7.16　查看维修请求

点击生成工单后，如图 7.17 所示。

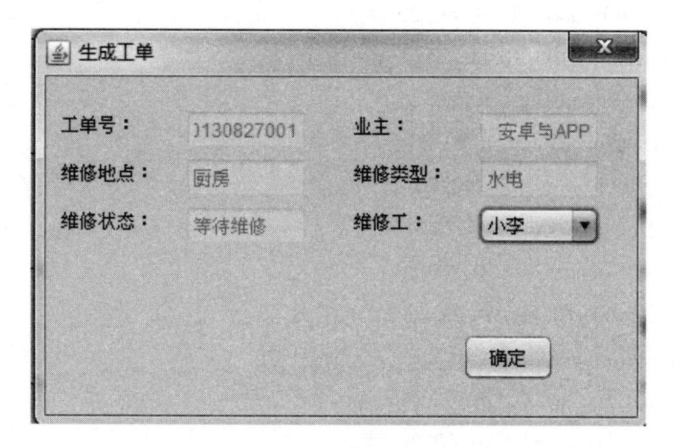

图 7.17　生成工单

以上内容相关程序代码如下：

```
JLabel gdhJLabel = new JLabel("工单号：");
JLabel yzJLabel = new JLabel("业主：");
JLabel wxddJLabel = new JLabel("维修地点：");
JLabel lxJLabel = new JLabel("维修类型：");
JLabel ztJLabel = new JLabel("维修状态：");
JLabel wxgJLabel = new JLabel("维修工：");
final JTextField gdhTextField = new JTextField(
                        gdhCre.toString(),   50);
```

```
final JTextField yzTextField = new JTextField(yz,
                50);
final JTextField wxddTextField = new JTextField(wxdd,
                50);
final JTextField lxTextField = new JTextField(wxlx,
                50);
final JTextField ztTextField = new JTextField(
                "等待维修", 50);
final JComboBox wxgComboBox = new JComboBox();
wxgComboBox.addItem("小李");

gdhTextField.setEnabled(false);
yzTextField.setEnabled(false);
wxddTextField.setEnabled(false);
lxTextField.setEnabled(false);
ztTextField.setEnabled(false);
```

各个组件的摆放位置实现程序：

```
gdhJLabel.setBounds(10, 20, 80, 20);
gdhTextField.setBounds(90, 20, 80, 25);
yzJLabel.setBounds(200, 20, 80, 20);
yzTextField.setBounds(280, 20, 80, 25);
wxddJLabel.setBounds(10, 50, 80, 20);
wxddTextField.setBounds(90, 50, 80, 25);
lxJLabel.setBounds(200, 50, 80, 20);
lxTextField.setBounds(280, 50, 80, 25);
ztJLabel.setBounds(10, 80, 80, 20);
ztTextField.setBounds(90, 80, 80, 25);
wxgJLabel.setBounds(200, 80, 80, 20);
wxgComboBox.setBounds(280, 80, 80, 25);
oKBut.setBounds(270, 160, 60, 30);

container.add(gdhJLabel);
container.add(yzJLabel);
container.add(wxddJLabel);
container.add(lxJLabel);
container.add(ztJLabel);
container.add(wxgJLabel);
container.add(gdhTextField);
container.add(yzTextField);
```

```
container.add(wxddTextField);
container.add(lxTextField);
container.add(ztTextField);
container.add(wxgComboBox);
container.add(oKBut);

oKBut.addMouseListener(new MouseAdapter()
{
    @Override
    public void mouseClicked(MouseEvent e)
    {
        if (!ea.openConnection())
        {
            System.err
                .println("open connection err.");
            System.exit(1);
        }

        int ret = ea.insertGongDan("w",  "er",  "1r", "r", "3r",  "we");
        ea.closeConnection();
        if (ret == 1)
        {
            System.out.println("inserting success.");
        } else {
            System.out.println("inserting failed.");
        }
        //发微博
        String statuses = "#"
                        + gdhTextField.getText()
                        + ";"
                        + yzTextField.getText()
                        + ";"
                        + wxddTextField.getText()
                        + ";"
                        + lxTextField.getText()
                        + ";"
                        + ztTextField.getText()
                        + ";"
                        + wxgComboBox.getSelectedItem(). toString() + "*" + "@维修办"+ "@"
```

```
                    + yzTextField.getText();//从维修工表中查找维修工的微博名字;
        Timeline tm = new Timeline();
        try {
            Status status = tm
                    .UpdateStatus(statuses);
            Log.logInfo(status.toString());
        } catch (WeiboException e1)
        {
            e1.printStackTrace();
        }
    }
});
```

7.3.3　维修工 APP 设计

维修工 APP 的主要功能包括查看已发微博历史记录、发布微博、状态刷新和查看评价。客户端登录和微博授权认证与业主 APP 设计一样，在此不做赘述，下面主要介绍以上四部分功能模块。其中，对于各个界面的设计在此也不做过多解释，主要介绍各 Activity.java 程序。

1. 获取 Access Token，授权用户登录

AccessTokenKeeper.java 程序如下：

```
package zlj.xinlang;
import android.content.Context;
import android.content.SharedPreferences;
import android.content.SharedPreferences.Editor;
import com.weibo.sdk.android.Oauth2AccessToken;
public class AccessTokenKeeper
{
    private static final String PREFERENCES_NAME = "com_weibo_sdk_android";
    以下方法为保存 accesstoken 到 SharedPreferences，传递参数为 context Activity 上下文环境、
        token Oauth2AccessToken
    public static void keepAccessToken(Context context,  Oauth2AccessToken token)
    {
        SharedPreferences pref = context.getSharedPreferences(PREFERENCES_NAME,
                                Context.MODE_APPEND);
        Editor editor = pref.edit();
        editor.putString("token",  token.getToken());
        editor.putLong("expiresTime",  token.getExpiresTime());
        editor.commit();
```

```
        }
        以下方法为清空 sharepreference，所需传递参数为 context
        public static void clear(Context context)
        {
            SharedPreferences pref = context.getSharedPreferences(PREFERENCES_NAME,
                                        Context.MODE_APPEND);
            Editor editor = pref.edit();
            editor.clear();
            editor.commit();
        }
        //以下方法为从 SharedPreferences 读取 accessstoken 方法，所需传递的参数为 context、
Oauth2AccessToken
        public static Oauth2AccessToken readAccessToken(Context context)
        {
            Oauth2AccessToken token = new Oauth2AccessToken();
            SharedPreferences pref = context.getSharedPreferences(PREFERENCES_NAME,
                                        Context.MODE_APPEND);
            token.setToken(pref.getString("token",  ""));
            token.setExpiresTime(pref.getLong("expiresTime",  0));
            return token;
        }
    }
```

2. 授权界面

MainActivity.java 程序如下：

```
    package zlj.xinlang;
    import java.io.BufferedInputStream;
    import java.io.IOException;
    import java.io.InputStream;
    import java.net.MalformedURLException;
    import java.net.URL;
    import java.net.URLConnection;
    import java.text.SimpleDateFormat;
    import org.json.JSONException;
    import org.json.JSONObject;

    import com.weibo.sdk.android.Oauth2AccessToken;
    import com.weibo.sdk.android.Weibo;
    import com.weibo.sdk.android.WeiboAuthListener;
```

```
import com.weibo.sdk.android.WeiboDialogError;
import com.weibo.sdk.android.WeiboException;
import com.weibo.sdk.android.api.AccountAPI;
import com.weibo.sdk.android.api.UsersAPI;
import com.weibo.sdk.android.net.RequestListener;

import android.app.Activity;
import android.content.Intent;
import android.graphics.Bitmap;
import android.graphics.BitmapFactory;
import android.os.Bundle;
import android.os.Handler;
import android.os.Message;
import android.util.Log;
import android.view.KeyEvent;
import android.view.Menu;
import android.view.View;
import android.view.View.OnClickListener;
import android.widget.Button;
import android.widget.ImageView;
import android.widget.TextView;
import android.widget.Toast;

public class MainActivity extends Activity
{
    /** Called when the activity is first created. */
    private Weibo mWeibo;
    private static final String CONSUMER_KEY = "3389033089";
                                              //替换为开发者的 appkey，例如"1646212860";
    private static final String REDIRECT_URL = "http://www.sina.com";
    private Button authBtn， viewbtn，tuichu;
    private TextView mText;
    public static Oauth2AccessToken accessToken;
    public static final String TAG = "sinasdk";
    private long mExitTime;
    private Handler handler = new Handler();
    private boolean isExit = false;
    private TextView showName;
    private UsersAPI uapi;
```

```
AccountAPI account;
ImageView image;
@Override
public void onCreate(Bundle savedInstanceState)
{
    super.onCreate(savedInstanceState);
    setContentView(R.layout.main);
    mWeibo = Weibo.getInstance(CONSUMER_KEY， REDIRECT_URL);
    showName =(TextView)findViewById(R.id.showName);
    image = (ImageView)findViewById(R.id.image);
    tuichu = (Button) findViewById(R.id.tuichu);
    tuichu.setOnClickListener(new OnClickListener()
    {
        @Override
        public void onClick(View v)
        {
            //TODO Auto-generated method stub
            Intent intent = new Intent();
            intent.setClass(MainActivity.this， ExitActivity.class);
            startActivity(intent);
        }
    });
    viewbtn = (Button) findViewById(R.id.goview);
    viewbtn.setOnClickListener(new OnClickListener() {
    @Override
    public void onClick(View v)
    {
        //TODO Auto-generated method stub
        Intent intent = new Intent();
        intent.setClass(MainActivity.this， FunctionKeyActivity.class);
        startActivity(intent);
    }
});
authBtn = (Button) findViewById(R.id.auth);
authBtn.setOnClickListener(new OnClickListener()
{
    @Override
    public void onClick(View v)
    {
```

```
            mWeibo.authorize(MainActivity.this， new AuthDialogListener());
        }
    });
    //获得 accesstoken
    MainActivity.accessToken = AccessTokenKeeper.readAccessToken(this);
    if (MainActivity.accessToken.isSessionValid())
    {
        authBtn.setVisibility(View.INVISIBLE);
        getInfo();
        String date = new java.text.SimpleDateFormat("yyyy/MM/dd hh:mm:ss")
        .format(new java.util.Date(MainActivity.accessToken
                                .getExpiresTime()));
        viewbtn.setVisibility(View.VISIBLE);
        tuichu.setVisibility(View.VISIBLE);
    } else {
    }
}
@Override
public boolean onCreateOptionsMenu(Menu menu)
{
    getMenuInflater().inflate(R.menu.activity_main， menu);
    return true;
}
class AuthDialogListener implements WeiboAuthListener
{
        @Override
        public void onComplete(Bundle values)
        {
            String token = values.getString("access_token");
            String expires_in = values.getString("expires_in");
            MainActivity.accessToken = new Oauth2AccessToken(token， expires_in);
            if (MainActivity.accessToken.isSessionValid())
            {
                String date = new SimpleDateFormat("yyyy/MM/dd HH:mm:ss")
                        .format(new java.util.Date(MainActivity.accessToken
                        .getExpiresTime()));
                getInfo();
                AccessTokenKeeper.keepAccessToken(MainActivity.this,
                        accessToken);
```

```
                Toast.makeText(MainActivity.this, "认证成功", Toast.LENGTH_SHORT)
                        .show();
                viewbtn.setVisibility(View.VISIBLE);
                tuichu.setVisibility(View.VISIBLE);
            }
        }
        @Override
        public void onError(WeiboDialogError e)
        {
            Toast.makeText(getApplicationContext(),
                        "Auth error : " + e.getMessage(), Toast.LENGTH_LONG).show();
        }
        @Override
        public void onCancel()
        {
            Toast.makeText(getApplicationContext(), "Auth cancel",
                        Toast.LENGTH_LONG).show();
        }
        @Override
        public void onWeiboException(WeiboException e)
        {
            Toast.makeText(getApplicationContext(),
                        "Auth exception : " + e.getMessage(), Toast.LENGTH_LONG)
                        .show();
        }
    }
    @Override
    protected void onActivityResult(int requestCode, int resultCode, Intent data)
    {
        super.onActivityResult(requestCode, resultCode, data);
    }
    @Override
    public boolean onKeyDown(int keyCode, KeyEvent event)
    {
        if (keyCode == KeyEvent.KEYCODE_BACK)
        {   //当 keyCode 等于退出事件值时
            ToQuitTheApp();
            return false;
        } else {
```

```
            return super.onKeyDown(keyCode， event);
        }
    }
    //封装 ToQuitTheApp 方法
    private void ToQuitTheApp()
    {
        if (isExit)
        {
            //ACTION_MAIN with category CATEGORY_HOME 启动主屏幕
            Intent intent = new Intent(Intent.ACTION_MAIN);
            intent.addCategory(Intent.CATEGORY_HOME);
            startActivity(intent);
            System.exit(0);                    //使虚拟机停止运行并退出程序
        } else {
            isExit = true;
            Toast.makeText(MainActivity.this, "再按一次返回键退出程序",
                    Toast.LENGTH_SHORT).show();
            mHandler.sendEmptyMessageDelayed(0， 3000);        //3 秒后发送消息
        }
    }
    //创建 Handler 对象，用来处理消息
    Handler mHandler = new Handler()
    {
        public void handleMessage(Message msg)
        {                    //处理消息
            super.handleMessage(msg);
            isExit = false;
        }
    };
    public void getInfo()
    {
        uapi=new UsersAPI(MainActivity.accessToken);
        account =new AccountAPI( MainActivity.accessToken);
        account.getUid(new RequestListener()
        {
            @Override
            public void onComplete(String arg0)
            {
                Log.i("",  " 获得成功：" + arg0);
```

```
try {
    JSONObject jsonObjs =new JSONObject(arg0);
    long uid =jsonObjs.getLong("uid");
    UsersAPI user = new UsersAPI( MainActivity.accessToken);
    user.show(uid， new RequestListener()
    {
        @Override
        public void onComplete(String arg0)
        {
            Log.i("", " 获得成功了：" + arg0);
            try {
                JSONObject jsonObjs =new JSONObject(arg0);;
                final String screen_name =jsonObjs.getString ("screen_name");
                Log.i("", " 获得成功：" + screen_name);
                final String profile_image_url=jsonObjs.getString ("profile_image_url");
                Log.i("", " 获得成功：" +profile_image_url );
                handler.post(new Runnable()
                {
                    @Override
                    public void run()
                    {
                        try {
                            showName.setText (screen_name);
                            URL url = new URL(profile_image_url);
                            try {
                                URLConnection conn = url.openConnection();
                                conn.connect();
                                InputStream is = conn.getInputStream();
                                BufferedInputStream bis = new BufferedInputStream(is);
                                Bitmap bm = BitmapFactory.decodeStream(bis);
                                image.setImage Bitmap(bm);
                                bis.close();
                                is.close();
                            } catch (IOException e)
                            {
                                e.printStackTrace();
                            }
                        } catch (MalformedURL Exception e1)
                        {
```

```
                                        e1.printStackTrace();
                                    }
                                }
                            });
                        } catch (JSONException e)
                        {
                            e.printStackTrace();
                        }
                    }
                    @Override
                    public void onError(WeiboException arg0)
                    {
                        Log.i("非常的非常", " 获得成功了：");
                    }
                    @Override
                    public void onIOException(IOException arg0)
                    {
                        Log.i("非常的非常", " 获得成功了：");
                    }
                });
            } catch (JSONException e)
            {
                e.printStackTrace();
            }
        }
        @Override
        public void onError(WeiboException arg0)
        {
            arg0.printStackTrace();
        }
        @Override
        public void onIOException(IOException arg0)
        {

        }
    });
  }
}
```

授权登录界面如图 7.18 所示。授权成功之后进入如图 7.19 所示界面。

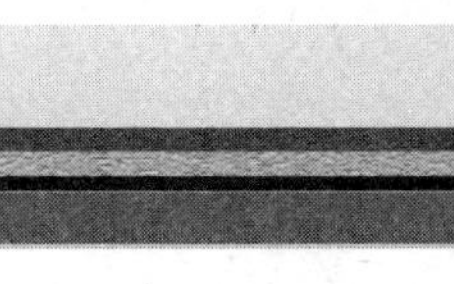

图 7.18　授权界面

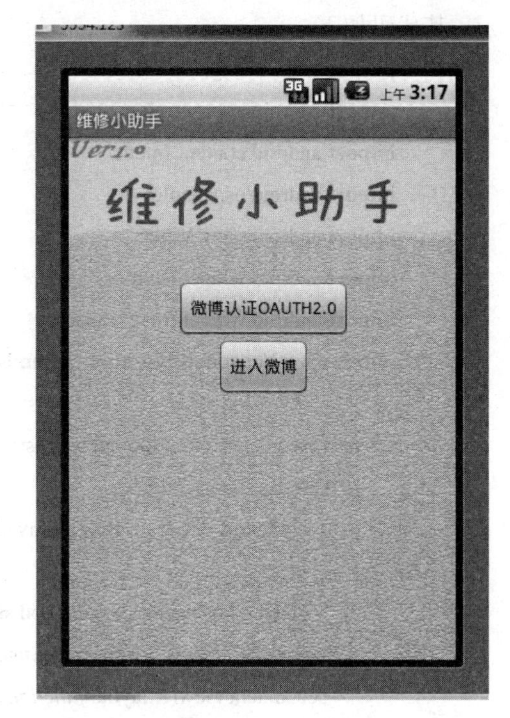

图 7.19　认证成功

3．操作主程序

Activity.java 中包括了维修工的所有操作，该界面中分布有六个按钮，每个按钮都监听对应的事件，如图 7.20 所示，下面通过 Java 程序来介绍每个部分的功能及应用。

图 7.20　客户端主界面

其代码如下：

```
package zlj.xinlang;
import android.app.Activity;
import android.content.Intent;
import android.os.Bundle;
import android.view.View;
import android.widget.Button;
import android.widget.ImageButton;
public class FunctionKeyActivity extends Activity
{
    private ImageButton lookgd, gopost, lookpj, myselfweibo, changshi, jieshao;
    private Button backdly;
    protected void onCreate(Bundle savedInstanceState)
    {
        //TODO Auto-generated method stub
        super.onCreate(savedInstanceState);
        setContentView(R.layout.functionkey);

        //查看工单的按钮监听
        lookgd=(ImageButton)findViewById(R.id.lookgd);
        lookgd.setOnClickListener(new Button.OnClickListener()
        {
            @Override
            public void onClick(View v)
            {
                //TODO Auto-generated method stub
                Intent intent = new Intent();
                intent.setClass(FunctionKeyActivity.this， Myactivity.class);
                startActivity(intent);
            }
        });

        //发布维修进程的按钮监听
        gopost=(ImageButton)findViewById(R.id.gopost);
        gopost.setOnClickListener(new Button.OnClickListener()
        {
            @Override
            public void onClick(View v)
            {
```

```
            //TODO Auto-generated method stub
            Intent intent = new Intent();
            intent.setClass(FunctionKeyActivity.this， Postinfo.class);
            startActivity(intent);
        }
    });

//查看已发微博的按钮监听
    myselfweibo=(ImageButton)findViewById(R.id.myselfweibo);
    myselfweibo.setOnClickListener(new Button.OnClickListener()
    {
        @Override
        public void onClick(View v)
        {
            //TODO Auto-generated method stub
            Intent intent = new Intent();
            intent.setClass(FunctionKeyActivity.this， MyselfpostActivity.class);
            startActivity(intent);
        }
    });

    //查看业主评价的按钮监听
    lookpj=(ImageButton)findViewById(R.id.lookpj);
    lookpj.setOnClickListener(new Button.OnClickListener()
    {
        @Override
        public void onClick(View v)
        {   //TODO Auto-generated method stub
            Intent intent = new Intent();
            intent.setClass(FunctionKeyActivity.this， EvaluateActivity.class);
            startActivity(intent);
        }
    });
    //返回登录页的按钮监听
    backdly=(Button)findViewById(R.id.backdly);
    backdly.setOnClickListener(new Button.OnClickListener()
    {
        @Override
        public void onClick(View v)
```

```
        { //TODO Auto-generated method stub
            Intent intent = new Intent();
            intent.setClass(FunctionKeyActivity.this, MainActivity.class);
            startActivity(intent);
        }
    });

    //查看维修常识的按钮监听
    changshi=(ImageButton)findViewById(R.id.changshi);
    changshi.setOnClickListener(new Button.OnClickListener()
    {
        @Override
        public void onClick(View v)
        {   //TODO Auto-generated method stub
            Intent intent = new Intent();
            intent.setClass(FunctionKeyActivity.this, networkActivity.class);
            startActivity(intent);
        }
    });

    //查看软件介绍和帮助的按钮监听
    jieshao=(ImageButton)findViewById(R.id.jieshao);
    jieshao.setOnClickListener(new Button.OnClickListener()
    {
        @Override
        public void onClick(View v)
        { //TODO Auto-generated method stub
            Intent intent = new Intent();
            intent.setClass(FunctionKeyActivity.this, jieshaoactivity.class);
            startActivity(intent);
        }
    });
  }
}
```

4．查询工单信息

维修工通过点击查询工单信息，即可获得当前“@”他的工单，然后到指定地点进行维修，查询工单界面如图 7.21 所示。

图 7.21　查询工单界面

5. 维修状况发布

维修工到达维修地点后，先对房屋状况进行初步检查，然后拍照上传，通过“@”维修办及业主发布微博。业主与维修办可通过刷新最新微博获得当前维修地点的维修状态。在维修过程及完成维修后维修工可通过微博及时上传维修状态，业主与维修办也可同步获得房屋的最新状况，发布微博界面如图 7.22 所示。

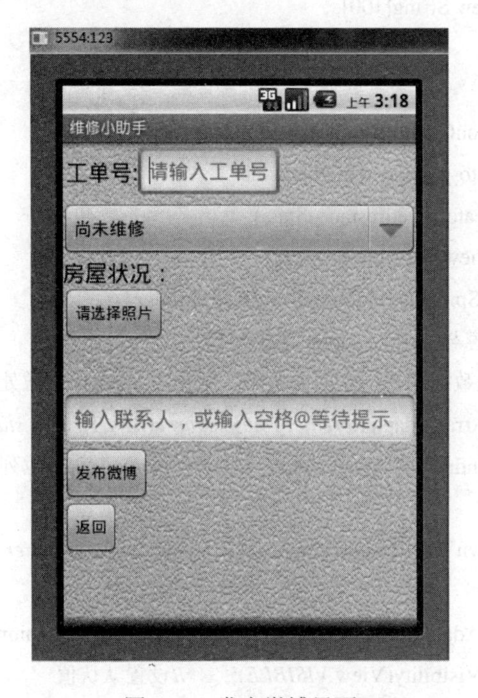

图 7.22　发布微博界面

以下为实现发布微博功能的 Java 程序：

```
public class Postinfo extends Activity
{
    private static final int CAMERA_WITH_DATA = 3023;
    private static final int PHOTO_PICKED_WITH_DATA = 3021;
    private static   File PHOTO_DIR = new File(Environment.getExternalStorageDirectory()
                                          + "/DCIM/Camera");
    private Spinner spinner1; //维修状态
    private ArrayAdapter adapter1, adapter2;
    private String str1, str2;
    private Button postbtn, backbtn;
    private ImageView housepic;    //图片
    private EditText ordernum;
    private Button state;
    private AutoCompleteTextView auto;
    private static File mCurrentPhotoFile;
    private static TextView housestate;
    private String file;
    private Handler handler = new Handler();
    private Uri u;
    FileOutputStream   fosa;
    String[] strA=new String[100];
    int j=0;
    @Override
    protected void onCreate(Bundle savedInstanceState)
    {   //TODO Auto-generated method stub
        super.onCreate(savedInstanceState);
        setContentView(R.layout.postinfo);
        spinner1 = (Spinner) findViewById(R.id.spinner1);
        //将可选内容与 ArrayAdapter 连接起来
        //Adapter 是数据和视图之间的桥梁，数据在 adapter 中做处理，然后显示到视图上面
        adapter1 = ArrayAdapter.createFromResource(this, R.array.state_arry,
                  android.R.layout.simple_spinner_item);    //下拉列表的格式
        adapter1
        .setDropDownViewResource(android.R.layout.simple_spinner_dropdown_item);
                                                          //设置下拉列表的风格
        spinner1.setAdapter(adapter1);      //将 adapter1  添加到 spinner 中
        spinner1.setVisibility(View.VISIBLE);     //设置默认值
        housepic =(ImageView)findViewById(R.id.housepic);
```

```
ordernum=(EditText)findViewById(R.id.ordernum);
state=(Button)findViewById(R.id.state);
housestate=(TextView)findViewById(R.id.housestate);
state.setOnClickListener(new OnClickListener()
{
    @Override
    public void onClick(View v)
    {
        doPickPhotoAction();
    }
});
spinner1.setOnItemSelectedListener(new OnItemSelectedListener()
{
    @Override
    public void onItemSelected(AdapterView<?> arg0, View arg1, int arg2, long arg3)
    {
        str1 = (String) spinner1.getItemAtPosition(arg2);
    }
    @Override
    public void onNothingSelected(AdapterView<?> arg0)
    {
    }
});
postbtn = (Button) findViewById(R.id.postinfo);
postbtn.setOnClickListener(new OnClickListener()
{
    @Override
    public void onClick(View v)
    {     //发布微博界面中将维修状态数据进行打包
        str2=ordernum.getText().toString();       //定义字符串 str2
        String str =  "#" + str2 + ";" + str1 + "*"+auto.getText();
        StatusesAPI status = new StatusesAPI(MainActivity.accessToken);
        status.upload(str， file， "", "",  new RequestListener()
        {
            @Override
            public void onIOException(IOException arg0)
            {
            }
            @Override
```

```
                public void onError(WeiboException arg0)
                {
                }
                @Override
                public void onComplete(String arg0)
                {
                    Log.i("", " 发表成功：" + arg0);
                }
            });
        }
    });
    backbtn = (Button) findViewById(R.id.back);
    backbtn.setOnClickListener(new OnClickListener()
    {
        @Override
        public void onClick(View v)
        {
            Intent intent = new Intent();
            intent.setClass(Postinfo.this, FunctionKeyActivity.class);
            startActivity(intent);
        }
    });
    auto=(AutoCompleteTextView)findViewById(R.id.auto);
    StatusesAPI status = new StatusesAPI(MainActivity.accessToken);
    status.mentions(01, 01, 10, 1, AUTHOR_FILTER.ALL,  SRC_FILTER.ALL,
                    TYPE_FILTER.ALL, false, new RequestListener()
    {
        @Override
        public void onIOException(IOException arg0)
        {     //TODO Auto-generated method stub
        }
        @Override
        public void onError(WeiboException arg0)
        {
            //TODO Auto-generated method stub
        }
        @Override
        public void onComplete(String arg0)
        {
```

```
try {
    JSONArray jsonObjs=new JSONObject(arg0).getJSONArray ("statuses");
    for (int i = 0; i < jsonObjs.length(); i++)
    {
        JSONObject jsonObj = jsonObjs.getJSONObject(i);
        final String text = jsonObj.getString("text");
        handler.post( new Runnable()
        {
            @Override
            public void run()
            {
                int k =0;
                //TODO Auto-generated method stub
                String[] str;
                if (text.startsWith("#") )
                {
                    str = text.split(";");
                    strA[j]=" @维修办@".concat(str[1]);
                    j++;
                }
                for(int n=0;n<strA.length;n++)
                {
                    if(strA[n]!=null)
                    {
                        k++;
                    }
                }
                String[] strB= new String[k];
                for(int m=0;m<k;m++)
                {
                    strB[m]=strA[m];
                }
                ArrayAdapter<String> adapter=new ArrayAdapter<String>
                            (Postinfo.this, android.R.layout.simple_dropdown_
                             item_1line, strB);
                auto.setAdapter(adapter);
            }
        });
    }
```

```
                } catch (JSONException e)
                {
                    System.out.println("Jsons parse error !");
                    e.printStackTrace();
                }
            }
        });
    }
    private void doPickPhotoAction()
    {
        Context context =Postinfo.this;
        final Context dialogContext=new ContextThemeWrapper(context, android.R.style.Theme_Light);
        String cancel="返回";
        String[] choices;
        choices = new String[2];
        choices[0] = getString(R.string.take_photo);        //拍照
        choices[1] = getString(R.string.pick_photo);        //从相册中选择
        final ListAdapter adapter = new ArrayAdapter<String>(dialogContext,
                                android.R.layout.simple_list_item_1, choices);
        final AlertDialog.Builder builder = new AlertDialog.Builder(dialogContext);
        builder.setTitle(R.string.attachToContact);
        builder.setSingleChoiceItems(adapter, -1, new DialogInterface.OnClickListener()
        {
            public void onClick(DialogInterface dialog, int which)
            {
                dialog.dismiss();
                switch (which)
                {
                    case 0:
                    {
                        String status=Environment.getExternalStorageState();
                        if(status.equals(Environment.MEDIA_MOUNTED))
                        {        //判断是否有 SD 卡
                            doTakePhoto();            //用户点击了从照相机获取
                        }
                        else{
                            showToast("没有 SD 卡");
                        }
                        break;
```

```
                }
                case 1:
                    doPickPhotoFromGallery();          //从相册中去获取
                    break;
            }
        }
    });
    builder.setNegativeButton(cancel, new DialogInterface.OnClickListener()
    {
        @Override
        public void onClick(DialogInterface dialog, int which)
        {
            dialog.dismiss();
        }
    });
    builder.create().show();
}
//拍照获取图片
protected void doTakePhoto()
{
    try {
        if(!PHOTO_DIR.getParentFile().exists())
        {
            PHOTO_DIR.mkdirs();
        }
        mCurrentPhotoFile = new File(PHOTO_DIR，  getPhotoFileName());
        mCurrentPhotoFile.createNewFile();
        Intent intent = new Intent(MediaStore.ACTION_IMAGE_CAPTURE, null);
            startActivityForResult(intent, CAMERA_WITH_DATA);
    } catch (ActivityNotFoundException e)
    {
        Toast.makeText(this, R.string.photoPickerNotFoundText,
                            Toast.LENGTH_LONG).show();
    } catch (IOException e)
    {
        e.printStackTrace();
    }
}
}
```

图 7.23 为选择照片的对话框，当用户选择相机后就会启动相机然后拍照上传，如果用户选择相册就会从本地的 SD 卡中选取图片进行上传。

图 7.23　选择图片来源

其代码实现如下：

```
//用当前时间给取得的图片命名
private String getPhotoFileName()
{
    Date date = new Date();
    SimpleDateFormat dateFormat = new SimpleDateFormat("yyyy-MM-dd HH.mm.ss");
    return dateFormat.format(date) + ".PNG";
}

//请求 Gallery 程序
protected void doPickPhotoFromGallery()
{
    try {
        Intent intent = getPhotoPickIntent();
        startActivityForResult(intent, PHOTO_PICKED_WITH_DATA);
    } catch (ActivityNotFoundException e)
    {
        Toast.makeText(this, R.string.photoPickerNotFoundText1, Toast.LENGTH_LONG).show();
    }
}
```

```
public  Intent getPhotoPickIntent()
{
   Intent intent = new Intent(Intent.ACTION_GET_CONTENT,  null);
   intent.setType("image/*");
   intent.putExtra("return-data",  true);
   return intent;
}
protected void onActivityResult(int requestCode,  int resultCode,  Intent data)
{
   if (resultCode != RESULT_OK)
      return;
   switch (requestCode)
   {
      case PHOTO_PICKED_WITH_DATA:
      {     //调用 Gallery 返回的
         Bitmap photo1 = data.getParcelableExtra("data");
         u=data.getData();
         file=getRealPathFromURI(u);
         setImageBitmap(photo1);
         break;
      }
      case CAMERA_WITH_DATA:
      {
         Bitmap photo2 = data.getParcelableExtra("data");
         try
         {
            fosa = new FileOutputStream(mCurrentPhotoFile);
            photo2.compress(CompressFormat.PNG,  50,  fosa);
         } catch (FileNotFoundException e)
         {
            //TODO Auto-generated catch block
            e.printStackTrace();
         }
         setImageBitmap(photo2);
         file= mCurrentPhotoFile.getAbsolutePath();
      }
   }
}
public void showToast(String s)
```

```
{
    Toast.makeText(this, s, Toast.LENGTH_LONG).show();
}
public void setImageBitmap(Bitmap bm)
{
    housepic.setImageDrawable(new BitmapDrawable(bm));
}

public String getRealPathFromURI(Uri contentUri)
{
    String [] proj={MediaStore.Images.Media.DATA};
    Cursor cursor = managedQuery( contentUri, proj, null, null, null);
    int column_index = cursor.getColumnIndexOrThrow(MediaStore.Images.Media.DATA);
    cursor.moveToFirst();
    return cursor.getString(column_index);
}
```

6. 查询已发微博

维修工可以点击此按钮对自己已发微博进行查询，查询界面如图 7.24 所示。

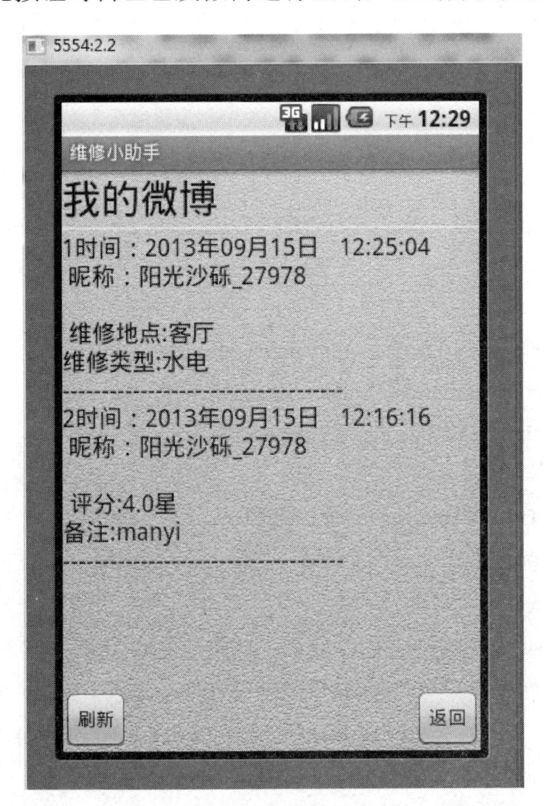

图 7.24　查询已发微博界面

以下为实现此功能的 Java 程序：

```
public class MyselfpostActivity extends Activity
{
    StringBuilder stringBuilder = new StringBuilder();
    Handler handlereva = new Handler();
    TextView textviewself;
    String textself，nameself，timeself，picself，screen_name;
    Object user;
    String date;
    int j=1;
    protected void onCreate(Bundle savedInstanceState)
    {  //TODO Auto-generated method stub
        super.onCreate(savedInstanceState);
        setContentView(R.layout.myselfpost);
        textviewself = (TextView) findViewById(R.id.infotextmyself);
        textviewself.setMovementMethod(ScrollingMovementMethod.getInstance());
        Button backmaineva = (Button) findViewById(R.id.backmainmyself);
        backmaineva.setOnClickListener(new OnClickListener()
        {
            @Override
            public void onClick(View v)
            {  //TODO Auto-generated method stub
                Intent intent = new Intent();
                intent.setClass(MyselfpostActivity.this，FunctionKeyActivity.class);
                startActivity(intent);
            }
        });
        Button refreshbtneva = (Button) findViewById(R.id.refreshBtnmyself);
        refreshbtneva.setOnClickListener(new OnClickListener()
        {
            @Override
            public void onClick(View v)
            {  //TODO Auto-generated method stub
                StatusesAPI status = new StatusesAPI(MainActivity.accessToken);
                status.userTimeline(01, 01, 1, 1, false, FEATURE.ALL, false,
                           new RequestListener()
                {
                    @Override
                    public void onIOException(IOException arg0)
```

```
{
    //TODO Auto-generated method stub
}
@Override
public void onError(WeiboException arg0)
{
    //TODO Auto-generated method stub
}
@Override
public void onComplete(String arg0)
{        //TODO Auto-generated method stub
    Log.i("", " 获得成功：" + arg0);
    try {
        JSONArray jsonObjs = new JSONObject(arg0)
                            .getJSONArray("statuses");
        for (int i = 0; i < jsonObjs.length(); i++)
        {
            JSONObject jsonObj = jsonObjs
                                .getJSONObject(i);
            textself = jsonObj.getString("text");
            timeself = jsonObj.getString("created_at");
            Log.i("内容：", textself);
            Date dates;
            try {
                dates = new SimpleDateFormat("EEE MMM d HH:mm:ss Z yyyy",
                                        Locale.ENGLISH).parse(timeself);
                date= new SimpleDateFormat("yyyy 年 MM 月 dd 日
                                        hh:mm:ss").format(dates);
            } catch (ParseException e)
            {
                e.printStackTrace();
            }
            JSONObject user = (JSONObject) jsonObj.get("user");
                                                // user 是 object 格式
            Log.i("", " 获得成功了：" + user);
            try{
                // final String screen_name=user.getString("screen_name");
                //不能在前面加 final String，定义了所有的，返回时是 null
                screen_name=user.getString ("screen_name");
```

```
                            Log.i("",  " 获得成功：" + screen_name);
                            decode();
                            handlereva.post(runnableUi);
                        }
                    }.start();
                }finally{}
            }
        } catch (JSONException e)
        {
            System.out.println("Jsons parse error !");
            e.printStackTrace();
        }
    }
});//
}

//构建 Runnable 对象，在 runnable 中更新界面
Runnable runnableUi = new Runnable()
{    //线程中更新 UI
    @Override
    public void run()
    {
        //更新界面
        textviewself.setText(stringBuilder);
    }
};
public StringBuilder decode()
{
    String[] textstr = textself.split("@");
    for (int i = 0; i < textstr.length; i++)
    {
        char[] cha = null;
        cha = textstr[i].toCharArray();
        int len = cha.length;
        String[] str;
        if (cha[0] == '$' && cha[len - 1] == '*')
        {
            textself = "";
            for (int j = 1; j < len - 1; j++)
```

```
{
    textself += cha[j];
}
str = textself.split(";");
len = str.length;
switch (len)
{
    case 1:
        stringBuilder.append(String.valueOf(j++)+" 昵称：" +screen_name+ "\r\n"
          +"工单号：" + "\r\n" + str[0]+ "\r\n"
          + date+"\r\n"+"------------------------------------" + "\r\n");
        break;
    case 2:
        stringBuilder.append(String.valueOf(j++)+" 昵称：" +screen_name + "\r\n"
          +"工单号：" + str[0] + "\r\n"+"维修状态："
          + str[1] +"\r\n"+ date+"\r\n"+"------------------------------------"
          + "\r\n");
        break;
    case 3:
        stringBuilder.append(String.valueOf(j++)+" 昵称：" +screen_name+ "\r\n"
          +"工单号：" + str[0] + "\r\n" + "业主信息："
          + str[1] + "\r\n" + "维修状态：" + str[2] + "\r\n"+ date+"\r\n"
          + "------------------------------------" + "\r\n");
        break;
    case 4:
        stringBuilder.append(String.valueOf(j++)+" 昵称：" +screen_name + "\r\n"
          +"工单号：" + str[0] + "\r\n" + "业主信息："
          + str[1] + "\r\n" + "维修类型：" + str[2] + "\r\n"
          + "维修工信息：" + str[3] + "\r\n"+ date+"\r\n"
          + "------------------------------------" + "\r\n");
        break;
    case 5:
        stringBuilder.append(String.valueOf(j++)+" 昵称：" +screen_name + "\r\n"
          +"工单号：" + str[0] + "\r\n" + "业主信息："
          + str[1] + "\r\n" + "维修类型：" + str[2] + "\r\n"
          + "维修状态：" + str[3] + "\r\n" + "维修工信息：" + str[4]
          + "\r\n"+ date+"\r\n" + "------------------------------------"
          + "\r\n");
        break;
```

```
                    default:
                        break;
                }
            }
        }
        return stringBuilder;
    }
}
```

7．查看业主评价

业主在其客户端对维修工的维修业务进行评价并“@”维修工和维修办，维修工点击业主评价即可查看业主对自己所做工作的评价，维修办可根据业主评价对维修工进行业绩评估。图 7.25 为实现查看业主评价的界面。

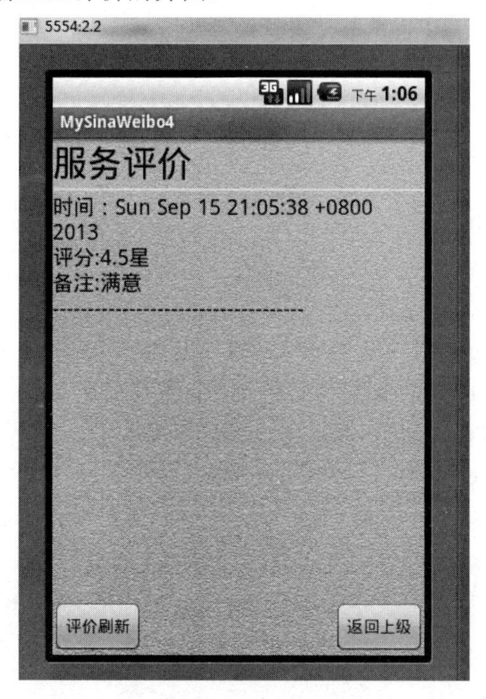

图 7.25　查看服务评价

其 Java 程序实现代码如下：

```
public class EvaluateActivity extends Activity
{
    StringBuilder stringBuilder = new StringBuilder();
    Handler handlereva = new Handler();
    TextView textvieweva;
    String texteva，nameeva，timeeva;
    String date;
    int j=1;
```

```
protected void onCreate(Bundle savedInstanceState)
{   //TODO Auto-generated method stub
    super.onCreate(savedInstanceState);
    setContentView(R.layout.evaluate);
    textvieweva = (TextView) findViewById(R.id.infotexteva);
    textvieweva.setMovementMethod(ScrollingMovementMethod.getInstance());
    Button backmaineva = (Button) findViewById(R.id.backmaineva);
    backmaineva.setOnClickListener(new OnClickListener()
    {
        @Override
        public void onClick(View v)
        {     //TODO Auto-generated method stub
            Intent intent = new Intent();
            intent.setClass(EvaluateActivity.this，FunctionKeyActivity.class);
            startActivity(intent);
        }
    });
    Button refreshbtneva = (Button) findViewById(R.id.refreshBtneva);
    refreshbtneva.setOnClickListener(new OnClickListener()
    {
        @Override
        public void onClick(View v)
        {     //TODO Auto-generated method stub
              //获取@用户的微博 status.mentions
            StatusesAPI status = new StatusesAPI(MainActivity.accessToken);
            status.mentions(01, 01, 1, 1, AUTHOR_FILTER.ALL,
                        SRC_FILTER.ALLm  TYPE_FILTER.ALL, false,
                        new RequestListener()
            {
                @Override
                public void onIOException(IOException arg0)
                {   //TODO Auto-generated method stub
                }
                @Override
                public void onError(WeiboException arg0)
                {   //TODO Auto-generated method stub
                }
                @Override
                public void onComplete(String arg0)
```

```
{   //TODO Auto-generated method stub
    Log.i("",  " 获得成功：" + arg0);
    try
    {
        JSONArray jsonObjs = new JSONObject(arg0)
                                .getJSONArray("statuses");
        for (int i = 0; i < jsonObjs.length(); i++)
        {
            JSONObject jsonObj = jsonObjs
                                .getJSONObject(i);
            //final String text = jsonObj
            texteva = jsonObj.getString("text");
            timeeva = jsonObj.getString("created_at");
            Date dates;
            try
            {
                dates = new SimpleDateFormat("EEE MMM d HH:mm:ss Z yyyy",
                                    Locale.ENGLISH).parse(timeeva);
                date= new SimpleDateFormat("yyyy 年 MM 月 dd 日
                                    hh:mm:ss").format(dates);
            } catch (ParseException e)
            {
                e.printStackTrace();
            }
            Log.i("内容：",  texteva);
            String user = jsonObj.getString("user");
            JSONObject jb = new JSONObject(user);
            nameeva= jb.getString("name");
            new Thread()
            {
                public void run()
                {
                    decode();
                    handlereva.post(runnableUi);
                }
            }.start();
        }
    } catch (JSONException e)
    {
```

```
                        System.out.println("Jsons parse error !");
                        e.printStackTrace();
                    }
                }
            });
        }
    });
}
//构建 Runnable 对象，在 runnable 中更新界面
Runnable runnableUi = new Runnable()
{   //线程中更新 UI
    @Override
    public void run()
    {       //更新界面
        textvieweva.setText(stringBuilder);
    }
};
```

以下对业主所做评价进行拆包：

```
public StringBuilder decode()
{
    String[] textstr = texteva.split("@");
    for (int i = 0; i < textstr.length; i++)
    {
        char[] cha = null;
        cha = textstr[i].toCharArray();
        int len = cha.length;
        String[] str;
        if (cha[0] == '$' && cha[len - 1] == '*')
        {
            texteva = "";
            for (int j = 1; j < len - 1; j++)
            {
                texteva += cha[j];
            }
            str = texteva.split(";");
            len = str.length;
            switch (len)
            {
                case 1:
```

```
                    stringBuilder.append(String.valueOf(j++)+"  评分:" + "\r\n" + str[0]+ "\r\n"
                        +"时间:"+ date+ "\r\n"
                        + "-----------------------------------" + "\r\n");
                    break;
                case 2:
                    stringBuilder.append(String.valueOf(j++)+"评分:"+str[0]+"\r\n"+"备注:"
                        + str[1] +"\r\n"+ date+ "\r\n" +"------------------------------------"
                        + "\r\n");
                    break;
                default:
                    break;
            }
        }
    }
    return stringBuilder;
}
}
```

以上几部分为维修工客户端实现的主要功能，维修常识主要是链接到一个维修常识网站供维修工进行阅读学习，主要对软件进行了简单的介绍，其实现比较简单，在此不做单独介绍。

参 考 文 献

[1] 马晓敏，等. Java网络编程原理与JSP Web开发核心技术[M]. 北京：中国铁道出版社，2010.

[2] 张元亮. Android开发应用实战详解[M]. 北京：中国铁道出版社，2011.

[3] 孙卫琴. Java网络编程精解[M]. 北京：电子工业出版社，2007.

[4] 汪晓平，等. Java网络编程[M]. 北京：清华大学出版社，2005.

[5] 殷兆麟，等. Java网络高级编程[M]. 北京：清华大学出版社，2005.

[6] REILLY D，REILLY M. Java网络编程与分布式计算[M]. 沈凤，等，译. 北京：机械工业出版社，2003.

[7] 翁畅，等. Visual Basic.NET网络编程学习捷径[M]. 北京：科学出版社，2004.

[8] http://book.51cto.com/art/201105/265340.htm.

[9] http://www.cnblogs.com/pharen/archive/2011/09/13/2174592.html.

[10] http://blog.csdn.net/electricity/article/details/6540247.

[11] http://www.cnblogs.com/hanyonglu/archive/2012/03/01/2374894.html.

[12] http://www.cnblogs.com/freeliver54/archive/2012/09/10/2678445.html.

[13] http://blog.csdn.net/ygh_0912/article/details/6303314.

[14] http://book.51cto.com/art/201208/352860.htm.

[15] http://www.199it.com/archives/84910.html.